高等院校"十一五"规划教材

Visual FoxPro 数据库程序设计教程

（第二版）

主　编　王凤领

副主编　邢　婷　于海霞

主　审　戴宗荫

中国水利水电出版社
www.waterpub.com.cn

内 容 提 要

本书以 Visual FoxPro 6.0 中文版为平台，结合普通高校非计算机专业数据库程序设计课程的具体要求，深入浅出地介绍 Visual FoxPro 数据库程序设计的有关知识、方法和具体的实例。本书共 12 章，分别介绍数据库系统及 Visual FoxPro 概述、项目管理器及其操作、数据表的基本操作、数据库的设计与操作、面向对象程序设计、表单的建立与使用、程序设计基础、结构化查询语言——SQL、查询与视图、菜单设计、报表设计、应用程序的生成和发布等。

本书突出案例教学并配套有《Visual FoxPro 数据库程序设计习题解答与实验指导》（第二版）教材。在理论讲解过程中，配有大量实例，通过对一个个实例的分析和操作，使读者在理解所学知识的基础上，掌握数据库应用系统的开发方法。各章后均附有丰富的习题与上机操作题供读者练习，并在配套的实验教材中对各章习题提供了参考答案与上机指导以及全国计算机等级考试笔试题和上机操作题。

本书可作为普通高等学校各专业计算机公共课、数据库应用课程的教材，也可作为计算机等级考试培训教材和自学参考用书。

本书配有免费电子教案，读者可以从中国水利水电出版社网站以及万水书苑下载，网址为：**http://www.waterpub.com.cn/softdown/**和 **http://www.wsbookshow.com**。

图书在版编目（C I P）数据

Visual FoxPro数据库程序设计教程 / 王凤领主编
. -- 2版. -- 北京 : 中国水利水电出版社，2010.2
高等院校"十一五"规划教材
ISBN 978-7-5084-6548-7

Ⅰ. ①V… Ⅱ. ①王… Ⅲ. ①关系数据库—数据库管理系统，Visual FoxPro 6.0—程序设计—高等学校—教材
Ⅳ. ①TP311.138

中国版本图书馆CIP数据核字(2010)第014249号

策划编辑：石永峰　　责任编辑：张玉玲　　加工编辑：刘晶平　　封面设计：李　佳

书　　名	高等院校"十一五"规划教材 Visual FoxPro 数据库程序设计教程（第二版）	
作　　者	主 编 王凤领 副主编 邢 婷 于海霞 主 审 戴宗荫	
出版发行	中国水利水电出版社 （北京市海淀区玉渊潭南路 1 号 D 座　100038） 网址：www.waterpub.com.cn E-mail: mchannel@263.net（万水） 　　　　sales@waterpub.com.cn 电话：(010) 68367658（营销中心）、82562819（万水）	
经　　售	全国各地新华书店和相关出版物销售网点	
排　　版	北京万水电子信息有限公司	
印　　刷	北京市天竺颖华印刷厂	
规　　格	184mm×260mm　16 开本　20.25 印张　495 千字	
版　　次	2008 年 6 月第 1 版 2010 年 2 月第 2 版　2010 年 2 月第 2 次印刷	
印　　数	4001—8000 册	
定　　价	33.00 元	

凡购买我社图书，如有缺页、倒页、脱页的，本社营销中心负责调换

第二版前言

本书以 Visual FoxPro 6.0 中文版为平台，结合普通高校非计算机专业数据库程序设计课程的具体要求，深入浅出地介绍 Visual FoxPro 数据库程序设计的有关知识、方法和具体的实例。本教材共 12 章。分别介绍数据库系统及 Visual FoxPro 6.0 的概述、项目管理器及其操作、数据表的基本操作、数据库的设计与操作、面向对象程序设计、表单的建立与使用、程序设计基础、结构化查询语言——SQL、查询与视图、菜单设计、报表设计、应用程序的生成和发布等。本书的作者多年来一直从事计算机基础教学，总结多年的教学实践编写了这本教材。针对初学者和自学读者的特点，本书力求通俗易懂，用大量具体的操作、各种不同的实例让读者进入 Visual FoxPro 的可视化编程环境。所有步骤都按实际操作界面一步一步地讲解，读者可一边学习，一边上机操作。通过一段时间的练习，在不知不觉之中就可逐渐掌握 Visual FoxPro 6.0 程序设计的基础知识、设计思想和方法以及可视化编程的方法和步骤，并有助于读者提高利用 Visual FoxPro 6.0 解决实际问题的能力。

本书突出案例教学并配套有《Visual FoxPro 数据库程序设计习题解答与实验指导》（第二版）教材。在理论讲解过程中，配有大量实例，通过一个个实例的分析和操作，使读者在理解所学知识的基础上，掌握数据库应用系统的开发方法。各章后均附有本章小结、丰富的习题与上机操作题供读者练习，并在配套的实验教材中对各章习题提供了参考答案与上机指导以及全国计算机等级考试笔试题和上机操作题。本书可作为非计算机专业的数据库公共课教材，也可作为计算机等级考试培训辅导教材和自学参考用书。

本书由王凤领任主编，邢婷、于海霞任副主编，由戴宗荫教授主审，其中第 1、6、8、9 章由王凤领编写；第 2～4 章由邢婷编写；第 5、7、12 章由于海霞编写；第 10、11 章由王国锋编写，最后由王凤领统稿并定稿完成。其中陈立山、李钰、文雪巍、丁康健、王万学等也参加了本书部分章节的编写工作。

在本书的编写过程中，得到了哈尔滨德强商务学院的领导、教务处副处长庹莉、计算机与信息工程系主任陈本士副教授以及黑龙江大学、黑龙江科技学院等院校和老师的大力支持与帮助，在此一并表示感谢。

由于编者水平所限，书中错误和疏漏之处在所难免，敬请各位读者朋友在使用中给予批评指正，请各位老师和专家不吝赐教。

编 者

2010 年 2 月

第一版前言

本书以 Visual FoxPro 6.0 中文版为平台，结合普通高校非计算机专业数据库程序设计课程的具体要求，深入浅出地介绍 Visual FoxPro 数据库程序设计的有关知识、方法和具体的实例。本教材共 12 章。分别介绍数据库系统及 Visual FoxPro 概述、项目管理器及其操作、数据表的基本操作、数据库的设计与操作、程序设计基础、面向对象程序设计、表单的建立与使用、结构化查询语言——SQL、查询与视图、报表设计、菜单设计、应用程序的生成和发布等。

本书的作者多年来一直从事计算机基础教学，根据多年的教学实践编写了这本教材。针对初学者和自学读者的特点，本书力求通俗易懂，并用大量具体的操作、各种不同的实例让读者进入 Visual FoxPro 的可视化编程环境。所有步骤都按实际操作界面一步一步地讲解，读者可一边学习，一边上机操作。通过一段时间的练习，在不知不觉之中就可逐渐掌握 Visual FoxPro 6.0 程序设计的基础知识、设计思想和方法，以及可视化编程的方法和步骤，并有助于读者提高利用 Visual FoxPro 6.0 解决实际问题的能力。

本书突出案例教学并配套有《Visual FoxPro 数据库程序设计习题解答与实验指导》实验教材。本书在理论讲解过程中，配有大量实例，通过一个个实例的分析和操作，使读者在理解所学知识的基础上，掌握数据库应用系统的开发方法。各章后均附有本章小结以及丰富的习题与上机操作题供读者练习，并在配套的实验教材中对各章习题提供了参考答案与上机指导以及全国计算机等级考试笔试题和上机操作题。本书可作为非计算机专业本科生、高职和高专学生的数据库公共课教材，还可作为计算机等级考试培训辅导教材，以及数据库应用系统开发人员参考用书。

本书由王凤领担任主编，王万学、王国锋、于海霞担任副主编，由戴宗荫教授主审，参编人员有邢婷、孙志强、王凤国、唐友、单晓光、丁康健、李钰、文雪巍、刘胜达等。最后由王凤领统稿并定稿完成。

在本书的编写过程中，得到了哈尔滨商业大学德强商务学院院领导、教务处副处长庹莉及计算机科学系办公室主任刘玉等的大力支持与帮助，在此一并表示感谢！

由于时间紧迫，编者水平所限，书中错误和疏漏之处在所难免，敬请各位读者朋友在使用中给予批评指正，并请各位老师和专家不吝赐教。

编者的电子信箱为：wf1232983@163.com

作者

2008 年 4 月

目　　录

第1章 数据库系统及 Visual FoxPro 6.0 概述

本章要点：

　　介绍与数据库有关的基本概念和知识，包括数据、信息和数据处理、数据管理技术的发展、数据库系统、数据模型及关系数据库等。Visual FoxPro 的语法基础，包括常量、字段变量、内存变量、函数、表达式的概念及其使用规则。Visual FoxPro 作为一门数据库编程语言，和其他编程语言一样，所编写的程序都是由常量、变量、函数、表达式等基本语法组成的。而作为一门数据库语言，Visual FoxPro 突出了数据库管理的特点，其中一些数据元素不仅在程序中使用，也被包含在数据库文件中。这些基本概念和知识是学习和使用 Visual FoxPro 的基础。

　　近年来，随着数据库技术和网络技术相互结合和渗透，已成为计算机方面发展最迅速和应用最广泛的两大领域。对于在日常生活、生产经营、金融证券、事务管理等活动中产生的大量数据，数据库管理系统以数据库的方式进行组织和存储，并编写数据库应用程序以实现数据的共享和高效处理，从而满足人们对数据管理的各种需要。目前流行的开发数据库系统的编程语言有多种，如 Visual FoxPro、SQL、Delphi、Oracle、Java 等，它们各有其功能和特点。本书介绍的 Visual FoxPro（VFP）数据库语言由于具有简单易学、使用方便、开发成本低等特点，在我国有着广泛的应用基础，适合初学者用来掌握数据库语言的基本结构和特点，并很容易通过它来开发一些实用的中小型数据库系统。本章介绍数据与数据处理的基本概念和数据库的概念、相关术语、基本运算及 Visual FoxPro 的语法基础等，为进一步学习和应用 Visual FoxPro 数据库语言准备好基础知识。

1.1 数据、信息与数据处理

1.1.1 数据与信息

1. 数据

　　数据是客观事物属性的取值，是信息的具体描述和表现形式，是信息的载体。在计算机系统中，凡是能为计算机所接受和处理的各种字符、数字、图形、图像及声音等都可称为数据。因此，数据泛指一切可被计算机接受和处理的符号。数据可分为数值型数据（如工资、成绩等）和非数值型数据（如姓名、日期、声音、图形、图像等）。数据可以被收集、存储、处理（加工、分类、计算等）、传播和使用。

2. 信息

　　信息是事物状态及运动方式的反映（表现形式），需经过加工、处理后才能进行交流和使用。人们往往用数据去记载、描述和传播信息，因此数据是描述或表达信息的具体表现形式，是信息的载体。

信息与数据既有联系又有区别，它们之间的关系可描述为：信息是对客观现实世界的反映，数据是信息的具体表现形式。注意，可以用不同的数据形式表示同样的信息，信息不随它的数据形式的不同而改变。例如，某个部门要召开会议，可以把"开会"这样一个信息通过广播（声音形式的数据）、文件（文字形式的数据）等方式通知给有关单位，在这里，声音或文字是不同的反映方式（表现形式），可以表示同一个信息。

1.1.2　数据处理

数据处理也称为信息处理。所谓数据处理，是指利用计算机将各种类型的数据转换成信息的过程。它包括对数据的采集、整理、存储、分类、排序、加工、检索、维护、统计和传输等一系列处理过程。数据处理的目的是从大量的、原始的数据中获得人们所需要的资料并提取有用的数据成分，从而为人们的工作和决策提供必要的数据基础和决策依据。

在叙述数据、信息和数据处理的概念之后，这里简单介绍一下它们之间的联系。首先，信息和数据是有区别的。数据是一种符号象征，它本身是没有意义的，而信息是有意义的知识。但数据经过加工处理就能成为有意义的信息，也就是说数据处理把数据和信息联系在了一起。下式可以简单明确地表明三者的关系：

信息=数据+数据处理

再举例说明，如计算机中日期数据的符号表示"04/12/82"，不加以解释就不知道它明确的意义，究竟是人的出生日期还是商品的销售日期。通过以后的学习可以知道，在数据库中可以给它一个标识，解释这是一个人的出生日期，再用当前日期减去这个出生日期来进行数据处理，就可以获得这个人年龄的信息。

1.2　计算机数据管理的发展

数据处理的内容首先是数据的管理。计算机发明以后，人们一直在努力寻求如何用计算机更有效地管理数据。随着计算机硬件和软件技术的发展，计算机数据管理技术也经历了从低级阶段发展到高级阶段的过程，技术上也越来越成熟。按照一般文献划分，计算机数据管理的发展有以下几个阶段。

1.2.1　人工管理阶段

20 世纪 50 年代是第一代计算机应用阶段。当时，计算机没有磁盘这样的能长期保存数据的存储设备，这个时期的数据管理是用人工方式把数据保存在卡片、纸带这类的介质上，所以称为人工管理阶段。这个阶段数据管理的最大特征是数据由计算数据的程序携带，二者混合在一起，因此具有以下特点。

1. 数据不能独立

由于数据和程序混合在一起，因此就不能处理大量的数据，更谈不上数据的独立与共享，一组数据只能被一个程序专用。此外，当程序中的数据类型、格式发生变化时，相应程序也必须进行修改。

2. 数据不能长期保存

这个阶段计算机的主要任务是科学计算。计算机运行时，程序和数据在计算机中，程序运行结束后，数据即从计算机中释放出来。

3. 数据没有专门的管理软件

由于计算机系统没有数据管理软件管理数据，也就没有数据的统一存取规则。数据的存取、输入输出方式就由编写程序的程序员自己确定，这就增加了程序编写的负担。

1.2.2 文件系统阶段

随着计算机对数据处理要求的不断增加，人们对数据处理的重要性越来越重视。20 世纪 50 年代末至 60 年代，计算机操作系统中专门设置了文件系统来管理数据，计算机的数据管理进入了文件系统阶段。这个阶段的主要特征是数据文件和处理数据的程序文件分离，数据文件由文件系统管理，它确立数据文件和程序文件的接口，保证文件能被正确地调用。与人工阶段相比，文件系统阶段是有所进步，但还是存在以下缺点。

1. 数据独立性差，不能共享数据

虽然从程序文件中分离了出来，但文件系统管理的数据文件只能简单地存放数据，且一个数据文件一般只能被相应的程序文件专用，相同的数据要被另外的程序使用，必须再产生数据文件，这样就出现了数据的重复存储问题，即数据冗余。

2. 数据文件不能集中管理

由于这个阶段的数据文件没有合理和规范的结构，数据文件之间不能建立联系，使得数据文件不能集中管理，数据使用的安全性和完整性都得不到保证。

1.2.3 数据库系统阶段

20 世纪 60 年代末，计算机的数据管理进入数据库系统阶段。这时，由于计算机的数据处理量迅速增长，其数据管理得到了人们的高度重视，随后在美国产生了技术成熟、具有商业价值的数据库管理系统。数据库系统不仅有效地实现了程序和数据的分离，而且它把大量的数据组织在一种特定结构的数据库文件中，多个不同程序都可以调用数据库中相同的数据，从而实现了数据的统一管理及数据共享。与文件系统相比，数据库系统具有以下特点。

1. 实现数据共享，减少数据冗余度

由于数据库文件不仅与程序文件相互独立，而且具有合理、规范的结构，使得不同的程序可以同时使用数据库中相同的数据，这样就大大节省了存储资源，减少了数据的冗余度。

2. 实现数据独立

数据独立包括物理数据独立和逻辑数据独立。物理数据是指数据在硬件上的存储形式，其独立性是指当数据的存储结构发生变化时，不会影响数据的逻辑结构，也就不会影响程序的运行。逻辑数据是指数据在用户面前的表现形式，当逻辑数据结构发生变化时也不会影响应用程序，这就是逻辑数据的独立性。这两种数据的独立性有效地保证了数据库运行的稳定性。

3. 采用合理的数据结构加强了数据的联系

数据库采用了合理的结构来安排其中的数据，不仅同一数据文件中的数据之间存在特定的联系，各数据文件之间也可以建立关系，这是文件系统不能做到的。

4. 加强数据保护

与文件系统相比，数据库系统增加了数据的多种控制功能。例如，并发控制能保证多个用户同时使用数据时不产生冲突；安全性控制能保证数据的安全，不被非法用户使用和破坏；数据的完整性控制保证了数据使用过程中的正确性和有效性。

值得一提的是，有的文献又把数据库系统阶段分为集中式数据库系统阶段和分布式数据库系统阶段。早期的数据库系统是集中式的，其特点是把所有的数据，无论在物理上还是在逻辑上，都集中摆放在一起。这样虽然设计简单，但影响数据的流通速度。

随着计算机网络技术的高速发展，现在更多的数据库系统采用分布式数据库系统。通过网络技术把分布在各处的计算机连接起来，数据库中的数据在物理上分布于网络中不同计算机结点上。但对用户使用来说，他不知道也不用关心数据存放在哪个地方，逻辑上看起来好像是在集中使用。分布式数据库系统提高了数据的使用效率，加快了数据的流通速度，更加符合今天人们对数据处理的需要。

关于分布式数据库系统的网络工作模式，现在使用较多的是客户机/服务器模式。在这种模式中，数据及数据处理程序放在数据服务器上，业务处理程序和用户界面放在客户机上。客户机/服务器模式数据库系统的结构如图 1-1 所示。Visual FoxPro 数据库管理系统支持这种模式，并为开发功能强大的客户机/服务器模式的应用程序提供了专门的工具。

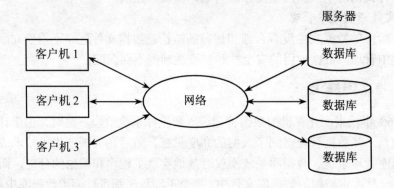

图 1-1   客户机/服务器数据库系统结构

1.3   数据库系统基本概念

在数据库技术中，人们常常接触到数据库、数据库管理系统、数据库系统、数据库应用系统这些名词，它们之间有着一定的联系和区别。

1.3.1   数据库

数据库（DataBase，DB）就是按一定的组织形式存储在一起的相互关联的数据的集合。实际上，数据库就是一个存放大量业务数据的场所，其中的数据具有特定的组织结构。所谓"组织结构"，是指数据库中的数据不是分散的、孤立的，而是按照某种数据模型组织起来的，不仅数据记录内的数据之间是彼此相关的，而且数据记录之间在结构上也是有机地联系在一起的。数据库具有数据的结构化、独立性、共享性、冗余量小、安全性、完整性和并发控制等基本特点。在数据库系统中，数据库已成为各类管理系统的核心基础，为用户和应用程序提供了共享的资源。

1.3.2　数据库管理系统

数据库管理系统（DataBase Management System，DBMS）是负责数据库的定义、建立、操纵、管理和维护的一种计算机软件，是数据库系统的核心部分。数据库管理系统是在特定操作系统的支持下进行工作的，它提供了对数据库资源进行统一管理和控制的功能，使数据结构和数据存储具有一定的规范性，提高了数据库应用的简明性和方便性。DBMS 是一种系统软件，也就是数据库语言本身，常用的有 Visual FoxPro（VFP）、SQL、Oracle 等数据库语言。DBMS 为用户管理数据提供了一整套命令，利用这些命令可以实现对数据库的各种操作，如数据结构的定义，数据的输入、输出、编辑、删除、更新、统计和浏览等。具体可以归纳为以下四大功能。

1．数据定义功能

数据库管理系统定义和描述数据库的结构使用数据库定义语言（Data Description Language，DDL），这就需要用相应的解释和编译程序来实现该功能，如 Visual FoxPro 数据库管理系统中的 CREATE STRUCTURE，该命令可创建一个数据库并设计数据库中数据的结构。

2．数据操作功能

DBMS 提供的数据操作语言（Data Manipulation Language，DML）用于实现数据的追加、插入、修改、输出、检索等功能。不同的数据库语言提供的功能命令的格式不同，但这些功能对数据库管理来说是最基本的，是构成应用程序必不可少的元素。

3．数据控制功能

为保障数据库中数据使用的安全性和可靠性，DBMS 要提供一定的手段保护数据，这就是数据控制的概念，包括数据完整性控制、并发控制、安全性控制、数据恢复控制等。

4．数据字典

数据字典（Data Dictionary）是以数据文件的方式存放关于数据库的结构描述和说明信息，是一种特殊的数据库。软件开发人员可以通过查阅数据字典来方便地使用和操作数据库，这对数据量大的应用程序是很有帮助的。大型数据库管理系统有专门创建数据字典的功能，而 Visual FoxPro 则需较多的人工操作才能创建数据字典。

1.3.3　数据库系统

数据库系统（DataBase System，DBS）是由计算机系统引入数据库后的系统构成，它是一个具有管理数据库功能的计算机软、硬件综合系统。具体地说，它主要包括计算机硬件、操作系统、数据库（DB）、数据库管理系统和相关软件、数据库管理员及用户等。数据库系统具有数据的结构化、共享性、独立性、可控冗余度以及数据的安全性、完整性和并发控制等特点。

（1）硬件系统：是数据库系统的物理支持，包括主机、外部存储器、输入/输出设备等。

（2）软件系统：包括系统软件和应用软件。系统软件包括支持数据库管理系统运行的操作系统（如 Windows 2000）、数据库管理系统（如 Visual FoxPro 6.0）、开发应用系统的高级语言及其编译系统等。应用软件是指在数据库管理系统基础上，用户根据实际问题自行开发的应用程序。

（3）数据库：是数据库系统的管理对象，为用户提供数据的信息源。

（4）数据库管理员（DBA）：是负责管理和控制数据库系统的主要维护管理人员。

（5）用户：是数据库的使用者，利用数据库管理系统软件提供的命令访问数据库并进行各种操作。用户包括专业用户和最终用户。专业用户即程序员，是负责开发应用程序的设计人员。最终用户是对数据库进行查询或通过数据库应用系统提供的界面使用数据库的人员。

数据库、数据库管理系统和用户的应用程序是构成数据库系统的三要素。三者之间的关系是：用户为了有效地处理和使用数据而建立数据库，数据库管理系统是数据库的管理者，它是一个软件，其职能是维护数据库中的数据，响应和完成用户应用程序或命令提出的访问数据的各种请求。数据库系统三要素之间的关系如图 1-2 所示。

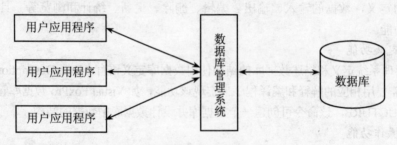

图 1-2　数据库系统三要素之间的关系

1.3.4　数据库应用系统

数据库应用系统（DataBase Application System，DBAS）是在 DBMS 支持下根据实际问题开发出来的数据库应用软件。一个 DBAS 通常由数据库和应用程序两部分组成，它们都需要在 DBMS 支持下开发。

由于数据库的数据要供不同的应用程序共享，因此在设计应用程序之前首先要对数据库进行设计。数据库的设计是以"关系规范化"理论为指导，按照实际应用的报表数据，首先定义数据的结构，包括逻辑结构和物理结构，然后输入数据形成数据库。开发应用程序也可采用功能分析、总体设计、模块设计和编码调试等步骤来实现。

1.3.5　数据库系统的数据模式

从数据库管理系统的角度看，数据库系统可分为 3 级模式，从外到内依次为外模式、模式和内模式。

1. 外模式

外模式又称子模式或用户模式，它是数据库用户和数据库系统的接口，是数据库用户看到的数据视图，是对数据库中局部数据的逻辑结构和特征的描述，是与某一应用有关的数据的逻辑表示。外模式通常是模式的子集。一个数据库可以有多个外模式。同一个外模式可以被某一个用户的多个应用程序所使用，但一个应用程序只有一个外模式。

2. 模式

模式也称逻辑模式或概念模式，它是对数据库中全体数据的逻辑结构和特征的描述，是所有用户的公共数据视图。一个数据库只有一个模式。数据库模式以某一种数据模型为基础。

模式是在数据库模式结构的中间层中，既不涉及数据的物理存储细节和硬件环境，也与具体的应用程序、应用开发工具及高级程序设计语言无关。DBMS 提供模式定义语言（DDL）

来描述模式。定义模式时要定义数据的逻辑结构，包括：记录由哪些数据项构成；数据项的名称、类型、取值范围；数据之间的联系；与数据有关的安全性、完整性要求等。

3. 内模式

内模式又称为存储模式，它是对数据库物理结构和存储方式的描述，是数据在数据库内部的表示方式。它规定了数据在存储介质上的物理组织方式，记录了寻址技术、物理存储块的大小、溢出处理方法等。一个数据库只有一个内模式。

为了实现 3 级模式的联系和转换，数据库管理系统在 3 级模式之间提供了两层映像：外模式/模式映像和模式/内模式映像。映像是一种对应规则，指出映像双方应如何进行转换。数据库的 3 级模式通过这两层映像连接起来，从而为各类用户提供操纵数据库的手段。

（1）外模式/模式映像：定义外模式与模式之间的对应关系。当数据库的全局逻辑结构改变时，只需要修改外模式与模式之间的对应关系，而不必修改局部逻辑结构，即保证外模式不变，相应的应用程序也不必修改，从而实现数据和程序的逻辑独立性。

（2）模式/内模式映像：定义数据全局逻辑结构与存储结构之间的对应关系。当数据库的物理存储结构改变时，只需要修改模式与内模式之间的对应关系，即可保持模式不变，从而实现数据和程序的物理独立性。

1.4　数据模型

数据模型是对现实世界数据特征的抽象，是用来描述数据的一组概念和定义。数据模型按不同的应用层次可划分为概念数据模型和逻辑数据模型两类。概念数据模型又称为概念模型，是一种面向客观世界、面向用户的模型，主要用于数据库的设计。而逻辑数据模型常称为数据模型，是一种面向计算机系统的模型，主要用于实现数据库管理系统。

1.4.1　数据模型概述

数据模型是对现实世界数据特征的抽象，是用来描述数据的结构和联系的一组概念和定义，是数据库的核心内容。

由于计算机不能直接处理现实世界中的具体事物，所以必须把具体事物转换成计算机能够处理的数据。在数据库系统中，实现转换的过程通常是先把现实世界中的客观事物抽象为概念数据模型（简称概念模型），然后再把概念数据模型转换为某一数据库管理系统所支持的逻辑数据模型（简称数据模型）。

概念数据模型和逻辑数据模型是数据模型的不同应用层次。概念数据模型是从现实世界到数据世界的一个中间层次，是一种面向客观世界、面向用户的模型，是数据库设计人员进行数据库设计的重要工具，也是数据库设计人员和用户之间进行交流的语言，E-R 模型、扩充的 E-R 模型等是常用的概念模型。逻辑数据模型是一种面向数据库系统的模型，即依赖于某种具体的数据库管理系统 DBMS，主要用于 DBMS 的实现，常见的逻辑数据模型包括层次模型、网状模型和关系模型等。

1.4.2　E-R 数据模型

E-R 数据模型（Entity-Relationship Data Model，实体—联系数据模型）用来描述现实世界，具有直观、自然、语义丰富及便于向逻辑数据模型转换等优点。

设计 E-R 模型的目标是有效地、自然地模拟现实世界，而不是关心它在计算机中如何实现，因此 E-R 模型中只应包含那些对描述现实世界具有普遍意义的抽象概念。E-R 模型中的基本概念有实体、联系、属性等。

1. 实体

客观存在并可相互区分的事物称为实体（Entity），它是信息世界的基本单位。实体既可以是人，也可以是物；既可以是实际对象，也可以是抽象对象；既可以是事物本身，也可以是事物与事物之间的联系，如一个学生、一个教师、一门课程、一支铅笔、一部电影、一个部门等都是实体。

同类型的实体的集合称为实体集（Entity Set）。例如，一个学校的全体学生是一个实体集，而其中的每个学生都是实体集的成员。

2. 联系

联系（Relationship）是实体集之间关系的抽象表示，是对实现世界中事物之间关系的描述，如公司实体集与职工实体集之间存在"聘任"联系。实体集之间的联系可分为以下 3 类。

（1）一对一联系（1:1）：如果对于实体集 A 中的每一个实体，实体集 B 中至多有一个实体与之联系，反之亦然，则称实体集 A 与实体集 B 具有一对一联系。例如，在一个学校中，一个班级只有一个正班长，而一个班长只在一个班中任职，则班级与班长之间具有一对一联系。又如，职工和工号的联系是一对一的，每一个职工只对应于一个工号，不可能出现一个职工对应于多个工号或一个工号对应于多名职工的情况。

（2）一对多联系（1:n）：如果对于实体集 A 中的每一个实体，实体集 B 中有 n 个实体（n>0）与之联系；反之，对于实体集 B 中的每一个实体，实体集 A 中至多只有一个实体与之联系，则称实体集 A 与实体集 B 有一对多联系。

考查系和学生两个实体集，一个学生只能在一个系里注册，而一个系可以有很多学生，所以系和学生是一对多联系。又如，单位的部门和职工的联系是一对多的，一个部门对应于多名职工，多名职工对应于同一个部门。

（3）多对多联系（m:n）：如果对于实体集 A 中的每一个实体，实体集 B 中有 n 个实体（n>0）与之联系，反之，对于实体集 B 中的每一个实体，实体集 A 中也有 m 个实体（m>0）与之联系，则称实体集 A 与实体集 B 具有多对多联系。例如，一门课程同时有若干个学生选修，而一个学生可以同时选修多门课程，则课程与学生之间具有多对多联系。又如，在单位中，一个职工可以参加若干个项目的工作，一个项目可有多个职工参加，则职工与项目之间具有多对多联系。

3. 属性

描述实体的特性称为属性（Attribute）。一个实体可由若干个属性来刻画。属性的组合表征了实体。例如，商品有商品代码、商品名称、单价、生产日期、进口否、商品外形等属性；铅笔有商标、软硬度、颜色、价格、生产厂家等属性。

唯一标识实体的一个属性集称为码，如学号是学生实体的码。属性的取值范围称为域。例如，学生实体中，性别属性的域为（男，女），年龄的域可定义为 18~60，这里要注意区分属性的型与属性的值。例如，学生实体中的学号、姓名等属性名是属性的型，而某个学生的"0001"、"张三"等具体数据则称为属性值。

相应地，实体也有型和值之分，实体的型用实体名及其属性名的集合来表示。例如，学生以及学生的属性名集合构成学生实体的型，可以简记为：学生（学号，姓名，性别，出生日期，籍贯，专业，是否团员），而（"0001","张三","女",{^1982/03/12},"成都","信息",.T.)是一个实体值。实体集实际上就是同类型实体的集合，如全体学生就是一个实体集。

1.4.3　几种主要数据模型

数据库系统能减少数据冗余度，实现数据共享和集中管理，都是因为数据库中的数据有特定的组织结构，这就是数据模型的概念。不同的数据库系统采用不同的数据模型，具体可以分为以下 4 种。

1. 层次型数据库系统

层次型数据库系统（Hierarchical Model DataBase System，HMDS）是按照数据的从属关系来组织数据的。类似于磁盘上的树型目录结构。适合于存放和处理一个单位的组织结构、职工的隶属关系等数据。层次型的数据库管理和检索类似的数据是非常方便的。层次模型如图 1-3 所示。

2. 网状型数据库系统

在网状模型数据库系统（Network Model Database System，NMDS）中，一个数据实体与两个以上的其他数据实体存在关系。在这样的数据库中，除了要存放数据本身之外，还要存储指向所要联系数据的指针。这样，当检索到一个数据之后，就很容易检索到与之有联系的数据了。网状模型如图 1-4 所示。

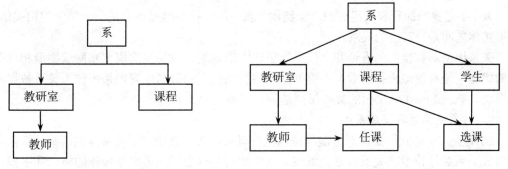

图 1-3　层次模型示意图　　　　　　图 1-4　网状模型示意图

层次型和网状型属于非关系型数据库。它们均属于第一代数据库。

3. 关系型数据库系统（Relational DataBase System，RDBS）

关系模型是一种以关系（二维表）的形式表示实体与实体之间联系的数据模型。关系模型不像层次模型和网状模型那样使用大量的链接指针把有关数据集合到一起，而是用一张二维表来描述一个关系。关系模型的主要特点如下：

（1）关系中的每一分量不可再分，是最基本的数据单位。

（2）关系中每一列的分量是相同属性的，列数根据需要而设，且各列的顺序是任意的。

（3）关系中每一行由一个具体实体或者联系的一个或多个属性构成，且各行的顺序可以是任意的。

（4）一个关系是一张二维表，不允许有相同的列（属性），也不允许有相同的行（元组）。

表 1-1 所示的是一张学生登记表。在二维表中，每一行称为一个记录，用于表示一组数据项；表中的每一列称为一个字段或属性，用于表示每列中的数据项。表中的第一行称为字段名，用于表示每个字段的名称。

现在的数据库管理系统大多采用关系模型。关系模型中数据结点之间的联系是一对一的，每个实体只能各自和其前面一个及后面一个实体发生联系。关系模型以关系数学理论为基础，在数据库的设计和操作上就比前两种模型更为可靠和实用。本书讨论的 Visual FoxPro 数据库管理系统的数据模型就是关系模型，其具体形式是一张二维表，如表 1-1 所示。

表 1-1 关系模型的二维表——学生登记表

学号	姓名	性别	院系	出生年月日	英语	计算机	奖学金	党员否	备注
98402017	陈超群	男	文学院	1979-12-18	49.0	52.0	48.5	F	
98404062	曲歌	男	西语学院	1980-10-1	61.0	67.0	55.5	F	
97410025	刘铁男	男	法学院	1978-12-10	64.0	67.0	60.5	F	
98402019	王艳	女	文学院	1980-1-19	52.0	78.0	53.5	F	
98410012	李侠	女	法学院	1980-7-7	63.0	78.0	58.5	F	
98402021	赵勇	男	文学院	1979-11-11	70.0	75.0	55.5	T	
98402006	彭德强	男	文学院	1979-9-1	70.0	78.0	63.5	F	
98410101	毕红霞	女	法学院	1979-11-16	79.0	67.0	58.5	F	
98401012	王维国	男	哲学院	1979-10-26	63.0	86.0	55.5	F	
98404006	刘向阳	男	西语学院	1980-2-4	67.0	84.0	56.5	F	

表 1-1 是典型的行和列组成的二维结构，表中的一行数据描述的是一个学生的相关信息，学生实体之间是一对一的关系。

关系模型对数据库的理论和实践产生了极大的影响，它与层次模型和网状模型相比有明显的优势，是目前最流行的数据库模型。支持关系模型的数据库管理系统称为关系数据库管理系统。Visual FoxPro 采用的数据模型是关系模型，因此它是一个关系数据库管理系统。

4. 对象关系型数据库系统

20 世纪 90 年代，面向对象编程技术流行以后，人们意识到了关系模型的某些缺陷，开始研究关系对象模型。关系对象模型在关系模型的基础上引入了对象操作的概念和手段，使数据模型更适用于面向对象的编程方法，这也是数据模型今后的发展方向。

随着多媒体技术应用的不断扩大，对数据库提出了新的要求。对象关系型数据库系统（Object-Relational DataBase System，ORDBS）不仅要包含第二代关系型数据库系统的全部功能，而且还要能够支持正文、图像、声音等新的多媒体数据类型，支持类、继承、函数或方法等丰富的对象机制，并能提供高度集成的、可支持客户机/服务器应用的用户接口。目前，对象关系数据库系统已经显示出光明的前景和强大的生命力。

对象关系型数据库系统属于第三代数据库。

1.5 关系数据库概述

关系数据库是依照关系模型设计的若干个二维数据表文件的集合。在 Visual FoxPro 中，一个关系数据库由若干个数据表组成，每个数据表又是由若干个记录组成，每个记录由若干个数据项组成。一个关系的逻辑结构就是一张二维表。这种用二维表的形式表示实体和实体之间联系的数据模型称为关系数据模型。

1.5.1 关系术语

关系是建立在数学集合概念基础之上的，是由行和列表示的二维表。

关系：一个关系就是一张二维表，每个关系有一个关系名。在 Visual FoxPro 中，一个关系就称为一张数据表，如表 1-1 所示。在 Visual FoxPro 中，关系简称为表，是一个扩展名为.DBF 的数据表文件。

元组：二维表中水平方向的行称为元组，每一行是一个元组在 Visual FoxPro 中，一行称为一个记录，如表 1-1 中的一行数据项。

属性：二维表中垂直方向的列称为属性，每一列有一个属性名。在 Visual FoxPro 中，一列称为一个字段，如表 1-1 中的学号、姓名、院系等对应的列。

域：表中属性的取值范围称为域。在 Visual FoxPro 中，一个字段的取值范围通过一个字段的宽度定义。如"性别"字段只能是"男"、"女"这样的字符类型数据，一个汉字占两个字节的宽度。

分量：元组中的一个属性值，如表 1-1 中的"法学院"。

候选码（候选关键字）：表中的某个属性或属性组合，其值可唯一确定一个元组。一个关系可以有多个候选码。例如，表 1-1 中，姓名不重复的情况下，学号、姓名是候选码。

主码（主关键字）：从候选码中，选择一个作为主码。一个关系只能有一个主码，如表 1-1 中的学号。

外码（外关键字）：如果关系中的一个属性不是本关系的主码或候选码，而是另外一个关系的主码或候选码，则该属性称为外码。例如，"成绩表"（学号，课程号，成绩）中的学号不是"成绩表"的主码或候选码，而是"学生登记表"的主码，则学号是"成绩表"的外码。

主属性：包含在任何一个候选码中的属性，如表 1-1 中的学号、姓名属性是主属性。

非主属性：不包含在任何候选码中的属性，如表 1-1 中的院系、出生年月日等属性是非主属性。

关系模式：对关系的描述。一个关系模式对应一个关系的结构。其格式如下：

关系名(属性名 1,属性名 2,属性名 3,…,属性名 n)

例如，表 1-1 中的关系模式描述如下：

学生登记表(学号,姓名,性别,院系,出生年月日,英语,计算机,奖学金,党员否,备注)

1.5.2 关系的规范化

关系数据库中，每个数据表中的数据如何收集、如何组织，这是一个很重要的问题。因此，要求数据库的数据要实现规范化，形成一个组织良好的数据库。数据规范化的基本思想是逐步消除数据依赖关系中不合适的部分，使得依赖于同一个数据模型的数据达到有效的分离。每一张数据表具有独立的属性，同时又依赖于共同的关键字。

关系规范化理论是研究如何将一个不十分合理的关系模型转化为一个最佳的数据关系模型的理论，它是围绕范式而建立的。所谓规范化是指关系数据库中的每一个关系都必须满足一定的规范要求。根据满足规范的条件不同，可以划分为 6 个等级：第一范式（1NF）、第二范式（2NF）、第三范式（3NF）、修正的第三范式（BCNF）、第四范式（4NF）和第五范式（5NF）。通常在解决一般性问题时，只要把数据表规范到第三个范式标准就可以满足需要。

关系规范化的 3 个范式有各自不同的原则要求，其原则要求如下：

- 第一范式：在一个关系中消除重复字段，且各字段都是不可再分的基本数据项。
- 第二范式：若关系模型属于第一范式，则关系中所有非主属性完全依赖于码。
- 第三范式：若关系模型属于第二范式，则关系中所有非主属性直接依赖于码。

数据库的理论和实践都已经证明，满足这 3 个范式所设计的数据库能有效减少数据存储的冗余度，简化数据之间的关系，避免数据插入、删除、更新时出现异常问题。更高级别的关系范式还有第四范式、第五范式，本书对关系规范只作简单介绍，感兴趣的读者可参阅数据库理论的专门书籍。

根据规范理论要求，收集了有关学生成绩信息的一些数据，组织在表 1-2 至表 1-4 中。

（1）学生登记表 xsdb.DBF（表 1-2），包括的字段名、类型、宽度如下：

学号 C(8)，姓名 C(6)，性别 C(2)，院系 C(10)，出生年月日 D，英语 N(5,1)，计算机 N(5,1)，奖学金 N(4,1)，党员否 L，备注 M。

表 1-2　xsdb 表

学号	姓名	性别	院系	出生年月日	英语	计算机	奖学金	党员否	备注
98402017	陈超群	男	文学院	1979-12-18	49.0	52.0	48.5	F	
98404062	曲歌	男	西语学院	1980-10-1	61.0	67.0	55.5	F	
97410025	刘铁男	男	法学院	1978-12-10	64.0	67.0	60.5	F	
98402019	王艳	女	文学院	1980-1-19	52.0	78.0	53.5	F	
98410012	李侠	女	法学院	1980-7-7	63.0	78.0	58.5	F	
98402021	赵勇	男	文学院	1979-11-11	70.0	75.0	55.5	T	
98402006	彭德强	男	文学院	1979-9-1	70.0	78.0	63.5	F	
98410101	毕红霞	女	法学院	1979-11-16	79.0	67.0	58.5	F	
98401012	王维国	男	哲学院	1979-10-26	63.0	86.0	55.5	F	

（2）计算机成绩表 jsj.DBF（表 1-3），包括的字段名、类型、宽度如下：

学号 C(8)，笔试 N(5,1)，上机 N(5,1)。

表 1-3　jsj 表

学号	笔试	上机
98402017	29.5	22.5
98404062	37.0	30.0
97410025	37.0	30.0
98402019	42.5	35.5
98410012	42.5	35.5

续表

学号	笔试	上机
98402021	41.0	34.0
98402006	42.5	35.5
98410101	37.0	30.0
98401012	46.5	39.5

（3）英语成绩表 yy.DBF（表 1-4），包括的字段名、类型、宽度如下：

学号 C(8)，写作 N(5,1)，听力 N(5,1)，口语 N(5,1)。

表 1-4　yy 表

学号	写作	听力	口语
98402017	20.5	15.0	13.5
98404062	24.0	19.5	17.5
97410025	25.0	20.5	18.5
98402019	21.0	16.5	14.5
98410012	25.0	20.0	18.0
98402021	27.0	22.5	20.5
98402006	27.5	22.0	20.5
98410101	30.5	25.0	23.5
98401012	25.0	20.0	18.0

1.5.3　关系运算

在关系数据库中，经常需要对关系进行特定的关系运算操作。基本的关系运算有选择、投影和连接 3 种。关系运算的结果仍然是一个关系。

1. 选择运算

选择运算是从关系中找出满足条件的元组（记录）。选择运算是一种横向的操作，它可以根据用户的要求从关系中筛选出满足一定条件的元组，这种运算的结果是关系表中元组的子集，其结构和关系的结构相同。

在 Visual FoxPro 的命令中，可以通过条件子句 FOR<条件>、WHILE<条件>等实现选择运算。例如，通过 Visual FoxPro 的命令从表 1-1 中找出计算机成绩大于等于 80 分的学生，应使用的命令是：

    LIST FOR 计算机>=80

2. 投影运算

投影运算是从关系中选取若干个属性组成一个新的关系。投影运算是一种纵向操作，它可以根据用户的要求从关系中选出若干属性（字段）组成新的关系。其关系模式所包含的属性个数往往比原有关系少，或者属性的排列顺序不同。因此投影运算可以改变关系中的结构。在 Visual FoxPro 的命令中，可以通过子句 FIELDS <字段 1,字段 2,…> 实现投影运算。例如，需要在表 1-1 所示的学生登记表（学号，姓名，性别，院系，出生年月日，英语，计算机，奖学金，党员否，备注）关系中只显示"学号"、"姓名"、"性别"和"院系"4 个字段的内容，应使用的命令是：

　　　　LIST 学号,姓名,性别,院系

3.　连接运算

连接运算是将两个关系通过共同的属性名（字段名）连接成一个新的关系。连接运算可以实现两个关系的横向合并，在新的关系中反映出原来两个关系之间的联系。Visual FoxPro 使用 Join 命令来实现连接运算。

1.5.4　关系数据库

关系数据库是若干个关系的集合。在关系数据库中，一个关系就是一张二维表，也称为数据表。所以，一个关系数据库是由若干张数据表组成的，每张数据表又由若干个记录组成，而每一个记录是由若干个以字段加以分类的数据项组成的。前面已经介绍过，当许多相关的数据集合到一张二维表后，数据的关系就会变得很复杂，表中的字段个数及数据量都会使数据出现大量的重复，因此，数据库的数据要实现规范化，才能形成一个组织良好的数据库。

如果将这些数据集中在一张表中，则使得表中的数据字段太多，数据量变大，结构变复杂，而且数据可能重复出现，数据的输入、修改和查找都变得很麻烦，也会造成数据的存储空间的浪费。

1.5.5　关系的完整性

数据库系统在运行的过程中，由于数据输入错误、程序错误、使用者的误操作、非法访问等各方面原因，容易产生数据错误和混乱。为了保证关系中数据的正确和有效，需建立数据完整性的约束机制来加以控制。

关系的完整性是指关系中的数据及具有关联关系的数据间必须遵循的制约条件和依存关系，以保证数据的正确性、有效性和相容性。关系的完整性主要包括实体完整性、域完整性和参照完整性。

1.　实体完整性

实体是关系描述的对象，一行记录是一个实体属性的集合。在关系中用关键字来唯一标识实体，关键字也就是关系模式中的主属性。实体完整性是指关系中的主属性值不能取空值（NULL）且不能有相同值，以保证关系中记录的唯一性，是对主属性的约束。若主属性取空值，则不可区分现实世界中存在的实体。例如，商品的名称、商品的代码一定都是唯一的，这些属性都不能取空值。

2.　域完整性

域完整性约束也称为用户自定义完整性约束，它是针对某一应用环境的完整性约束条件，主要反映了某一具体应用所涉及的数据应满足的要求。

域是关系中属性值的取值范围。域完整性是对数据表中字段属性的约束，它包括字段的值域、字段的类型及字段的有效规则等约束，是由确定关系结构时所定义的字段的属性所决定的。在设计关系模式时，定义属性的类型、宽度是基本的完整性约束。进一步的约束可保证输入数据的合理有效。例如，性别属性只允许输入"男"或"女"，其他字符的输入则认为是无效输入，拒绝接受。Visual FoxPro 命令中的 CHECK 子句用于实现域完整性约束。

3. **参照完整性**

参照完整性是对关系数据库中建立关联关系的数据表之间数据参照引用的约束，也就是对外关键字的约束。准确地说，参照完整性是指关系中的外关键字必须是另一个关系的主关键字的有效值，或者是 NULL。

在实际的应用系统中，为减少数据冗余，常设计几个关系来描述相同的实体，这就存在关系之间的引用参照，也就是说，一个关系属性的取值要参照其他关系。例如，对学生信息的描述常用以下两个关系：

学生(学号,姓名,性别,班级,专业号)
专业(专业号,专业名,负责人,简介)

上述关系中，专业号不是学生关系的主关键字，但它是被参照关系（专业关系）的主关键字，称为学生关系的外关键字。参照完整性规则规定外，关键字可取空值或取被参照关系中主关键字的值。例如，在学生的专业已经确定的情况下，学生关系中的专业号可以是专业关系中已经存在的专业号的值；在学生的专业没有确定的情况下，学生关系的专业号就取NULL 值。若取其他值，则关系之间就失去了参照的完整性。

1.5.6 数据库新技术概述

随着计算机应用领域的不断拓展和多媒体技术的发展，数据库技术的研究也取得了重大突破，从 20 世纪 60 年代末开始，数据库系统已从第一代层次数据库、网状数据库，第二代的关系数据库系统，发展到第三代以面向对象模型为主要特征的数据库系统。随着用户应用需求的提高，硬件技术的发展和 Internet/Intranet 提供的丰富多彩的多媒体交流方式，促进了数据库技术与网络通信技术、人工智能技术、面向对象程序设计技术、并行计算技术等之间的相互渗透、相互结合，形成了数据库新技术，出现了面向对象数据库系统、分布式数据库系统、多媒体数据库系统、知识数据库系统、并行数据库系统、模糊数据库系统等新型数据库系统。

1.6 Visual FoxPro 6.0 及其界面

1.6.1 Visual FoxPro 6.0 概述

Visual FoxPro 是在 xBase（dBase、FoxBase、FoxPro）数据库管理系统的基础上发展起来的，经历了不断的升级改版，发展成现在这种在 Windows 操作系统支持下的数据库语言。

C.Wayne Ratliff 是美国加利福尼亚州 Martin-Marietta 公司的一位从事航空航天工作的工程师，负责管理宇宙飞船地面支持系统的数据库系统，由于需要统计分析大量的数据，他在1975 年开发出了在个人计算机上运行的交互式数据库管理系统。由于意识到这种系统巨大的市场潜力，Ratliff 在 1980 年和 3 个从事产品推销的人成立了 Ashton-Tate 公司来销售这个软件，并把这个软件直接命名为 dBase Ⅱ，而没有用 dBase Ⅰ，以表示这种软件的成熟，来增强用户对产品的信心。dBase Ⅱ 经过开发和维护，升级为 dBase Ⅲ，占领了当时美国个人计算机数据库软件 70%的市场。由于 dBase Ⅲ具有简单、易学、实用等特点，20 世纪 80 年代在我国也得到了广泛应用。

1986 年，由 Dave Fulton 教授领导的 Fox Software 公司在 dBase 的基础上推出了 FoxBase

数据库管理系统，FoxBase 完全兼容 dBase，使用相同的语言语法和文件格式，但它克服了 dBase 不能处理数组以及数据处理速度慢的缺陷，从而赢得了市场，成为个人计算机数据库开发环境的主角。Fox Software 公司以后又推出了 FoxBase+、FoxPro1.0、FoxPro2.0 等升级版本。对于这些建立在 dBase 语言语法和文件格式基础上的数据库语言，习惯上称之为 xBase 系列的产品。

微软公司在 1992 年收购了 Fox Software 公司之后推出了 FoxPro 2.5，FoxPro 2.5 有 MS-DOS 和 Windows 两种版本。值得一提的是，FoxPro 2.5 For Windows 版本是一项跨越式的进步，它使多年来运行在 DOS 环境下的数据库文件及管理程序，不加修改就可运行在 20 世纪 90 年代初期诞生的基于图形界面的 Windows 操作平台上。

微软公司于 1995 年 6 月推出了 Visual FoxPro 3.0 数据库管理系统。这是一个在 Windows 环境下的面向对象的可视化编程工具，它的出现使人们对数据库系统的程序设计从面向过程的编程阶段过渡到面向对象编程的新阶段，这在数据库语言的发展史上具有里程碑的意义。Visual FoxPro 不仅增加了字段，扩大了数据的处理范围，而且其友好的图形界面、强大的功能、高效率的编程方法，使用户能快速地建立和修改应用程序，即使初学者也能设计出界面美观、功能齐全的具有商业价值的数据库应用系统。

1997 年，微软公司推出 Visual FoxPro 5.0 版，主要引进了 Internet 技术和 ActiveX 技术；1998 年，在推出 Windows 98 操作系统的同时推出了 Visual FoxPro 6.0 版，近年又相继推出了 Visual FoxPro 7.0、8.0、9.0 版，以后的版本主要是增强 Visual FoxPro 的网络功能以及与其他应用程序的联系。例如，在因特网上得到全面支持，以 Web 方式操作数据库，与微软事务服务器、Visual Basic 和 ASP 等其他产品实现技术共同工作。微软公司向我国用户推出的是中文版的 Visual FoxPro，中文版除了具有英文版的全部功能外，它提供的中文界面更符合中国用户的使用习惯。本书以目前在我国广为流行的 Visual FoxPro 6.0 中文版为基础，介绍数据库管理系统的使用。

Visual FoxPro 6.0 是面向对象的、可视化的关系型数据库管理系统。它采用的核心查询技术是 Rushmore 查询优化技术，大大提高了系统的性能。它是帮助用户管理数据的强有力的工具。

Visual FoxPro 6.0 具有多种编程工具，最突出的是面向对象编程方法，可重复使用各种类，直观、创造性地建立应用程序；在表的设计方面，增加了表的字段与控件直接结合的机制，使用户能够更快地、更容易地设计和修改用户应用程序界面。

Visual FoxPro 6.0 增强了 Internet 技术，提供一系列的向导、生成器、设计器等自动编程工具；支持其他应用程序共享数据、交换数据；支持真正的数据库；通过项目管理器，用户可以更有效地组织数据、程序和文档。

由于 Visual FoxPro 6.0 采用了先进的 Rushmore 快速查询技术，使得查询的响应时间由数小时降低到数秒，显著提高了数据的查询速度。

1.6.2   Visual FoxPro 6.0 界面

Visual FoxPro 6.0 启动后立即进入主窗口界面，如图 1-5 所示。

其中，构成窗口界面的要素如下。

标题栏：显示 Visual FoxPro 6.0 的名称和存放窗口控制菜单图标。

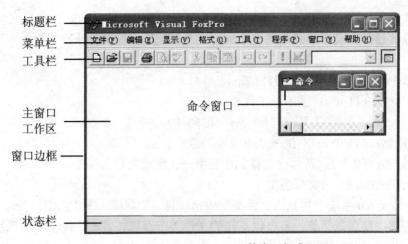

图 1-5　Visual FoxPro 6.0 的窗口组成

窗口控制菜单图标：打开窗口控制菜单，以便控制窗口的外观。

菜单栏：显示 Visual FoxPro 6.0 的主菜单。

工具栏：由若干按钮组成。每个按钮都对应一个特定的菜单功能，是菜单命令的快捷使用方式。Visual FoxPro 6.0 有 11 种工具栏供用户选用。默认显示常用工具栏，其余的工具栏可由用户根据需要决定显示哪一个。这里需要说明的是，Visual FoxPro 6.0 有近 500 个命令，菜单中的菜单项是常用命令，而工具栏中的按钮，都是最常用命令的快捷方式。

主窗口工作区：显示命令或程序的执行结果，显示工具栏，也是各种对象的编辑区域。

窗口边框：调整窗口的大小。

状态栏：显示 Visual FoxPro 6.0 当前执行状态和各种元素（如命令按钮）的简要说明等。

命令窗口：用于在命令工作方式下输入待执行的命令，同时也可自动显示与用户的界面操作相对应的命令。用户使用过的命令和系统根据用户的操作所显示出来的命令，都会作为历史命令保存在命令窗口中，供用户翻阅和重复使用，以节省操作时间。

1.6.3　Visual FoxPro 向导、生成器、设计器简介

1. Visual FoxPro 的向导

Visual FoxPro 系统为用户提供许多功能强大的向导。用户通过系统提供的各种不同的向导设计器，不用编程就可以创建良好的应用程序界面，并完成许多有关对数据库的操作。

常用的向导设计器有表向导、报表向导、表单向导、查询向导等。

2. Visual FoxPro 生成器

Visual FoxPro 系统提供的生成器，可以简化创建和修改用户界面程序的设计过程，提高软件开发的质量。每个生成器都由一系列选项卡组成，允许用户访问并设置所选对象的属性。生成器可以将用户生成的用户界面直接转换成程序代码，把用户从逐条编写程序、反复调试程序的工作中解放出来。

常用的生成器有组合框生成器、命令组生成器、表达式生成器、列表框生成器等。

3. Visual FoxPro 设计器

Visual FoxPro 系统提供的设计器，为用户提供了一个友好的图形界面。用户可以通过它

创建并定制数据表结构、数据库结构、报表格式和应用程序组件等。

常用的设计器有表设计器、查询设计器、视图设计器、报表设计器、数据库设计器、菜单设计器等。

Visual FoxPro 6.0 的面向对象组件如下：

（1）工具栏：（11 个）：显示→工具栏。

（2）向导：（24 个）：工具→向导（→全部向导）。

（3）生成器：（11 个）：右键→"生成器"。

（4）设计器：（9 个）：新建→选择文件类型→"新建文件"。

4．Visual FoxPro 6.0 的文件类型

Visual FoxPro 6.0 系统中常见的文件类型包括项目、数据库、表、视图、查询、表单、报表、标签、程序、菜单、类等，各自以不同的文件类型存储、管理，以不同的系统默认扩展名（类型名）相互区分、识别。

表 1-5 所示为 Visual FoxPro 6.0 中常用的文件扩展名及其所代表的文件类型。

表 1-5　Visual FoxPro 6.0 的文件类型

文件扩展名	文件类型	文件扩展名	文件类型
.pjx	项目文件	.mnx	菜单文件
.dbf	数据表文件	.fpt	数据表备注文件
.dbc	数据库文件	.vue	视图文件
.prg	程序文件	.txt	文本文件
.scx	表单文件	.vcx	可视类库文件
.cdx	复合索引文件	.fmt	屏幕格式文件
.idx	独立索引文件	.exe	可执行应用程序文件
.frx	报表文件	.app	应用程序文件
.qpr	查询文件	.lbx	标签文件
.mpr	菜单程序文件	.mem	内存变量文件

1.7　Visual FoxPro 6.0 语法基础

前面说过 Visual FoxPro 6.0 是一个面向对象的、可视化的数据库管理系统。它的主要功能是进行信息处理。在进行信息处理的过程中，需要处理大量的数据。除了处理数据表中的数据以外，还要处理其他形式的数据。语法规则是在进行信息处理时要遵循的规则。下面介绍 Visual FoxPro 6.0 的数据形式和语法规则。

1.7.1　数据类型

数据类型决定了数据的存在形式、存储方式和运算规则。Visual FoxPro 6.0 所能处理的数据包括数据表中的数据和数据表以外的数据。表中数据的类型是在定义表结构时定义的，而数据表以外数据的类型是由数据本身来决定的。

这里，首先来看看数据表中数据的类型。即先了解一下在数据表中都能存储什么类型的数据。一共有 13 种数据类型，如表 1-6 所示。

表 1-6　数据表中字段的数据类型

数据类型	说明	字段宽度	示例
字符型（Character）	计算机能够处理的符号及其组合	≤254 字节	姓名、地址等
货币型（Currency）	货币单位	8 字节	货物价格
数值型（Numeric）	需要的能够参与数值计算的数据	≤20 位	数量、工资等
浮点型（Float）	整数或小数	≤20 位	用于科学计算
日期型（Date）	由年、月、日构成的数据	8 字节	出生日期等
日期时间型（DateTime）	日期和时间	8 字节	文件建立日期和时间
双精度型（Double）	双精度值	8 字节	实验所要求的数据
整型（Integer）	不带小数的数值	≤4 字节	行数、人数等
逻辑型（Logical）	表示真或假的逻辑值	1 字节	是否党员、婚否
备注型（Memo）	不定长的字符数据	4 字节	个人简历等
通用型（General）	OLE（对象的链接与嵌入）对象	4 字节	照片、指纹等
字符型（二进制）	以二进制形式存放字符数据	4 字节	表中用户、密码等
备注型（二进制）	以二进制形式存放备注字段的数据	4 字节	不同国家登录脚本

1.7.2　常量

常量是在程序运行过程中其值不变的具体数据值。不同类型的常量有不同的书写格式。Visual FoxPro 6.0 中有 6 种不同类型的常量。

1. 数值型常量

数值型常量可称为常数，用以表示一个数量的大小。

数值型常量可由数字 0～9、小数点和正负号组成，如 125、3.1416、-9.87 等都是正确的数值型常量。为了表示很大或很小的数值，也可使用科学记数法。例如，5.654E14 表示 5.654×10^{14}，5.654E-14 表示 5.654×10^{-14}。

数值型常量在内存中用 8 个字节存储。

2. 货币型常量

货币型常量用来表示货币的值。书写格式与数值型常量类似，但要在货币值的前面加上货币符号"$"。在存储和计算时，货币型常量采用 4 位小数，多余的小数位数将被四舍五入。例如，$345.6784698，将被四舍五入成$345.6785。

货币型常量没有科学记数法形式。在内存中占用 8 个字节。

3. 字符型常量

字符型常量用来表示一串具体的字符值，也称为字符串。其书写格式是将一串字符用定界符（半角的单引号、双引号或者方括号）括起来。定界符本身不是字符型常量的内容，它的作用是规定了字符型常量的起始和终止的界限。

下面是正确的字符型常量的例子："计算机"、[黑龙江]、'45.234'、[表示 '方法']

定界符必须成对使用，而且不能混用，如"计算机' 或[等级考试"是不正确的字符型常量。

如果字符型常量中某部分必须包含定界符，则整个字符型常量必须选用另一种定界符，如[姓名="王维勋"]，不能使用[姓名=[王维勋]]。

另外还需要注意，不包含任何字符的字符型常量（""）叫空串，与包含一个空格的字符串（" "）是不同的。

4. 日期型常量

日期型常量用来表示一个具体的日期。其严格的日期书写格式必须是用一对花括号将一个 4 位年份的、而且是以年、月、日顺序的日期括起来，在年份的前面还必须使用次方号（^），而年份与月份、月份与日数之间还必须使用分隔符。常用的日期分隔有左斜线（/）、连字符（-）、英文句号（.）。例如，将日期 2009 年 08 月 28 日，写成{^2009/08/28}或{^2009-08-28}或{^2009.08.28}都是正确的。但系统在显示时使用的格式是 08/28/09（系统默认）。这种显示格式是可以改变的。改变的方法是使用日期设置命令。下面给出常用的日期设置命令。

（1）SET MARK TO [日期分隔符]：设置日期分隔符（"/"、"."、"-"），无选项时恢复默认。

（2）SET DATE [TO] AMERICAN|ANSI|BRITISH|FRENCH|GERMAN|ITALIAN|JAPAN|USA|MDY|DMY|YMD：选择设置不同国家的日期格式。

其中：

AMERICAN——使用 mm/dd/yy 日期格式。

ANSI——使用 yy.mm.dd 日期格式。

BRITISH/FRENCH——使用 dd/mm/yy 日期格式。

GERMAN——使用 dd.mm.yy 日期格式。

ITALIAN——使用 dd-mm-yy 日期格式。

JAPAN——使用 yy/mm/dd 日期格式。

USA——使用美国 mm/dd/yy 日期格式。

MDY——使用 mm/dd/yy 日期格式。

DMY——使用 dd/mm/yy 日期格式。

YMD——使用 yy/mm/dd 日期格式。

（3）SET CENTURY ON/OFF：用于设置年份的位置。

ON——设置年份用 4 位数字表示。

OFF——设置年份用 2 位数字表示。

（4）SET STRICTDATE TO [0|1|2]：设置是否对日期格式进行检查。

其中：

0——不进行严格的日期格式检查，目的是与早期 Visual FoxPro 兼容。

1——表示进行严格的日期格式检查，它是系统默认的设置。

2——表示进行严格的日期检查，并且对 CTOD()和 CTOT()函数的格式也有效。

注意：空的日期可以表示成{}、{/}或{//}。

5. 日期时间型常量

日期时间型常量用来同时表示日期和时间。其严格的书写格式如下：

{^yyyy-mm-dd [,][hh[:mm[:ss]][|p]]}

其中，"^"表示该日期格式是严格的，并按照 YMD 的格式来解释日期和时间。"-"号可以用"/"来代替。必须注意的是，Visual FoxPro 6.0 默认使用严格的日期格式。如果要使用通常的日期格式，必须先执行 SET STRICTDATE TO 0 命令，否则会出错。若要重新设置严格的日期格式，可执行命令 SET STRICTDATE TO 1。

注意：空的日期时间可表示为{/.}。

6. 逻辑型常量

逻辑型数据只有逻辑真和逻辑假两个值。逻辑型常量用来表示真或假的值。逻辑真的常量表示形式可以是.T.、.t.、.Y.和.y.。逻辑假的常量表示形式可以是.F.、.f.、.N.和.n.。

注意：逻辑型常量的定界符（.）是必不可少的，否则会被误认为是变量名。逻辑型常量在内存中只占用 1 个字节。

1.7.3　变量

变量是在程序运行过程中其值随时可以改变的量。Visual FoxPro 6.0 的变量有两大类：一是字段变量；二是内存变量。

1. 字段变量

字段变量是在定义数据表的结构时被定义的。即表中的字段名就是字段变量。由于每个字段值的个数是由记录多少而决定的，所以，字段变量是多值变量，如表中的学号、姓名、年龄及出生日期等。

2. 内存变量

（1）内存变量概述。内存变量是独立于数据表而存在的量。一个内存变量代表着内存中的一个存储单元，内存变量的值就是存放在这个存储单元中的数据。内存变量是在给它赋值时定义的，内存变量的类型则是由为其所赋的值的类型来决定的。例如，把一个常量值赋给一个内存变量时，这个内存变量就被定义了，同时定义了它的类型，这个常量值也就存储在该变量所代表的内存单元中了。

Visual FoxPro 6.0 中，内存变量的类型是可以改变的，即一个内存变量的类型前后可以不同。

内存变量有两种：简单内存变量和数组。在不会混淆的情况下，将简单变量称为变量，而字段变量称为字段。数组将在下一节详述。这里，主要向读者介绍简单内存变量。

每一个简单变量必须赋予一个名字，称为变量名。必须通过变量名来访问这个变量。

（2）内存变量的赋值。给简单内存变量赋值可以有多种方法，这里先介绍两个最常用的赋值命令：

格式 1：<内存变量名>=<表达式>

格式 2：STORE <表达式> TO <内存变量名表>

功能：为指定的内存变量赋值。

说明：

① 在这里，等号不代表相等的含义，而是一个赋值命令。它表示将其右边的表达式的值计算出来后，赋给左边的内存变量。等号一次只能给一个内存变量赋一个值。

② STORE 命令是将一个表达式的值计算出来后同时赋给一个以上（含一个）的内存变量。

③ 内存变量名表中的元素可以是简单内存变量，也可以是数组名或数组元素（关于数组元素将在后面介绍）。各元素间必须用逗号分隔。

④ 内存变量在赋值前不需要事先声明。当该变量不存在时，系统就会自动地建立它。

⑤ 当内存变量与当前表的字段变量同名时，需要在内存变量前面加上前缀 M.（如 M.姓名）或 M->（如 M->姓名）以便区别。如果不加以区别，则字段变量优先，即系统认为该变量是当前表中的字段变量。

（3）内存变量值的显示。

格式 1：?[<表达式表>]

格式 2：??<表达式表>

功能：计算表达式表中各表达式的值并输出。

说明：格式 1 总是先换行再输出，即总是在下一行的第一个字符位置开始输出表达式的值。当没有<表达式表>时，只输出一个换行符；格式 2 则总是从当前光标位置开始输出表达式的值。

（4）内存变量的显示。

格式 1：LIST MEMORY [LIKE <通配符>][TO PRINTER|TO FILE <文件名>]

格式 2：DISPLAY MEMORY [LIKE <通配符>][TO PRINTER|TO FILE <文件名>]

功能：显示内存变量的当前信息，包括变量名、作用域、类型及取值。

说明：LIKE 短语只显示与通配符相匹配的内存变量。通配符包括*和?，*表示从其开始的任意个字符，而?则表示其位置上的任意一个字符。

TO PRINTER 短语用于在屏幕显示的同时还在打印机上打印出来。

TO FILE 短语用于在屏幕上显示的同时存入指定的文本文件，扩展名为.txt。

LIST MEMORY 一次连续显示所有与通配符相匹配的所有内存变量，一屏显示不下时，自动向下滚动。而 DISPLAY MEMORY 则分屏显示与通配符相匹配的所有内存变量。若内存变量较多，则显示满一屏后暂停，按任意键后接着显示下一屏。

（5）内存变量的清除。

格式 1：CLEAR MEMORY

格式 2：RELEASE <内存变量名表>

格式 3：RELEASE ALL [EXTENDED]

格式 4：RELEASE ALL [LIKE <通配符>|EXCEPT <通配符>]

功能：

格式 1 清除所有的内存变量。

格式 2 清除指定的内存变量。

格式 3 清除所有的内存变量，在交互方式下其作用与格式 1 相同。如果出现在程序中，则应加上选项 EXTENDED，否则不能删除公共内存变量。

格式 4 若选用 LIKE 选项，则清除与通配符相匹配的内存变量；若选用 EXCEPT 选项，则清除与通配符不相匹配的内存变量。

1.7.4　数组

数组是一组连续的、有序的内存变量的集合。在内存中占用一片连续的存储区域。数组中的每一个内存变量称为数组元素。数组元素通过数组名和下标（组合起来也可称为下标变量）来表示。下标是数组元素在数组中的位置的体现。当一个数组元素只要用一个下标值就能表示其在数组中的位置时，表明这个元素所在数组是一维数组；而必须用两个下标值才能表示其在数组中的位置时，表明这个数组是二维数组。

既可以通过数组名来访问一个整个数组，也可以通过下标变量来访问数组元素。

1. 数组的定义

与简单内存变量不同，数组在使用之前必须用命令 DIMENSION 或 DECLARE 来定义。

命令格式：

DIMENSION <数组名>(<下标 1>[,<下标 2>])[,...]

DECLARE <数组名>(<下标 1>[,<下标 2>])[,...]

功能：定义数组。两个命令功能完全相同。

例如：DIMENSION X(5),A(2,3)

此命令定义了两个数组：

一维数组 X，含 5 个数组元素：X(1),X(2),X(3),X(4),X(5)。

二维数组 A，含 6 个数组元素：A(1,1),A(1,2),A(1,3),A(2,1),A(2,2),A(2,3)。

整个数组的数据类型为 A（Array 的缩写），而各个数组元素可以分别存储不同类型的数据。在使用数组或数组元素时，请注意以下几个问题：

（1）数组元素可以出现在任何使用简单变量的地方。

（2）当为一个数组名赋值时，表示将同一个值同时赋给整个数组中的各个数组元素。

（3）在同一个程序中，数组不能与简单内存变量重名。

（4）在赋值语句中，表达式的位置不能出现未赋值的数组名。

（5）二维数组中的所有元素均可用一维数组的数组元素来表示。如二维数组 A 中各个数组元素可表示为 A(1),A(2),A(3),A(4),A(5),A(6)。其中，A(4)与 A(2,1)是同一个元素。

（6）一个数组中的各元素的数据类型可以不同，同一个数组元素的类型前后也可以不同。

数组定义时，每个元素的初值均默认为.F.。数组元素的最小下标是从 1 开始。

【例 1-1】定义数组并显示数组元素的值。

```
DIMENSION A1(3),B1(2,3)
?A1(1),A1(2),A1(3),B1(1,1),B1(1,2),B1(1,3),B1(2,1),B1(2,2),B1(2,3)
.F.   .F.   .F.   .F.   .F.   .F.   .F.   .F.   .F.
A1(1)=10
A1(2)= "张敏"
A1(3)={^2008/03/01}
B1=100
?A1(1),A1(2),A1(3),B1(1,1),B1(1,2),B1(1,3),B1(2,1),B1(2,2),B1(2,3)
10 张敏 03/01/08   100   100   100   100   100   100
```

2. 数组的应用

数组的应用主要体现在两个方面，一是数值计算，二是用来交换表中的数据。

关于数组在数值计算方面的应用，将在循环结构程序中详述。这里简单介绍两个用于数据表和数组之间数据交换的命令。

（1）将表中当前记录的数据传送给一维数组。

格式：SCATTE TO <数组名> [FIELDS <字段名表>][MEMO][BLANK]

功能：将表中当前记录的数据依次传送给指定的数组。

说明：

① 使用此命令时，如果指定的数组名不存在，则会自动建立相应的数组；如果已经存在但数组元素的个数少于当前记录的字段个数，则会自动地进行扩充。如果数组元素个数多于字段数，则其余元素的数据保持不变。

② 如果在命令中不使用 FIELDS 短语和 MEMO 短语，或使用了 FIELDS 短语但没指定备注型字段，或使用 FIELDS 短语指定了备注型字段但没有使用 MEMO 短语，都不复制备注型和通用型字段。要想同时向数组中传送备注型字段或通用型字段的内容，就必须在命令中的 FIELDS 短语中指定备注型字段，并同时使用 MEMO 短语。

③ 若使用 BLANK 短语，则会产生一个空的数组，其中的各元素类型和大小与当前记录的对应字段相同。

【例 1-2】数组应用举例。将 XSDB 中的第 10 条记录复制到数组 X 中并显示数组内容。

```
USE XSDB
GO 10
SCATTE TO X
?X(1),X(2),X(3),X(4),X(5)
98404006 刘向阳 西语学院 男 02/04/80
```

（2）将数组中的数据传送给数据表中的当前记录。

格式：GATHER FROM <数组名> [FIELDS <字段名表>][MEMO]

功能：将数组中的数据作为一个记录复制到表的当前记录中。

说明：

① 从第一个数组元素开始依次向字段名表中的字段填写数据。如果缺省 FIELDS 短语，则依次向数据表中的字段传送数据。

② 如果数组元素个数多于记录中的字段个数，则多余数组元素中的数据将被忽略。

③ 如果使用了 MEMO 短语，则可复制备注型字段，否则不复制备注型字段。

【例 1-3】定义一维数组 X1，数组元素个数为 12 个，并依次向其中输入相应类型的数据（参照数据表 XSDB.DBF 的结构）。然后将这些数据作为一个记录传送给 XSDB 的最后一条记录，并显示。

```
DIMENSION X1(12)
X1(1)="00402022"
X1(2)="田坤"
X1(3)="哲学院"
X1(4)="女"
X1(5)={^1980/05/01}
X1(6)=95
X1(7)=98
X1(8)=80
X1(9)=.T.
X1(10)="她是一位三好学生"
USE XSDB
```

```
APPEND BLANK
GATHER FROM X1
BROWSE
```

执行了这段命令后，在数据表的末尾增加了一条记录，其内容是刚才给数组 X1 赋的值。

1.7.5　常用函数

函数是事先编制好的能够实现特定运算或处理功能的标准程序。有了这些标准程序之后，用户就不用重复编写这些程序了。

函数一般都有若干个参数（或称自变量）。使用函数时，只要按要求给出其中的参数值即可调用该函数。

函数一般都只有一个返回值（即函数的运算结果，或称函数值），因此，可以用函数值的类型来区分函数的类型。例如，函数值为数值的函数是算术函数，函数值为字符型的函数是字符处理函数等。

多数情况下，函数调用出现在表达式中，即函数值作为表达式的运算对象。

Visual FoxPro 6.0 中，函数有 14 类，共 400 多个。这里根据实际应用的需要，讲授 5 类共 62 个函数。

1. 算术函数（数值函数）

（1）绝对值函数。

格式：ABS(〈数值表达式〉)

功能：返回指定数值表达式的绝对值。

【例 1-4】显示 X 的绝对值。

```
X=5
?ABS(X),ABS(5-10)
   5        5
```

（2）符号函数。

格式：SIGN(<数值表达式>)

功能：返回指定数值表达式的符号。即当表达式的值为正、负、零时，函数结果分别为 1、-1 和 0。

（3）平方根函数。

格式：SQRT(<数值表达式>)

功能：返回指定表达式的平方根。

说明：作为参数的数值表达式的值必须大于零。

【例 1-5】求 100 的平方根。

```
?SQRT(100)
   10
```

（4）圆周率函数。

格式：PI()

功能：返回圆周率 π 的值。该函数没有参数。

（5）取整函数。

格式：INT(<数值表达式>)

功能：对给定的数值表达式截尾取整。即只取表达式值的整数部分，小数部分舍去，不进行四舍五入。

【例 1-6】取整。

```
X=345.678
?INT(X)
345
```

（6）求上限函数。

格式：CEILING(<数值表达式>)

功能：返回大于或等于指定数值表达式值的最小整数。

【例 1-7】取 X 的上限。

```
x=7.8
?CEILING(X),CEILING(-X)
8           -7
```

（7）求下限函数。

格式：FLOOR(<数值表达式>)

功能：返回小于或等于指定数值表达式值的最大整数。

【例 1-8】取 X 的下限。

```
X=7.8
?FLOOR(X),FLOOR(-X)
7           -8
```

（8）四舍五入函数。

格式：ROUND(<数值表达式 1>,<数值表达式 2>)

功能：返回数值表达式经过四舍五入操作的结果。

说明：

① <数值表达式 1>是将被四舍五入的数值表达式。

② <数值表达式 2>指明四舍五入的位置。

当其值>0 时，是指定保留的位数，并对下一位四舍五入。

当其值=0 时，取整，小数部分四舍五入。

当其值<0 时，对整数部分舍入的位数。

【例 1-9】对 X 的值进行四舍五入。

```
X=2345.5678
?ROUND(X,3),ROUND(X,0),ROUND(X,-2)
2345.568    2346    2300
```

（9）取余函数。

格式：MOD(<数值表达式 1>,<数值表达式 2>)

功能：返回<数值表达式 1>除以<数值表达式 2>的余数。

说明：

余数的正、负号与除数相同。若被除数与除数同号，则函数值为两数相除所得的余数；如果被除数与除数异号，则函数值为两数相除所得余数再加上除数。

【例 1-10】取余数。

```
?MOD(10,3),MOD(10,-3),MOD(-10,3),MOD(-10,-3)
1           -2          2           -1
```

（10）求最大值函数。

格式：MAX(表达式 1,表达式 2[,表达式 3…])

功能：计算各表达式的值并返回其中最大的值。

说明：作为参数的各表达式可以是数值型、字符型、货币型、双精度型、浮点型、日期型和日期时间型。但同一函数中的各表达式的类型必须相同。

【例 1-11】取最大值。

　　?MAX("2","12","05"),MAX("汽车","轮船","飞机")

　　2　　汽车

（11）求最小值函数。

格式：MIN(表达式 1,表达式 2[,表达式 3…])

功能：计算各表达式的值并返回其中最小的值。

说明：同 MAX 函数。

【例 1-12】取最小值。

?MIN("2","12","05"),MIN("汽车","轮船","飞机")

05　　飞机

（12）指数函数。

格式：EXP(<数值表达式>)

功能：求 e 的幂。数值表达式是幂次。

【例 1-13】求以 e 为底的幂。

　　?EXP(2)

　　7.39

（13）对数函数。

格式：LOG(<数值表达式>)

功能：求以 e 为底的自然对数。

说明：数值表达式的值必须为非零正整数（即大于零）。

【例 1-14】求以 e 为底的自然对数。

　　?LOG(7.39)

　　2.00

（14）产生随机数函数。

格式：RAND(<数值表达式>)

功能：产生指定范围内的随机数。

说明：无参数时，产生 0～1 之间的随机数，不包括 0 和 1。如果需要产生连续的多个随机数，应使用循环。

【例 1-15】产生随机数。

　　?RAND()

　　0.74

2. 字符函数

（1）小写转换为大写函数。

格式：UPPER(<字符表达式>)

功能：将字符表达式中的小写字母转换成大写字母，其他字符不变。

【例 1-16】小写转换成大写。

```
?UPPER("heilongjiang")
HEILONGJIANG
```

（2）大写转换为小写函数。

格式：LOWER(<字符表达式>)

功能：将字符表达式中的大写字母转换成小写字母，其他字符不变。

【例 1-17】大写转换成小写。

```
?LOWER("HEILONGJIANG=*$")
heilongjiang=*$
```

（3）求字符串长度函数。

格式：LEN(<字符表达式>)

功能：返回指定字符表达式值的长度，即表达式中包含的字符个数。此函数值为数值型。

说明：字符表达式中的空格也要计算在内。

【例 1-18】求字符串的长度。

```
X="Visual FoxPro6.0 程序设计"
?LEN(X)
24
```

（4）生成空格函数。

格式：SPACE(<数值表达式>)

功能：产生由数值表达式值指定的数量的空格。

（5）删除串尾空格函数。

格式：TRIM(<字符表达式>)/RTRIM(<字符表达式>)

功能：返回删除字符型表达式尾部空格后所形成的字符串。两种格式功能完全相同。

【例 1-19】删除串尾空格。

```
S=SPACE(5)+"Welcome"+SPACE(8)
?LEN(S)
20
?LEN(TRIM(S))
12
```

（6）删除串首空格函数。

格式：LTRIM(<字符表达式>)

功能：返回删除字符型表达式左部（即首部）空格后所形成的字符串。

【例 1-20】删除串首空格。

```
S=SPACE(5)+"Welcome"+SPACE(8)
?LEN(LTRIM(S))
15
```

（7）删除前后空格函数。

格式：ALLTRIM(<字符表达式>)

功能：返回删除字符表达式首部和尾部空格后所形成的字符串。

【例 1-21】删除串首和串尾的空格。

```
S=SPACE(5)+"Welcome"+SPACE(8)
?LEN(ALLTRIM(S))
7
```

（8）取左串函数。

格式：LEFT(<字符表达式>,<长度>)

功能：从指定的字符表达式的左端开始取一个指定长度的子串，作为函数值返回。

【例 1-22】取左串。

```
S="全国计算机等级考试"
X=LEFT(S,4)
?X
全国
```

（9）取右串函数。

格式：RIGHT(<字符表达式>,<长度>)

功能：从指定的字符表达式的右端开始取一个指定长度的子串，作为函数值返回。

【例 1-23】取右串。

```
S="全国计算机等级考试"
X=RIGHT(S,8)
?X
等级考试
```

（10）取任意子串函数。

格式：SUBSTR(<字符表达式>,<起始位置>[,<长度>])

功能：从指定的字符表达式的指定起始位置取一个指定长度的子串，作为函数值返回。

说明：若缺省<长度>选项，则从指定起始位置开始一直取到字符型表达式的最后一个字符。

【例 1-24】取任意字符串。

```
S="全国计算机等级考试"
X=SUBSTR(S,5,6)
Y=SUBSTR(S,5)
?X,Y
计算机 计算机等级考试
```

（11）求子串位置函数。

格式 1：AT(<字符表达式 1>,<字符表达式 2>[,<数值表达式>])

格式 2：ATC(<字符表达式 1>,<字符表达式 2>[,<数值表达式>])

功能：当<字符表达式 1>是<字符表达式 2>的子串时，格式 1 返回<字符表达式 1>首字符在<字符表达式 2>中出现的起始位置值；否则返回 0。格式 2 在子串比较时不区分大小写。

说明：

① 函数中参数数值表达式用于指定要在<字符表达式 2>中搜索<字符表达式 1>的第几次出现。其默认值为 1。

② 两种格式的功能基本相同，函数结果为数值型。

【例 1-25】检索子串位置。

```
S="This is Visual FoxPro 6.0"
?AT("fox",S),ATC("fox",S),AT("is",S,3),AT("xo",S)
0      16      10      0
```

（12）计算子串出现次数函数。

格式：OCCURS(<字符表达式 1>,<字符表达式 2>)

功能：返回<字符表达式 1>在<字符表达式 2>中出现的次数。

说明：函数值为数值型。若<字符表达式 1>不是<字符表达式 2>的子串，则返回函数值 0。

【例 1-26】求子串出现次数。

```
S="This is Visual FoxPro 6.0"
?OCCURS("Fox",S), OCCURS("is",S), OCCURS("xo",S)
    1        3        0
```

（13）子串替换函数。

格式：STUFF(<字符表达式 1>,<起始位置>,<长度>,<字符表达式 2>)

功能：用<字符表达式 2>的值替换<字符表达式 1>中从起始位置开始由<长度>指定字符个数的子串。

说明：

① 用来替换和被替换的字符表达式的长度不一定相等。

② 若<长度>为 0，则<字符表达式 2>插在由起始位置指定的字符前面。

③ 若<字符表达式 2>是空串，则<字符表达式 1>中由<起始位置>和<长度>指定的子串将被删除掉。

【例 1-27】子串替换。

```
S="计算机网络技术"
X=STUFF(S,7,4,"多媒体")
计算机多媒体技术
```

（14）字符替换函数。

格式：CHRTRAN(<字符表达式 1>,<字符表达式 2>,<字符表达式 3>)

功能：当<字符表达式 1>中的一个或多个字符与<字符表达式 2>中的某个字符相匹配时，就用<字符表达式 3>中的对应字符（相同位置）替换这些字符。

说明：

① 如果<字符表达式 3>包含的字符个数少于<字符表达式 2>包含的字符个数，因而没有对应字符，则<字符表达式 1>中相匹配的各字符将被删除。

② 如果<字符表达式 3>包含的字符个数多于<字符表达式 2>包含的字符个数，多余字符被忽略。

【例 1-28】字符替换。

```
S1=CHRTRAN("ABACAD","ACD","X12")
S2=CHRTRAN("计算机 ABC","计算机","电脑")
S3=CHRTRAN("大家好!","大家","您")
?S1,S2,S3
XBX1X2   电脑 ABC   您好!
```

（15）字符匹配函数。

格式：LIKE(<字符表达式 1>,<字符表达式 2>)

功能：比较两个字符表达式对应位置上的字符，若所有对应字符都相匹配，函数返回逻辑真（.T.），否则返回逻辑假（.F.）。

说明：<字符表达式 1>中可以包含通配符*和？。*可与任何数目的字符相匹配，？可与任何单个字符相匹配。

【例 1-29】字符匹配。

  S1="ABC"

  S2="ABCD"

  ?LIKE("AB*",S1),LIKE("AB",S2),LIKE(S1,S2),LIKE("?B?",S1),LIKE("Abc", S1), LIKE(S1,"AB?")

  .T. .F. .F. .T. .F. .F.

（16）字符重复函数。

格式：REPLICAT(<字符表达式>,<数值表达式>)

功能：将<字符表达式>重复<数值表达式>规定的次数。

【例 1-30】字符重复。

  ?REPLICAT("*",10)

  ****

3．日期和时间函数

（1）日期函数。

格式：DATE()

功能：返回系统的当前日期。函数值为日期型。

【例 1-31】显示系统当前日期。

  ?DATE()

  03/21/08

（2）时间函数。

格式：TIME()

功能：返回系统的当前时间。函数值为字符型。

说明：如果给出任意自变量，则在秒的后面显示百分秒。

【例 1-32】显示系统当前时间。

  ?TIME()

  21:49:05

  ?TIME(5)

  21:49:21.35

（3）日期时间函数。

格式：DATETIME()

功能：返回系统当前的日期和时间。函数值为日期时间型。

【例 1-33】显示系统当前的日期和时间。

  ?DATETIME()

  03/21/08 21:55:05 PM

（4）取年份函数。

格式：YEAR(<日期表达式>|<日期时间表达式>)

功能：返回给定的<日期表达式>或<日期时间表达式>中的年份。取出的年份是 4 位数。函数值为数值型。

【例 1-34】取年份。

  ?YEAR(DATE())

  2008

　　?2008-YEAR({^1977/08/12})

　　　31

（5）取月份函数。

格式：MONTH(<日期表达式>|<日期时间表达式>)

功能：返回给定的<日期表达式>或<日期时间表达式>中的月份。函数值为数值型。

【例 1-35】取月份。

　　?MONTH(DATE())

　　03

（6）取日数函数。

格式：DAY(<日期表达式>|<日期时间表达式>)

功能：返回给定的<日期表达式>或<日期时间表达式>中的日数。函数值为数值型。

【例 1-36】取日数。

　　?DAY(DATE())

　　31

（7）取小时函数。

格式：HOUR(<日期时间表达式>)

功能：从指定的<日期时间表达式>中返回小时部分的值（24 小时制）。函数值为数值型。

【例 1-37】取小时。

　　?HOUR(DATETIME())

　　22

（8）取分钟函数。

格式：MINUTE(<日期时间表达式>)

功能：从指定的日期时间表达式中返回分钟部分的值。函数值为数值型。

【例 1-38】取分钟。

　　?MINUTE(DATETIME())

　　21

（9）取秒数函数。

格式：SEC(<日期时间表达式>)

功能：从指定的<日期时间表达式>中返回秒数。函数值为数值型。

【例 1-39】取秒数。

　　?SEC(DATETIME())

　　55

4．数据类型转换函数

（1）数值转换字符函数。

格式：STR(<数值表达式>[,<长度>[,小数位数]])

功能：将数值表达式转换成字符型表达式。

说明：

①　这里的<数值表达式>是被转换对象。

②　<长度>是要转换成的字符型表达式的总长度，包括正负号、整数部分、一个小数点和小数部分。

③　若不指定总长度，系统默认转换成 10 位。

④ 当<数值表达式>不足 10 位时，转换后左部添加空格。

⑤ 若指定的<长度>小于<数值表达式>整数部分的位数，则显示指定位数的一串*。

⑥ 当<数值表达式>没有小数位时，却在函数中给出了<小数位数>，则小数部分显示 0。

⑦ 若小数位数小于原小数位数，则后面的一位四舍五入。

⑧ 经 STR 函数转换后，只能对其进行字符运算。

【例 1-40】数值转换字符。

```
N=-1234.56
?STR(N,8,3)
-1234.56
?STR(N,9,2),STR(N,6,2),STR(N,3),STR(N,6),STR(N)
-1234.56   -1235   ***   -1235        -1235
```

（2）字符转换数值函数。

格式：VAL(<字符表达式>)

功能：将指定的<字符表达式>转换成数值表达式。

说明：

① 这里的<字符表达式>必须是由正负号、小数点和阿拉伯数字构成。

② 若在<字符表达式>中出现非数字字符，则只转换其前面部分。

③ 若<字符表达式>的首字符就是非数字字符，则返回数值 0，并且忽略前导空格。

④ 经 VAL 函数转换后，该数值就可以参加数值运算了。

【例 1-41】字符转换数值。

```
X="-123."
Y="45"
Z="A45"
?VAL(X+Y),VAL(X+Z),VAL(Z+Y),VAL(X)+VAL(Y)
-123.45   -123.00   0.00   -78.00
```

（3）字符转换日期函数。

格式：CTOD(<字符表达式>)

功能：将<字符表达式>转换成日期表达式。

说明：

① <字符表达式>必须是由日期构成的，且其格式必须与 SET DATE TO 命令所设置的格式一致。

② <字符表达式>中的年份可以用 4 位，也可以用两位。如果用两位年份，则世纪由 SET CENTURY ON 语句决定。

③ SET CENTURY ON 语句规定，小于 59 的两位数年份属于 21 世纪（19+1）；而大于或等于 59 的两位数年份属于 20 世纪（19）。

【例 1-42】字符转换日期。

```
SET DATE TO YMD
SET CENTURY ON
SET CENTURY TO 19 ROLLOVER 51
D1=CTOD("2008/03/21")
?D1,CTOD("50/01/01"),CTOD("51/01/01")
2008/03/21   2050/01/01   1951/01/01
```

（4）字符转换日期时间函数。

格式：CTOT(<字符表达式>)

功能：将<字符表达式>转换成日期时间型表达式。

说明：关于日期的说明，请参见 CTOD 函数。

【例 1-43】字符转换日期时间。

```
?CTOT("2008/03/21"+" "+TIME())
2008/03/21 16:14:37 PM
```

（5）日期转换字符函数。

格式：DTOC(日期表达式|日期时间表达式[,1])

功能：将日期表达式或日期时间表达式中的日期部分转换成字符表达式。

说明：

① 转换后的字符型表达式中的日期部分的格式与 SET DATE TO 语句和 SET CENTURY ON|OFF（ON 为 4 位数年份，OFF 为 2 位数年份）语句的设置有关。

② 函数中若使用了选项 1，则字符表达式的格式恒为 YYYYMMDD，共 8 个字符（数字）。

【例 1-44】日期转换字符。

```
SET DATE TO MDY
?DTOC(DATE())
03/21/08
?DTOC(DATE(),1)
20080321
```

（6）日期时间转换字符函数。

格式：TTOC(日期时间表达式[,1])

功能：将日期时间型数据转换成字符表达式。

说明：

① 转换后的字符型表达式中的日期部分的格式与 SET DATE TO 语句和 SET CENTURY ON|OFF（ON 为 4 位数年份，OFF 为 2 位数年份）语句的设置有关。

② 时间部分的格式与 SET HOURS TO 12|24 的设置有关。

③ 若在此函数中使用了选项 1，则转换成的字符表达式恒为 YYYYMMDDHHMMSS，且采用 24 小时制，共 14 个字符。

【例 1-45】日期时间转换字符。

```
SET DATE TO YMD
T1=DATETIME()
?T1
2008/03/21 16:57:22 PM
?TTOC(T1),TTOC(T1,1)
2008/03/21 16:57:22 PM    20080321165722
```

（7）字符转换 ASCII 码函数。

格式：ASC(<字符表达式>)

功能：返回<字符表达式>首字符的 ASCII 码(十进制)。

【例 1-46】字符转换 ASCII 码。

```
?ASC("A")
65
```

（8）ASCII 转换字符函数。

格式：CHR(<数值表达式>)

功能：将指定的 ASCII 码转换成字符。

【例 1-47】ASCII 码转换字符。

```
?CHR(65)
A
```

（9）宏代换函数。

格式：&<字符型内存变量>[.后续字符]

功能：用字符型内存变量的值替换内存变量及函数名&本身。

说明：

① 函数名&必须写在内存变量紧前边，中间不能有空格。

② &可作为字符串的一部分，此时应以"."来标记该字符型内存变量名的结束，以避免与后续字符混淆。

【例 1-48】避免与后续字符混淆。

```
A="Great"
?"&A. Wall"
Great Wall
```

③ 宏代换可以嵌套，执行时由外向内逐层进行代换，直至最内层的变量代换出来为止。

【例 1-49】宏代换函数可以嵌套。

```
P1="ABC"
Q="1"
R="P&Q"
?&R
ABC
```

5. 测试函数

在数据处理过程中，有时用户需要了解处理对象的状态。例如，文件是否存在、当前记录是哪条、是否到达了文件尾等。程序运行时，常常要根据测试结果来决定下一步应该做什么。测试函数的结果通常为逻辑型。

（1）文件是否存在测试函数。

格式：FILE(<字符表达式>)

功能：测试指定的文件是否存在。如果存在，则函数值为真，否则为假。

说明：参数<字符表达式>是指被测试文件的文件名，且需指出扩展名。如果是具体的文件名，必须加定界符。如果将文件名以字符串的形式存于内存变量中，则不用加定界符。

【例 1-50】测试文件是否存在。

```
?FILE("C:\XSDB.DBF")
.T.
F1="C:\XSDB.DBF"
?FILE(F1)
.T.
```

（2）表文件尾测试函数。

格式：EOF([<工作区号>|<别名>])

功能：测试指定数据表中的记录指针是否指向文件尾。若是，则函数值返回真（.T.），否则返回假（.F.）。

说明：

① 记录指针是当打开一个表时，Visual FoxPro 6.0 系统为其设置的用于指示当前记录的内存变量。当前记录就是记录指针正在指向的记录。

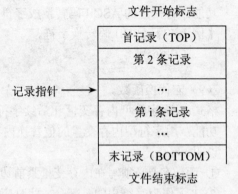

图 1-6　文件结构示意图

② 表文件尾是指表中最后一条记录的后面位置的文件结束标志。这和表的逻辑结构有关。数据表的逻辑结构如图 1-6 所示，最上面的记录称为首记录（TOP），通常为第 1 条记录；在表的第一条记录前面有一个文件开始标志，称为 BOF（Beginning Of File）；而在表的最后一条记录的后面有一个文件的结束标志，称为 EOF（End Of File）。当对表中记录从前往后逐条进行处理时，总有一个时刻记录指针会到达文件尾的位置。此时函数 EOF() 的值为真。如果测试到 EOF() 函数值为真时，也说明记录指针指向了文件尾的位置，此时说明应该结束对表记录的扫描。

③ 刚打开一个数据表时，记录指针总是指向首记录。

④ 此函数参数的作用是指出被测试的表所在的工作区号或其别名。若省略参数，则测试当前表。若指定工作区中没有打开表，则此函数返回逻辑假（.F.）。若打开的表中没有任何记录，则此函数返回逻辑真（.T.）。

【例 1-51】测试表文件尾。

```
USE XSDB
GO BOTTOM
?EOF()
.F.
SKIP
?EOF(),EOF(2)
.T.    .F.
```

（3）表文件首测试函数。

格式：BOF([<工作区号>|<别名>])

功能：测试当前表（当缺省参数时）或指定表（当有参数时）中的记录指针是否指向文件首位置。若是，则函数返回逻辑真（.T.），否则返回逻辑假（.F.）。

说明：

① 所谓表文件首，是指表中第一条记录（首记录）前面的文件开始标志。

② 若指定的工作区中没有打开表文件，则此函数返回逻辑假（.F.）；若表中不包含任何记录，则此函数返回逻辑真（.T.）。

【例 1-52】测试表文件头。

```
USE XSDB
?BOF()
.F.
```

```
SKIP -1
?BOF(),BOF(2)
.T.    .F.
```

注意：对于一个空表，此时 EOF()和 BOF()都为.T.。

（4）当前记录号测试函数。

格式：RECNO([<工作区号>|<别名>])

功能：返回当前表（当缺省参数时）或指定表文件中的当前记录号，即记录指针正在指向的记录号。

说明：

① 如果记录指针正在指向文件首，则此函数返回第一条记录的记录号；如果记录指针正在指向文件尾，则此函数返回值为末记录号加 1。

② 若指定工作区中没有打开表，则此函数返回值为 0。

③ 若打开一个空表，则此函数返回值为 1。

【例 1-53】 测试当前记录号。

```
USE XSDB
?RECNO()
1
SKIP -1
?RECNO()
1
GO 5
?RECNO()
5
GO BOTTOM
?RECNO()
100              && 数据表 XSDB 中有 100 条记录
SKIP
?RECNO()
101
```

（5）记录个数测试函数。

格式：RECCOUNT([<工作区号>|<别名>])

功能：返回当前表文件（当缺省参数时）或指定表文件中的记录个数。

说明：

① RECCOUNT 函数返回的是表文件中的物理存在的记录个数。不管记录是否被加上删除标记（逻辑删除）及 SET DELETE 命令的状态如何，也不管记录是否被过滤（SET FILTER TO），一律计算在内。

② 缺省参数，测试的是当前表；若指定了工作区号，但没有打开数据表，则函数返回 0。

【例 1-54】 测试记录个数。

```
USE XSDB
?RECCOUNT()
100
GO TOP
DELETE NEXT 30
```

```
SET DELETE ON
?RECCOUNT()
100
```

（6）字段个数测试函数。

格式：FCOUNT([<工作区号>|<别名>])

功能：获取表文件中的字段数。

说明：

① 若指定工作区或别名，则获取指定表文件的字段数；否则获取当前表的字段数。

② 若指定工作区没有打开表文件，则返回 0。

【例 1-55】测试字段个数。

```
USE XSDB
?FCOUNT()
12
```

（7）记录删除测试函数。

格式：DELETED([<工作区号>|<别名>])

功能：测试当前表或指定表中的当前记录是否被加上了逻辑删除标记"*"。若被加了删除标记，则函数值为逻辑真（.T.），否则为逻辑假（.F.）。

说明：缺省参数时，测试当前表；若使用了参数，则测试指定工作区中的表；若指定工作区中没有打开表，则函数返回逻辑假（.F.）。

【例 1-56】测试记录删除标记。

```
USE XSDB
GO 6
?DELETED()
.F.
DELETE
?DELETED()
.T.
?DELETED(3)
.F.                          && 第 3 工作区中没有打开表
```

（8）最后搜索是否成功测试函数。

格式：FOUND([<工作区号>|<别名>])

功能：测试最后一次查找是否成功，若成功，则函数结果为逻辑真（此时函数 EOF()=.F.）；否则，函数结果为逻辑假（此时函数 EOF()=.T.）。

说明：当使用查找命令查找记录时，如果找到满足条件或匹配的记录时，记录会指向相应的记录，即查找成功，此时 FOUND()函数值为真，而 EOF()函数值为假；若没有找到，记录指针会指向文件尾，此时 FOUND()函数值为假，而 EOF()函数值为真。

【例 1-57】测试查找是否成功。

```
USE XSDB
LOCATE FOR 姓名="曲歌"
?FOUND()
.T.
?EOF()
```

```
.F.
?RECNO()
2
```

（9）数据类型测试函数。

格式：TYPE(<表达式>)

功能：测试表达式的数据类型。函数结果为字符型。

说明：

① 被测试的表达式必须用定界符括起来。

② 此函数返回的类型值用一个字符表示：

C——字符型	N——数值型、浮点型、双精度型、整型
D——日期型	T——日期时间型
L——逻辑型	Y——货币型
M——备注型	G——通用型

U——无法判定类型

【例 1-58】测试数据类型。

```
?TYPE("23.45")
N
X="哈尔滨"
?TYPE("X")
C
?TYPE(X)
U
```

（10）变量类型测试函数。

格式：VARTYPE(<表达式>[,<逻辑表达式>])

功能：测试变量和表达式的数据类型，返回一个大写字母，结果为字符型。

说明：

① 返回值的字母，请参见 TYPE 函数。字母 X 所代表的数据类型是 Null 值。

② 若<表达式>是一个数组，则根据第一个数组元素的类型返回字符串。若<表达式>的运算结果为 NULL 值，则根据<逻辑表达式>值来决定是否返回<表达式>的类型：如果逻辑表达式值为.T.，就返回<表达式>的原数据类型；如果<逻辑表达式>的值为.F.或缺省，则返回 X 以表明表达的运算结果为 NULL 值。

③ VARTYPE 函数与 TYPE 函数的区别在于，VARTYPE 函数中被测试的表达式可以不加定界符，而 TYPE 函数中被测试的表达式必须加定界符。

【例 1-59】测试变量的数据类型。

```
A1="AAA"
A2=.NULL.
A3=$100.2
?VARTYPE(A1),VARTYPE(A2),VARTYPE(A2,.T.), VARTYPE(A3)
C   X   L   Y
```

（11）值域测试函数。

格式：BETWEEN(<表达式 T>,<表达式 L>,<表达式 H>)

功能：判断<表达式 T>的值是否介于<表达式 L>和<表达式 H>的值之间。是则函数结果为逻辑真（.T.），否则函数结果为逻辑假（.F.）。

说明：

① 当<表达式 T>大于或等于<表达式 L>并且小于或等于<表达式 H>的值，视为介于这二者之间。

② 如果<表达式 L>和<表达式 H>中有一个是 NULL 值，则函数结果也是 NULL 值。

③ 此函数的参数既可以是数值型，也可是字符型、日期型、日期时间型、浮点型、整型、双精度型或货币型，但是 3 个表达式的类型必须一致。

【例 1-60】测试值域。

```
X=.NULL.
Y=100
?BETWEEN(150,Y,Y+100),BETWEEN(100,X,Y)
.T.         .NULL.
```

（12）空值（NULL）测试函数。

格式：ISNULL(表达式)

功能：测试一个表达式的运算结果是否为空值 NULL。是则返回逻辑真（.T.），否则返回逻辑假（.F.）。

【例 1-61】测试是否为空值。

```
X=.NULL.
?X,ISNULL(X)
.NULL. .T.
```

（13）"空"值测试函数。

格式：EMPTY(<表达式>)

功能：根据<表达式>的运算结果是否为"空"值，返回逻辑真（.T.）或逻辑假（.F.）。是为"空"值，则返回逻辑真（.T.），否则返回逻辑假（.F.）。

说明：请注意，这里所说的"空"值，与空值 NULL 是两个不同的概念。第一，函数 EMPTY（.NULL.）返回值为逻辑假（.F.）。第二，该函数参数表达式的类型可以是数值型、字符型、逻辑型、日期型等数据类型。不同类型数据的"空"值，有不同的规定。

数据类型	"空"值
数值型	0
字符型	空串、空格、制表符、回车、换行
货币型	0
浮点型	0
整型	0
双精度型	0
日期型	空（如 CTOD("")）
日期时间型	空（如 CTOT("")）
逻辑型	.F.
备注型	空（无内容）

（14）条件测试函数。

格式：IIF(<逻辑表达式>,<表达式 1>,<表达式 2>)

功能：根据<逻辑表达式>的值决定返回哪个表达式的值。若<逻辑表达式>的值为真（.T.），则返回<表达式 1>的值；若<逻辑表达式>的值为假（.F.），则返回<表达式 2>的值。

说明：<表达式 1>和<表达式 2>的类型不要求相同。

【例 1-62】测试条件。

```
X=100
Y=300
?IIF(X>100,X-50,X+50),IIF(Y>100,Y-100,Y+50)
150      200
```

6. 其他函数——消息框函数

格式：messagebox(提示文本[,对话框类型[,对话框标题文本]])

功能：显示提示对话框。

说明：

（1）对话框类型如表 1-7 所示。

表 1-7　消息框函数对话框类型

对话框类型	功能
0	仅"确定"按钮
1	"确定"和"取消"按钮
2	"终止"、"重试"和"忽略"按钮
3	"是"、"否"和"取消"按钮
4	"是"和"否"按钮
5	"重试"和"取消"按钮
16	stop 图标
32	?图标
48	!图标
64	i 图标
0	默认第 1 个按钮
256	默认第 2 个按钮
512	默认第 3 个按钮

（2）返回值如表 1-8 所示。

表 1-8　消息框函数返回值

返回值	按钮	返回值	按钮
1	确定	5	忽略
2	取消	6	是
3	终止	7	否
4	重试	5	忽略

例如，分析 messagebox("您确实要退出系统吗?",4+64,"提示信息")会弹出什么样的窗口。

分析：观察此函数的格式，弹出的对话框中的提示文本是"您确实要退出系统吗"，对话框标题是"提示信息"，函数中间有"4+64"，其中 4 指定对话框中出现"是"和"否"两个按钮（见表 1-7），64 指定对话框中出现 i 图标（见表 1-7），在命令窗口依次执行下列命令：

```
tc=messagebox("您确实要退出系统吗?",4+64,"提示信息")
&&变量 tc 用于接收 messagebox 函数的返回值，弹出的对话框类型如表 1-7 所示。
?tc
&&变量 tc 值取决于运行时用户单击了哪个按钮，如果单击了"是"按钮，则返回 6，如果单击了
"否"按钮，则返回 7，如表 1-8 所示。
```

说明：实际应用中，常在系统菜单或在表单的"退出"按钮中添加以下代码：

```
tc=messagebox("您确实要退出系统吗?",4+64,"提示信息")
if tc=6 &&如果此条件成立，则说明用户单击了"是"按钮，执行 quit 命令，安全退出。
    quit
endif
```

1.7.6　表达式

表达式是由常量、变量、函数等运算对象通过运算符连接起来的式子。在各种语言的程序中都有表达式。在 Visual FoxPro 6.0 程序中也是如此。

表达式的存在形式可有两种：一是单一的运算对象，如单个常量、单个变量、单个函数，都属于表达式的特例；二是由运算符将运算对象连接起来构成的式子。

表达式的功能是求值。无论是复杂的表达式还是简单的表达式，按照特定的运算规则最终都能计算出一个结果，即表达式的值。

表达式的类型是由其值的类型决定的。根据表达式值的类型，表达式可分为数值表达式、字符表达式、日期时间表达式、关系表达式和逻辑表达式。大多数逻辑表达式由关系表达式来表示。下面分别介绍各种表达式。

1．数值表达式

数值表达式是由算术运算符将数值型的运算对象连接起来形成的表达式，其运算结果仍为数值型。这里，数值型的运算对象可以是数值型的常量、变量和函数。

数值表达式中的运算符与日常使用的运算符大体相同，表 1-9 所示为按优先级由高到低的顺序列出算术运算符（同一行的运算符优先级别相同）。

表 1-9　运算符及其优先级

运算符	说明
（）	形成表达式中子表达式。优先级最高，括号的表达式要先运算
**或^	乘方运算符
*、/、%	自左至右是乘、除、求余运算符
+、-	加、减

【例 1-63】分别计算数学算式 $\left(\dfrac{1}{20}-\dfrac{5}{24}\right)\times 14.56$ 和 $\dfrac{2+2^{1+2}}{2+3}$。

```
?(1/20-5/24)*14.56
-2.31
```

```
?(2+2^(1+2))/(2+3)
2
```

这里需要特别说明的是求余运算符。求余运算符%的作用与取余函数 MOD()完全相同。余数的正负号与除数的正负号一致。当表达式中接连出现*、/和%时，运算顺序是自左向右依次运算，因为它们的优先级别相同。

【例 1-64】求余数。

```
?23%6,23%-6,MOD(23,6)
5      -1      5
```

2. 字符表达式

字符表达式是由字符运算符将字符运算对象连接起来构成的表达式。其运算结果仍然是字符型。字符运算符只有两个，它们的优先级别相同。

+：全连接。即将前、后两个字符型运算对象连接起来形成一个新的字符串。

-：非全连接。即将左部字符表达式尾部空格移到连接成的字符表达式尾部。

【例 1-65】字符串连接。

```
S1="同学们：    "
S2="早上好！"
?S1+S2
同学们：    早上好！
?S1-S2
同学们：早上好！
```

3. 日期时间表达式

日期时间表达式中可以使用的运算符也有两个，即+和-。

日期时间表达式的格式有一定限制，不能任意组合。例如，不能用+将两个日期表达式连接起来。合法的日期时间表达式的格式如表 1-10 所示（其中天数、秒数均为数值型）。

表 1-10　日期时间表达式的格式

格式	结果及类型
日期+天数/天数+日期	指定日期若干天后的日期。日期型
日期-天数	指定日期若干天前的日期。日期型
日期-日期	两个指定日期之间相差的天数。数值型
日期时间+秒数/秒数+日期时间	指定日期时间若干秒后的日期时间。日期时间型
日期时间-秒数	指定日期时间若干秒前的日期时间。日期时间型
日期时间-日期时间	两个日期时间之间相差的秒数。数值型

【例 1-66】日期时间表达式。

```
?{^2008-03-11}+10,{^2008-05-08}-{^2007-05-09}
03-21-08    365
?{^2008-03-21 10:25:35 AM}-{^2008-03-21 09:25:35}
3600
```

这里，请注意，运算符+和-既可以作为日期时间运算符，也可以作为字符运算符，还可以作为算术运算符来使用。究竟作为哪种运算符来使用，要根据其所连接的运算对象的数据类型来决定。

4. 关系表达式

关系表达式由关系运算符将两个类型相同的运算对象连接起来构成。通常也可称为简单逻辑表达式。

说明：

（1）关系运算符的作用是比较两个表达式值的大小或者次序的先后。其运算结果为逻辑型。关系运算符的优先级别相同。关系运算符及其含义如表 1-11 所示（注：在这里，"/"代表"或者"的意思）。

表 1-11　关系运算符及其含义

运算符	含义	运算符	含义
<	小于	>=	大于等于
>	大于	<>/#/!=	不等于
=	等于	==	字符串精确比较运算符
<=	小于等于	$	字符串包含运算符

（2）运算符==和$仅适用于字符型数据。其他关系运算符适用于任何类型的数据。但是要求运算符两边的运算对象类型必须相同。

（3）数值型数据、货币型数据进行关系运算时，按数值的大小比较，包括负号，如 0>-1、$105>$-150。

（4）日期型或日期时间型数据进行关系运算时遵循的原则是：越早的日期或时间越小，反之，越晚的日期或时间越大。如：{^2008/01/01}>{^2007/12/31}，比较结果为真。

（5）逻辑型数据进行比较时，真大于假，即.T.>.F.为真。

（6）关系表达式<字符表达式 1>$<字符表达式 2>是子串包含测试表达式。如果前者是后者的子串，则结果为真，否则为假。

【例 1-67】字符串包含。

```
S1="计算机"
S2="微型计算机"
?S1$S2,S2$S1,(S1$S2)>(S2$S1)
.T.　　.F.　　.T.
```

（7）还有一个重要的问题，就是设置字符的排序顺序。当比较两个字符型表达式时，系统对两个字符型表达式对应的字符自左向右逐个进行比较。一旦发现两个字符表达式对应字符不同，则根据这两个字符的排序顺序决定两个字符表达式的大小。

对字符序列的排序设置有以下两种方式：

通过人机会话方式设置：

单击"工具"菜单下的"选项"菜单项，打开"选项"对话框；

单击"数据"选项卡；

在右上角的"排序序列"下拉列表框中选择"Machine"（机器）、"PinYin"（拼音）或者"Stroke"（笔画）。单击"确定"按钮。

通过命令方式来设置。命令是：

```
SET COLLATE TO "<排序次序名>"
```

说明：排序次序名必须写在定界符中。次序名可以是"Machine"、"PinYin"或"Stroke"。

"Machine"次序：指定的字符排序次序与 xBase 兼容，按照机内码的顺序排序。西文字符按照 ASCII 码值排列：空格<数字<大写字母<小写字母。汉字按机内码排序，对常用的一级汉字而言，按拼音顺序决定其大小。

【例 1-68】字符串比较（按机内码排序）。

```
SET COLLATE TO "Machine"（按机内码排序）
? "a"<"abc","a"<"A","a">"A"
.T.    .F.    .T.
? "一"<"二","李"<"王","王老师"<"王","您好">"你好"
.F.    .T.    .F.    .T.
```

"PinYin"次序：按照拼音次序排序。对于西文字符而言，空格<小写字母<大写字母。汉字按拼音顺序决定大小。

【例 1-69】字符串比较（按拼音排序）。

```
SET COLLATE TO "PinYin"（按拼音顺序排序）
? "a"<"abc","a"<"A","a">"A"
.T.    .T.    .F.
? "一"<"二","李"<"王","王老师"<"王","您好">"你好"
.F.    .T.    .F.    .T.
```

"Stroke"次序：无论是中文还是西文，按照笔画的多少进行排序。

【例 1-70】字符串比较（按笔画排序）。

```
SET COLLATE TO "Stroke"
? "a"<"abc","a"<"A","a">"A"
.T.    .T.    .F.
? "一"<"二","李"<"王","王老师"<"王","您好">"你好"
.T.    .F.    .F.    .T.
```

（8）字符串精确比较与 EXACT 设置。

如果用双等号（==）来比较两个字符型表达式时，只有当两个字符表达式的对应字符一一相等（包括空格以及各字符的位置）时，运算结果才会是逻辑真（.T.），否则为逻辑假（.F.）。

当用单等号（=）来比较两个字符型表达式时，运算结果与 SET EXACT ON|OFF 设置有关。该命令设置是精确匹配还是模糊匹配的开关。可以在命令窗口中或程序中执行，也可以通过"数据"选项卡来设置。

系统默认为 OFF 状态。在 OFF 状态下，只要右边的字符串与左边字符串的前面部分内容相匹配，即认为右边的字符串与左边的字符串相匹配，即可得到逻辑真（.T.）的结果。也就是说，字符型表达式比较以右边的字符型表达式为目标。右字符串比较完即终止比较。

当此命令处于 ON 状态时，要将字符型表达式全部比较完才能结束。先在较短的字符型表达式尾部添加若干个空格，使两个字符型表达式长度相等，然后再进行比较。

【例 1-71】精确比较与非精确比较规则。

比较	=（EXACT OFF）	=（EXACT ON）	==（EXACT ON/OFF）
"abc"="abc"	.T.	.T.	.T.
"ab"="abc"	.F.	.F.	.F.
"abc"="ab"	.T.	.F.	.F.
"abc"="ab "	.F.	.F.	.F.

"ab"="ab "	.F.	.T.	.F.
"ab "="ab"	.T.	.T.	.F.
""="ab"	.T.	.F.	.F.
"ab"=""	.T.	.F.	.F.
TRIM（"ab "）="ab"	.T.	.T.	.T.
"ab"=TRIM（"ab "）	.T.	.T.	.T.

【例 1-72】字符表达式的精确比较与 EXACT 设置示例。

```
S1="计算机"
S2="计算机  "
S3="计算机世界"
SET EXACT OFF
?S1=S3,S3=S1,S1=S2,S2=S1,S2==S1
.F.   .T.   .F.   .T.   .F.
SET EXACT ON
?S1=S3,S3=S1,S1=S2,S2=S1,S2==S1
.F.   .F.   .T.   .T.   .F.
```

5. 逻辑表达式

逻辑表达式由逻辑运算符连接逻辑型数据组合而成。逻辑表达式的运算结果仍为逻辑型。

逻辑运算符共有 3 个。按优先级由高到低的顺序是.NOT.（逻辑非）、.AND.（逻辑与）和.OR.（逻辑或）。在 Visual FoxPro 6.0 中，也可以省略逻辑运算符两端的小圆点。

逻辑运算符的运算规则如下（也称逻辑运算符的真值表）。

A	B	.NOT.A	.NOT.B	A.AND.B	A.OR.B
.T.	.T.	.F.	.F.	.T.	.T.
.T.	.F.	.F.	.T.	.F.	.T.
.F.	.T	.T.	.F.	.F.	.T.
.F.	.F.	.T.	.T.	.F.	.F.

在 Visual FoxPro 6.0 的许多命令和语句格式中都有<条件>短语成分。所谓条件，就是由逻辑表达式或关系表达式来担当的。在设置复杂条件时，要注意分析问题的语义，写出正确的条件表达式。例如，查询工资在 2100 元以上的讲师和副教授，其查询语句中的条件表达式应该写成：

工资>=2100.AND.职称="副教授".OR.工资>=2100.AND.职称="讲师"　　或

工资>=2100.AND.(职称="副教授".OR.职称="讲师")

6. 各种运算符混合使用时的优先级

每种表达式中的运算符都有一定的优先级。不同的运算符也可能同时出现在同一个表达式中。此时，各种运算符的优先级由高到低的顺序是：

算术运算、字符运算、日期时间运算>关系运算>逻辑运算

也就是说，在各种运算混合到一个表达式中，先执行算术运算、字符运算和日期时间运算，再执行关系运算，最后执行逻辑运算。

圆括号不是运算符，但它可以改变其他运算符的运算顺序。这与在对算术式子进行运算时的情况是一致的，括号中的运算最优先。在 Visual FoxPro 6.0 中也是一样，在其他各类运算执行之前，圆括号中的内容作为整个表达式的子表达式，其值会被首先计算出来，然后再

同其他运算对象进行计算。

　　圆括号可以嵌套，最内层的最优先运算。

　　【例 1-73】各种运算符混合组成的表达式举例。

　　　　?"ABC"="abc".or."河"<"海"

　　　　.F.

　　　　?2+3>6.and."AS"$"ASCII".OR."IS"="I"

　　　　.T.

　　　　?10+5<30.OR..T..AND."X"-"Y"$"XYZ"

　　　　.T.

　　有时为了提高程序的可读性，可以在表达式的适当位置插入圆括号，此时并不是为了改变运算顺序。但这是一种值得提倡的做法。

1.7.7　命令

　　通过 Visual FoxPro 6.0 进行数据处理时，无论采取面向对象的程序设计方式还是采取命令方式，都需要书写命令。

　　启动 Visual FoxPro 6.0 后，在主窗口中会有一个命令窗口。通过命令方式对数据进行处理时，所有的命令都需要在这个命令窗口中输入，按回车键后便可立即执行。

　　使用过的命令作为历史记录被保存在这个窗口中，用户可以随时调出这些命令，重复使用或稍加修改后再使用，这样可以节省大量的时间，并提高使用效率。使用这些命令时，只要将光标移到命令的任何位置，按回车键即可再次执行。历史命令可以进行剪切、复制、粘贴及删除等操作。

　　在这里，关于命令有以下两点需要说明：

　　打开和关闭命令窗口有 3 种方法：

　　（1）单击命令窗口右上角的关闭按钮可以关闭它，通过窗口菜单下的"命令窗口"菜单项可以再次打开它。

　　（2）单击常用工具栏上的命令窗口按钮，可以关闭它，再次单击可以打开它。

　　（3）使用快捷键："Ctrl+F4"隐藏命令窗口，"Ctrl+F2"打开命令窗口。

　　另外，单击"文件"菜单下的"关闭"菜单项，也可关闭命令窗口。

　　命令格式和使用注意事项。

　　命令由命令动词和短语两大部分组成。具体格式如下：

　　<命令动词>[<范围>][<条件>][FIELDS <字段名表>]

　　（1）<命令动词>通常由同义英语单词来担当。如 LIST 是列表显示，COPY 是复制等。

　　（2）<范围>短语指出对数据表中记录的操作区间。有 4 种范围选项，命令中可任选其一：

　　RECORD n ——操作范围是第 n 条记录（一个记录）。

　　NEXT n——操作范围是从当前记录开始的 n 条记录。

　　REST——操作范围是从当前记录开始到末记录的全部记录。

　　ALL——操作范围是全体记录。

　　（3）<条件>短语指定对满足条件的记录进行操作。有两种条件格式。

　　FOR <条件>：对指定范围内的所有满足条件的记录进行操作。

　　WHILE <条件>：使命令操作到第一个不满足条件的记录为止。

（4）<字段名表>通常用来指定操作的字段。在有些命令中，关键字 FIELDS 可以省略。当<字段名表>内容为多项时，其间要用逗号分隔。

使用命令时的注意事项：

（1）命令动词与后面的短语之间、短语和短语之间、关键字与表达式之间必须至少有一个空格，多几个空格不是语法错误，但是该有空格的地方没有空格，则会导致语法错误。

（2）命令动词和引导短语的关键字（英语单词）可以略写为前 4 个字母，不至于冲突。此外，内存变量名、文件名、函数名等也可略写为前 4 个字母。

（3）命令动词是不可省略的。后面短语的顺序可以任意。

（4）当一个命令需要写在多行时，需要在断行处输入一个分号，回车后可在下行接写。即使在面向对象的程序设计中，命令也是不可缺少的。所以正确使用命令是非常重要的。

本章小结

本章介绍与数据库有关的基本概念和知识，包括数据、信息和数据处理、数据管理技术的发展、数据库系统、数据模型及关系数据库等。并对 Visual FoxPro 中使用的数据类型逐一作了介绍。接着对 Visual FoxPro 中的常量和变量的定义及使用进行了说明。随后对 Visual FoxPro 中的 5 类运算符和表达式分类进行了阐述。Visual FoxPro 提供了一批标准函数，这里介绍了一些常用字的函数。掌握好本章的内容，可以为后续的 Visual FoxPro 程序设计部分内容的学习打下基础。

习题 1

一、选择题

1. 数据库系统（DBS）、数据库（DB）和数据库管理系统（DBMS）三者之间的关系是（　）。

　　A．数据库管理系统包含数据库系统和数据库

　　B．数据库系统包含数据库管理系统和数据库

　　C．数据库包含数据库系统和数据库管理系统

　　D．数据库系统就是数据库，也就是数据库管理系统

2. 关系数据库管理系统所管理的关系是（　）。

　　A．一个 DBF 文件　　　　　　　　B．若干个二维表

　　C．一个 DBC 文件　　　　　　　　D．若干个 DBC 文件

3. 数据库系统中对数据库进行管理的核心软件是（　）。

　　A．DBMS　　　　　B．DB　　　　　C．OS　　　　　D．DBS

4. Visual FoxPro 关系数据库管理系统能够实现的 3 种基本关系运算是（　）。

　　A．索引、排序、查找　　　　　　B．建库、录入、排序

　　C．选择、投影、连接　　　　　　D．显示、统计、复制

5. "商品"与"顾客"两个实体集之间的联系一般是（　）。

　　　A．一对一　　　　　　B．一对多　　　　　C．多对一　　　　　　D．多对多

6．Visual FoxPro 是一种（　　）。

　　　A．数据库系统　　　　　　　　　　B．数据库管理系统

　　　C．数据库　　　　　　　　　　　　D．数据库应用系统

7．数据库管理系统 Visual FoxPro 6.0 的数据模型是（　　）。

　　　A．层次型　　　　　B．关系型　　　　　C．网状型　　　　　　D．结构型

8．关系型数据库管理系统存储与管理数据的基本形式是（　　）。

　　　A．二维表格　　　　B．文本文件　　　　C．关系树　　　　　　D．结点路径

9．用二维表来表示实体与实体之间联系的数据模型称为（　　）。

　　　A．面向对象模型　　　　　　　　　　B．关系模型

　　　C．层次模型　　　　　　　　　　　　D．网状模型

10．专门的关系运算不包括下列中的（　　）。

　　　A．联接运算　　　　　　　　　　　　B．选择运算

　　　C．投影运算　　　　　　　　　　　　D．交运算

11．Visual FoxPro 6.0 允许字符型数据的最大宽度是（　　）。

　　　A．64　　　　　　　B．100　　　　　　C．254　　　　　　　D．128

12．Visual FoxPro 6.0 数据表的字段是一种（　　）。

　　　A．常量　　　　　　B．变量　　　　　　C．函数　　　　　　　D．表达式

13．在 Visual FoxPro 6.0 的数据表中可以存储多种类型的数据，这些数据类型包括字符型（C）、数值型（N）、日期型（D）、逻辑型（L）、（　　）（M）等。

　　　A．浮点型　　　　　B．备注型　　　　　C．屏幕型　　　　　　D．时间型

14．以下命令中，可以显示"德强"的是（　　）。

　　　A．?SUBSTR("德强商务学院",4,4)　　B．?SUBSTR("德强商务学院",1,2)

　　　C．?SUBSTR("德强商务学院",3,4)　　D．?SUBSTR("德强商务学院",1,4)

15．在下列式子中，合法的 Visual FoxPro 6.0 表达式是（　　）。

　　　A．"233"+SPACE(4)+VAL("456")　　B．CTOD("08/12/77")+DATE()

　　　C．ASC("ABCD")+"20"　　　　　　D．CHR(65)+STR(2256.789,6)

16．下列式子中，（　　）肯定不是合法的 Visual FoxPro 6.0 表达式。

　　　A．[8888]-AB　　　　　　　　　　B．NAME+"NAME"

　　　C．10/18/98　　　　　　　　　　　D．"教授".OR."副教授"

17．下列表达式结果为.F.的是（　　）。

　　　A．"33">"300"　　　　　　　　　　B．"男">"女"

　　　C．"CHINA">"CANADA"　　　　　　D．DATE()+5>DATE()

18．若内存变量名与当前打开的数据表的一个字段名均为 NAME，则执行?NAME 命令后显示的是（　　）。

　　　A．内存变量的值　　　　　　　　　　B．错误信息

　　　C．字段变量的值　　　　　　　　　　D．随机

19．下列（　　）是合法的字符型常量。

　　　A．{'计算机等级考试'}　　　　　　B．[[计算机等级考试]]

    C．['计算机等级考试']   D．""计算机等级考试""

20．若已知 X=56.789，则命令?STR(X,2)-SUBSTR("56.789",5,1)的显示结果是（　　）。

    A．568   B．578   C．48   D．49

21．若 DATE="11/25/05"，则表达式&DATE 的结果的数据类型是（　　）。

    A．字符型   B．数值型   C．日期型   D．不确定

22．顺序执行以下命令后，下列表达式中错误的是（　　）。

    A="123"

    B=3*5

    C="XYZ"

    A．&A+B   B．&B+C   C．VAL(A)+B   D．STR(B)+C

23．执行以下命令后，显示的结果是（　　）。

    STORE 2+3<7 TO A

    B=".T. ">".F. "

    ?A.AND.B

    A．.T.   B．.F.   C．A   D．B

24．执行以下命令后，显示的结果是（　　）。

    N="123.45"

    ?"67"+&N

    A．190.45   B．67+&N

    C．67123.45   D．错误信息

25．以下各表达式中，运算结果为数值型的是（　　）。

    A．RECNO()>10   B．YEAR=2000

    C．DATE()-50   D．AT("IBM","Computer")

26．以下各表达式中，运算结果为字符型的是（　　）。

    A．SUBSTR("123.45",5)   B．"IBM"$"Computer"

    C．AT("IBM","Computer")   D．YEAR="2000"

27．以下各表达式中，运算结果为日期型的是（　　）。

    A．04/05/09   B．CTOD("04/05/97")-DATE()

    C．CTOD("04/05/97")-3   D．SUBSTR("345.67",5)

28．下列符号中，（　　）是 Visual FoxPro 合法的变量名。

    A．AB21   B．21AB   C．IF   D．A[B]7

29．在下面的 Visual FoxPro 表达式中，不正确的是（　　）。

    A．{^2002-05-01 10:10:10 AM}-10   B．{^2002-05-01}-DATE()

    C．{^2002-05-01}+DATE()   D．{^2002-05-01}+[1000]

30．在下列函数中，函数值为数值的是（　　）。

    A．AT("人民","中华人民共和国")   B．CTOD("01/01/96")

    C．BOF()   D．SUBSTR(DTOC(DATE()),7)

31．假定字符型内存变量 X="123"，Y="234"，则下列表达式中运算结果为逻辑值假的是（　　）。

    A．.NOT.(X=Y).OR.Y$"13579"   B．.NOT.X$"XYZ".AND.X<>Y

C．.NOT.(X<>Y)　　　　　　　　D．.NOT.(X>=Y)

32．执行下列命令序列后，显示的结果是（　　）。

```
YA=100
YB=200
YAB=300
N="A"
M="Y&N"
?&M
```

A．100　　　　　B．200　　　　　C．300　　　　　D．Y&M

33．假定 X=2，执行命令? X=X+1 后，结果是（　　）。

A．2　　　　　B．2　　　　　C．.T.　　　　　D．.F.

34．要判断数值型变量 Y 是否能被 7 整除，下面错误的表达式为（　　）。

A．MOD(Y,7)=0　　　　　　　　B．INT(Y/7)=Y/7

C．0=MOD(Y,7)　　　　　　　　D．INT(Y/7)=MOD(Y,7)

35．可以参加"与"、"或"、"非"逻辑运算的对象是（　　）。

A．只能是逻辑型数据

B．可以是数值型、字符型、日期型数据

C．可以是数值型、字符型数据

D．可以是 N 型、C 型、D 型、L 型数据

36．以下各表达式中，不合法的逻辑表达式是（　　）。

A．年龄>=20 .and. 年龄<=40　　　　B．.NOT..T.

C．"AB"$"ABD"　　　　　　　　D．20<=年龄<=40

37．函数 LEN(TRIM(SPACE(8))-SPACE(8))的返回值是（　　）。

A．0　　　　　B．8　　　　　C．16　　　　　D．出错

38．假设 CJ=81，则函数 IIF(CJ>=60,IIF(CJ>=90,"优秀","良好"),"不及格")返回的结果是
（　　）。

A．优秀　　　　　B．良好　　　　　C．不及格　　　　　D．81

39．执行下列命令后，显示的结果是（　　）。

```
X="ABCD"
Y="EFG"
?SUBSTR(X,IIF(X<>Y,LEN(Y),LEN(X)),LEN(X)- LEN(Y))
```

A．A　　　　　B．B　　　　　C．C　　　　　D．D

40．如果成功地执行了?NAME, M.NAME，说明（　　）。

A．前一个 NAME 是内存变量，后一个 NAME 是字段变量

B．前一个 NAME 是字段变量，后一个 NAME 是内存变量

C．两个 NAME 都是内存变量

D．两个 NAME 都是字段变量

41．在下面 4 个函数中，不返回逻辑值的函数是（　　）。

A．DELETE()　　　B．VAL()　　　C．FILE()　　　D．FOUND()

42．函数 MIN(ROUND(8.89,1),9)的返回值是（　　）。

      A．8   B．9   C．8.9   D．9.8

43．执行下列命令后，屏幕显示的结果是（   ）。

    AA="Visual FoxPro"

    ?UPPER(SUBSTR(AA,1,1))+LOWER(SUBSTR(AA,2))

    A．VISUAL FOXPRO   B．Visual foxpro

    C．Visual FOXPRO   D．visual FOXPRO

44．若当前数据表是一个空的表，用 RECNO()函数测试，结果应该是（   ）。

    A．错误信息   B．0   C．1   D．空格

45．下列表达式中，返回结果为假的是（   ）。

    A．"that"$"that is an apple"

    B．"that is an apple"$"that is an apple"

    C．"that ia an apple"$"THAT IS AN APPLE"

    D．"THAT IS AN APPLE"$"THAT IS AN APPLE"

46．顺序执行下列赋值命令后，合法的表达式是（   ）。

    A="234"

    B=5*6

    C="ABC"

    A．A+B   B．B+C   C．STR(B)+C   D．A+B+C

47．下列表达式中，运算结果为.F.的是（   ）。

    A．LEFT("计算机",4)= "计算"   B．INT(3/2)=1

    C．SUBSTR("computer",6,3)="TER"   D．"Ab"-"2005"="Ab2005"

48．执行下列命令（设当前系统日期为 2008 年 03 月 30 日），最后的输出的结果是（   ）。

    MDATE=DATE()

    MDATE=MDATE-365

    ?YEAR(MDATE)

    A．其中有语法错误   B．03/30/07

    C．2008   D．2007

49．顺序执行下列命令后，屏幕显示的结果是（   ）。

    S="Happy Chinese New Year! "

    T="CHINESE"

    ?AT(T,S)

    A．0   B．7   C．14   D．错误信息

50．以下程序的输出结果是（   ）。

    S1="计算机等级考试"

    S2="等级考试"

    ?S1$S2

    A．4   B．.T.   C．7   D．.F.

51．在 Visual FoxPro 中，有关命令书写规则，下列说法错误的是（   ）。

    A．命令动词、关键字、任选项之间必须至少有一个空格

    B．命令动词或短语中的英文单词可以只写前 4 个字母

    C．任何命令的总字符数必须小于或等于屏幕的宽度（80 个字符）

D．任何命令和短语中的英文单词不区分大小写

52．要想让系统将日期显示成"2008 年 4 月 15 日"的格式，可使用（　　）命令。

    A．SET DATE TO ANSI　　　　　　B．SET DATE TO YMD

    C．SET DATE TO LONG　　　　　　D．SET DATE TO CHINESE

53．执行下列命令序列后，最后显示的变量 MYFILE 的值为（　　）。

    ANS="STUDENT.DBF"

    MYFILE=SUBSTR(ANS,1,AT(".",ANS)-1)

    ?MYFILE

    A．STUDENT.DBF　　　　　　　　B．STUDENT

    C．STUDENT.ANS　　　　　　　　D．11

54．在下列表达式中，运算结果为数值型的是（　　）。

    A．[8888]-[6666]　　　　　　　　B．LEN(SPACE(5))-1

    C．CTOD("04/05/08")-30　　　　　D．800+200=1000

55．设某一数据表文件中有 10 条记录，当前记录号为 6，先执行命令 SKIP 10，再执行？EOF()后，显示的结果是（　　）。

    A．出错信息　　　　B．11　　　　　C．.T.　　　　　D．.F.

56．执行下列两条命令后，屏幕显示的结果是（　　）。

    ST="VFP"

    ?UPPER(SUBSTR(ST,1,1))+LOWER(SUBSTR(ST,2))

    A．VFP　　　　　　B．vFP　　　　　C．Vfp　　　　　D．Vvf

57．在下列表达式中，结果为字符型的是（　　）。

    A．"123"-"100"　　　　　　　　　B．"ABC"+"XYZ"="ABCXYZ"

    C．CTOD("07/05/48")　　　　　　D．DTOC(DATE())>"07/05/49"

58．已经打开的数据表中有"出生日期"字段，为日期型，则此时下列表达式中结果不是日期型的为（　　）。

    A．CTOD("07/05/48")　　　　　　B．出生日期+5

    C．DTOC(出生日期)　　　　　　D．DATE()-10

59．已知 X="AB　CD　"，Y="　EF　GH"，则表达式 X-Y 的结果应是（　　）。

    A．"AB　CD　　EF　GH"　　　　B．"AB　CD　EF　GH　"

    C．"ABCD　EF　GH　"　　　　　D．"ABCDEF　GH　"

60．假定 A="123"，B="234"，下列表达式的运算结果为逻辑值假的是（　　）。

    A．.NOT.(A=B).OR.B$("13579")　　B．.NOT.A$("ABC").AND.(A<>B)

    C．.NOT.(A<>B)　　　　　　　　D．.NOT.(A>=B)

61．执行命令？AT("等级","全国计算机等级考试")后，显示结果是（　　）。

    A．0　　　　　　B．7　　　　　C．11　　　　　D．13

62．执行下列命令序列后，变量 NDATE 的值是（　　）。

    STORE CTOD("08/12/77") TO MDATE

    NDATE=MDATE+3

    ?NDATE

    A．08/15/77　　　B．08/20/77　　　C．11/12/77　　　D．12/12/77

63. 假定系统日期是 1977 年 8 月 12 日，执行命令 NJ=MOD(YEAR(DATE())-1900,100) 后，NJ 的值是（　　）。

  A．1997   B．77   C．770812D．0812

64. 执行下列命令后，屏幕显示结果是（　　）。

```
A="全国计算机等级考试"
B="2008"
C="一"
?A
??B+"年第"+C+"次考试"
```

  A．全国计算机等级考试 2008 年第一次考试

  B．全国计算机等级考试　 2008 年第一次考试

  C．全国计算机等级考试 B 年第 C 次考试

  D．全国计算机等级考试 B+年第+C 次考试

65. 执行以下两条命令后，能够正确求值的表达式是（　　）。

```
A="1.保护环境"
B=2
```

  A．RIGHT(A,4)+SUBSTR(B,2)   B．VAL(LEFT(A,1))+B

  C．A+B   D．SUBSTR(A,1,1)+B

66. 设 X=0.618，执行命令? ROUND(X,2)后，显示的结果是（　　）。

  A．0.61   B．0.62   C．0.60   D．0.618

67. 执行函数 ROUND(123456.789,-2)结果是（　　）。

  A．123456 B．123456.780 C．123500   D．-123456.79

68. 若先执行命令 X=[180+20]，再执行命令?X，则屏幕显示的结果是（　　）。

  A．200   B．300   C．[180+20]   D．180+20

69. 下面这个表达式的计算结果应该是（　　）。

VAL(SUBSTR("P586",2,1)+RIGHT(STR(YEAR({^2002/01/10})),2))+3

  A．505.00 B．5+2002   C．5023   D．出错信息

70. 下列表达式中，结果为数值的是（　　）。

  A．CTOD（"04/05/97"）-28   B．"1234"$"5678"

  C．120+30=150   D．LEN("ABCD")+1

71. 执行下列命令序列后，最后一条命令显示的结果应该是（　　）。

```
X=1
Y=2
Z=3
?Z=X+Y
```

  A．F.   B．3   C．X+Y   D．.T.

72. 执行下列两条命令后，屏幕显示的结果是（　　）。

```
STRING="热爱大自然"
?SUBSTR(STRING,(LEN(STRING)/2-4),4)
```

  A．热爱   B．爱大   C．大自   D．自然

73. 在执行了 SET EXACT ON 命令之后，下列 4 组字符串比较运算中，两个结果均为真

的一组是（　　）。

  A．"高军"="高军是一位女学生"和"高军"$"高军是一位女学生"

  B．"高军是一位女学生"="高军"和"高军是一位女学生"$"高军"

  C．"高军是一位女学生"="高军"和"高军是一位女学生" =="高军"

  D．"高军"=="高军"和"高军是一位女学生">"高军"

74．下列命令中，能够正确地赋给内存变量 MLOGIC 逻辑真值的命令是（　　）。

  A．MLOGIC=".T."   B．STORE "T" TO MLOGIC

  C．MLOGIC=TRUE   D．STORE .T. TO MLOGIC

75．函数 DAY("01/09/99")的返回值是（　　）。

  A．9   B．09   C．1   D．错误信息

76．执行 STORE "423.279" TO N 和?18+&N 两个命令后，屏幕显示（　　）。

  A．18423.279   B．441.279   C．441   D．*****

77．"计算机等级考试"这 7 个汉字，在 Visual FoxPro 中作为字符型常量，可表示为（　　）。

  A．{计算机等级考试}   B．(计算机等级考试)

  C．<计算机等级考试>   D．[计算机等级考试]

78．当在 Visual FoxPro 中执行了 SET EXACT OFF 命令后，关系表达式"Ab"="A"的结果是（　　）。

  A．0   B．.F.   C．.T.   D．错误

79．如果变量 X=10，KK="X=123"，则函数 TYPE("KK")的执行结果是（　　）。

  A．L   B．N   C．C   D．错误

80．设工资=580，职称="讲师"，性别="男"，结果为逻辑假的表达式是（　　）。

  A．工资>550.AND.职称="助教".OR.职称="讲师"

  B．性别="女".OR..NOT.职称="助教"

  C．工资>500.AND.职称="讲师".AND.性别="男"

  D．工资=550.AND.(职称="教授".OR.性别="男")

81．设 X=2002，Y=150，Z="X+Y"，表达式&Z+1 的结果是（　　）。

  A．类型不匹配   B．X+Y+1

  C．2153   D．20021501

82．在下面的表达式中，运算结果为逻辑真的是（　　）。

  A．EMPTY(.NULL.)   B．LIKE("edit","edi? ")

  C．AT("a", "123abc")   D．EMPTY(SPACE(10))

83．Visual FoxPro 内存变量的数据类型不包括（　　）。

  A．数值型   B．货币型   C．备注型   D．逻辑型

84．默认情况下，正确的日期常量是（　　）。

  A．{^2008/4/23}   B．{2008/4/23}

  C．{"2008/4/23"}   D．{[2008/4/23]}

85．执行命令?VARTYPE(TIME())的结果是（　　）。

  A．C   B．D   C．T   D．出错

86．想要将日期型或日期时间型数据中的年份用 4 位数字显示，应当使用设置命令（　　）。

      A．SET CENTURY ON   B．SET CENTURY OFF
      C．SET CENTURY TO 4   D．SET CENTURY OF 4

87．下面关于 Visual FoxPro 数组的叙述中，错误的是（　　）。

      A．用 DIMENSION 和 DECLARE 都可以定义数组

      B．Visual FoxPro 只支持一维数组和二维数组

      C．一个数组中各个数组元素必须是同一种数据类型

      D．新定义数组的各个数组元素初值为.F.

88．使用命令 DECLARE mm(2,3)定义的数组，包含的数组元素（下标变量）的个数为（　　）。

      A．2个   B．3个   C．5个   D．6个

89．假设职员表已在当前工作区打开，其当前记录的"姓名"字段值为"张三"（字符型，宽度为 6）。在命令窗口输入并执行以下命令：

      姓名=姓名-"您好"

      ?姓名

那么主窗口中将显示（　　）。

      A．张三   B．张三　您好

      C．张三您好   D．出错

90．在 Visual FoxPro 中说明数组的命令是（　　）。

      A．DIMENSION 和 ARRAY   B．DECLARE 和 ARRAY

      C．DIMENISION 和 DECLARE   D．只有 DIMENISION

二、填空题

1．在关系数据模型中，二维表的列称为属性，二维表的行称为_____。

2．用二维表数据来表示实体及实体之间联系的数据模型称为_____。

3．在 Visual FoxPro 6.0 的数据表中，要放置照片，应选择_____字段类型。这个字段类型可以用大写字母_____来表示。

4．在 Visual FoxPro 6.0 中，有两种变量，一种是_____，另一种是_____。

5．若已打开的数据表中有"姓名"字段，也有一个"姓名"内存变量。为将当前记录的姓名存入内存变量的姓名中，应该使用的命令是_____。

6．请写出下列表达式的数据类型（用代表类型的字母表示）：EOF()的数据类型是_____，YEAR()的数据类型是_____，DATE()-10 的数据类型是_____。

7．设 X="170"，则函数 MOD(VAL(X),8)的值是_____。

8．设一个打开的数据表文件中共有 100 条记录，若 RECNO()函数的值为 100，则 EOF()的值是_____。

9．为使日期型数据能够显示世纪（即年份为 4 位），应该使用命令 SET_____ON。

10．对应数学表达式 $A*B^2+e^Y$ 的 Visual FoxPro 表达式是_____。

11．执行以下命令序列后，最后一条命令的显示结果是_____。

```
DIMENSION M(2,2)
M(1,1)=10
```

M(1,2)=20
M(2,1)=30
M(2,2)=40
?M(2)

12. 函数 BETWEEN(40,34,50)的运算结果是_____。

13. ?AT("EN",RIGHT("STUDENT",4))的执行结果是_____。

14. 表达式 STUFF("GOODBOY",5,3,"GIRL")的运算结果是_____。

15. LEFT("123456789",LEN("数据库"))的计算结果是_____。

16. 执行函数 Round(4.795,2)返回的结果是_____。

17. 在 Visual FoxPro 中说明数组后，数组的每个元素在未赋值之前的默认值是_____。

三、上机操作题

启动 Visual FoxPro 系统后，在命令窗口中完成所有函数的应用，如图 1-7 所示。

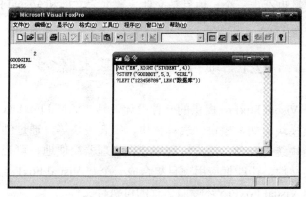

图 1-7　命令窗口界面

第2章 项目管理器及其操作

本章要点:

"项目管理器"的启动、功能、组成、定制及操作;"项目管理器"包括6个文件选项卡,其中"全部"文件选项卡中,将显示应用的所有文件对象大类,即"数据"、"文档"、"类库"、"代码"和"其他",项目管理器是 Visual FoxPro 的"控制中心"。

项目管理器是开发应用程序所必需的辅助设计工具,它从管理和控制的角度支持项目开发所涉及的各类文件。一个有一定规模的数据库应用系统,其中不仅包含了各种类型的文件,而且每一类文件的数目也不止一个。项目是文件、数据、文档和 Visual FoxPro 对象的集合,其保存文件的扩展名为.PJX。

2.1 项目管理器的基本概念

项目管理器也是 Visual FoxPro 提供的一种设计工具。Visual FoxPro 的项目管理器把每类文件的组成作为一类模块,如表模块、表单模块、报表模块等,通过创建一个项目文件把应用系统的所有组成模块统一管理。用户可利用项目管理器简便地、可视化地创建、修改、调试和运行项目中各类文件,还能把应用项目集合成一个在 Visual FoxPro 环境下运行的应用程序,或者编译成脱离 Visual FoxPro 环境而运行的可执行文件。

2.1.1 创建项目

1. 创建方法

通常使用两种方法创建一个新的项目文件,一种是使用 Visual FoxPro 的菜单命令,另一种是在命令窗口中输入命令。具体操作如下。

(1)菜单操作。单击菜单"文件"→"新建"命令,选择文件类型为"项目",选中"新建文件"单选按钮,为文件取名,单击"保存"按钮。

(2)命令窗口。

格式: **CREATE PROJECT** <项目文件名>

使用以上两种方法都可以创建一个项目文件,项目文件的扩展名是.PJX。在 Visual FoxPro 的窗口中打开一个项目管理器来表示项目文件,同时在菜单栏中还会出现"项目"菜单,提供对项目文件操作的相关命令。项目管理器如图 2-1 所示。

2. 项目管理器界面组成

项目管理器由以下几部分组成。

(1)标题栏。项目管理器的标题栏显示的标题就是项目文件的主文件名,创建项目文件时,默认文件名为"项目1"、"项目2"、……,用户可删除或输入所选择的项目文件名。

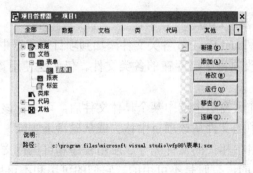

图 2-1　Visual FoxPro 的项目管理器

（2）选项卡。标题栏下方是选项卡，共有 6 个。选择不同的选项卡，则可在下面的工作区显示所管理的相应文件的类型。现对各选项卡的意义做以下说明。

- "全部"：显示和管理应用项目中所使用的所有类型的文件。它包含了其右边 5 个选项卡的全部内容。
- "数据"：管理应用项目中各种类型的数据文件。数据文件有数据库、自由表、查询文件等。
- "文档"：显示和管理应用项目中使用的文档类文件。文档类文件有表单文件、报表文件、标签文件等。
- "类"：显示和管理应用项目中使用的类库文件，包括 Visual FoxPro 系统提供的类库和用户自己设计的类库。
- "代码"：管理项目中使用的各种程序代码文件，如程序文件（.PRG）、API 库和应用项目管理器生成的应用程序（.APP）。
- "其他"：显示和管理应用项目中使用的，但在以上选项卡中没有管理的文件，如菜单文件、文本文件、图形文件等。

（3）工作区。项目管理器的工作区是显示和管理各类文件夹的窗口，从图 2-1 中可以看出，它是采用分层结构的方式来组织和管理项目中的文件。左边的最高一层用明确的标题标识了文件的分类，单击"+"号可展开该类文件的下属组织层次，"+"号同时也变成了"-"号。单击"-"号可把展开的层次折叠起来，"-"号同时变成了"+"号。选中某类的某个文件，单击项目管理器右侧的命令按钮可以修改和运行这个文件。

（4）命令按钮。项目管理器右边的命令按钮为工作区窗口提供各种操作命令。

2.1.2　项目管理器的使用

在开发一个数据库应用系统时，可用两种方法使用项目管理器：一种是先创建一个项目管理器文件，再使用项目管理器的界面来创建应用系统所需的各类文件；另一种是先独立地建立应用系统的各类文件，再把它们一一添加到一个新建的项目管理文件中。究竟使用哪种方法，取决于开发者的个人习惯，项目管理器中的"新建"和"添加"命令按钮给开发者提供了选择的自由。

1. 命令按钮的功能

创建和打开一个项目文件后，项目管理器中可看到以下命令按钮，它们的功能如下：

- "新建"：在工作区窗口中选中某类文件后，单击"新建"按钮，新建的文件就被添加到该项目管理器窗口中。

- "添加"：可把 Visual FoxPro 各类文件添加到项目管理器中，进行统一组织管理。
- "修改"：可修改项目中已存在的各类文件。仍然是使用该类文件的设计器界面来修改。
- "运行"：在工作区窗口中选中某个具体文件后，可运行该文件。
- "移去"：把选中的文件从该项目中移去或从磁盘上删除。
- "连编"：把项目中相关的文件编译成应用程序和可执行文件。

命令按钮有时是可用的，有时是不可用的。它们的可用和不可用状态与在工作区中的文件选择状态相对应，如在"全部"选项卡的工作区中，各种文件类型都是"+"号并没有展开，也就是没有选中要操作的具体文件，此时像"新建"、"运行"等按钮呈现灰色，表示是不可用的。如果在工作区展开某类文件，如单击"文档"类文件，并选中"表单"类文件，则这些按钮就变成了黑色，表示是可用的，之后就可修改和运行选中的表单文件了。

2. 项目管理器中命令的操作

在项目管理器中可以对文件进行新建、添加、运行、重命名等各种操作。在工作区窗口单击展开各类文件和选择要操作的文件，可用以下几种方法进行操作。

（1）使用命令按钮。即使用项目管理器右边的命令按钮，如单击"新建"、"添加"、"运行"等按钮。

（2）使用"项目"菜单。启动项目管理器后，将在 Visual FoxPro 的菜单栏中自动添加"项目"菜单。"项目"菜单下的命令除了项目管理器的按钮命令外，还有不同的内容，如图 2-2 所示。

可用"项目"菜单下的命令对项目管理器管理的文件进行"重命名"和"设置主文件"等操作，这些操作是项目管理器的命令按钮所没有提供的。

（3）使用快捷菜单。在项目管理器的工作区选择了某类文件后，右击可弹出一个快捷菜单。如图 2-3 所示，快捷菜单的命令和命令按钮以及"项目"菜单下的命令也有所不同。如选择其中的"生成器"命令，则可使用一个"应用程序生成器"的辅助工具来把项目中设计的大部分文件生成一个应用程序。

　　　　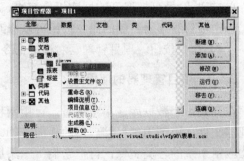

图 2-2　"项目"菜单下的命令　　　　图 2-3　"项目管理器"的快捷菜单

【例 2-1】在 E 盘 VFSHL 文件夹中建立"学生成绩管理"项目。

操作步骤如下：

（1）选择菜单"文件"→"新建"命令，在出现的"新建"对话框中选择"项目"单选按钮。

（2）单击"新建文件"按钮，在弹出的对话框中选择保存位置为 E 盘 VFSHL 文件夹，项目名称为"学生成绩管理"，单击"保存"按钮即可。

随后会发现在 E 盘 VFSHL 文件夹中将生成一个名为"学生成绩管理.PJX"的项目文件。

3．打开已有项目

操作方法是：选择菜单"文件"→"打开"命令，或者单击常用工具栏中的"打开"按钮，则显示"打开"对话框，找到要打开的项目文件双击即可打开该项目。

2.2 项目管理器的操作

2.2.1 查看项目中的内容

项目管理器为数据提供了一个组织良好的分层结构视图。若要处理项目中某一特定类型的文件或对象，可选择相应的选项卡。

在建立表和数据库，以及创建表单、查询、视图和报表时，所要处理的主要是"数据"和"文档"选项卡中的内容。

如果项目中具有一个以上同一类型的项，其类型符号旁边会出现一个"+"号。单击"+"号可以展开显示该类型中各项的名称，单击"-"号可折叠该项。

2.2.2 添加或移去文件

这里以添加表文件为例，介绍文件的添加与移去方法。

在 Visual FoxPro 中，表分为"数据库表"和"自由表"两类。属于某一数据库的表称为"数据库表"；不属于任何数据库而独立存在的表称为"自由表"。如果想让多个数据库共享一些信息，则应将这些信息放入自由表中，如希望某个自由表属于某一数据库，也可以将其移入该数据库中。

【例 2-2】将表文件 XSDB.DBF 与 YY.DBF 添加到数据库"成绩管理"中，使这两个表成为数据库表。

操作步骤如下：

（1）打开"学生成绩管理"项目对话框，如图 2-4 所示。

（2）在列表框中单击"数据"项目前的"+"号，选择"数据库"项目，再单击"新建"按钮，建立数据库文件"成绩管理"，如图 2-5 所示。

说明：数据库是表的集合，多表之间通过公共字段彼此可以建立关联。使用"数据库设计器"可以创建一个数据库，数据库文件的扩展名为.DBC，其备注文件的扩展名为.DBT。

图 2-4 "项目管理器"对话框 1

（3）在图 2-5 中单击"成绩管理"项目前的"+"号，并单击"表"项目，单击"添加"按钮，分别将表文件 XSDB.DBF 与 YY.DBF 添加到数据库"成绩管理"中，如图 2-6 所示。

　　　图 2-5 　"项目管理器"对话框 2 　　　　　　　　图 2-6 　添加表文件

2.2.3 　创建和修改文件

　　项目管理器简化了创建和修改文件的过程。只需选定要创建或修改的文件类型，然后单击"新建"或"修改"按钮，Visual FoxPro 就将显示与所选文件类型相应的设计工具。

2.2.4 　定制项目管理器

1．改变显示外观

项目管理器显示为一个独立的对话框。可以移动它的位置，改变它的尺寸或者将它折叠起来只显示选项卡。

2．移动项目管理器

将鼠标指针指向标题栏，然后将项目管理器拖到屏幕上的其他位置。

3．改变项目管理器窗口的大小

将鼠标指针指向"项目管理器"窗口的顶端、底端、两边或角上，拖动鼠标即可扩大或缩小它的尺寸。

4．折叠项目管理器

单击右上角的向上箭头，即可将项目管理器折叠，如图 2-7 所示。

单击此处复原

图 2-7 　折叠后的项目管理器

5．还原项目管理器

单击右上角的向下箭头可以将"项目管理器"还原为正常大小。

折叠"项目管理器"后，可以拖开选项卡，并根据需要重新安排它们的位置。拖开某一选项卡后，它可以在 Visual FoxPro 的主窗口中独立移动。

本章小结

本章首先介绍了 Visual FoxPro "项目管理器"的启动、功能、组成、定制及操作，"项目管理器"包括 6 个文件选项卡，其中"全部"文件选项卡中，将显示应用的所有文件对象大类，即"数据"、"文档"、"类"、"代码"和"其他"，有人把"项目管理器"称为 Visual FoxPro 为"控制中心"。

习题 2

一、选择题

1. 打开 Visual FoxPro "项目管理器"的"文档（DOCS）"选项卡，其中包含（　　）。
   A. 表单（Form）文件　　　　　　　B. 报表（Report）文件
   C. 标签（Label）文件　　　　　　　D. 以上 3 种文件
2. 在"项目管理器"下为项目建立一个新报表，应该使用的选项卡是（　　）。
   A. 数据　　　　　B. 文档　　　　　C. 类　　　　　　D. 代码
3. 扩展名为 PJX 的文件是（　　）。
   A. 数据库表文件　B. 表单文件　　　C. 数据库文件　　D. 项目文件
4. "项目管理器"的"运行"按钮用于执行选定的文件，这些文件可以是（　　）。
   A. 查询、视图或表单　　　　　　　B. 表单、报表和标签
   C. 查询、表单或程序　　　　　　　D. 以上文件都可以
5. 在 Visual FoxPro 的项目管理器中不包括的选项卡是（　　）。
   A. 数据　　　　　B. 文档　　　　　C. 类　　　　　　D. 表单

二、填空题

1. 可以在项目管理器的＿＿＿＿＿选项卡下建立命令文件（程序）。
2. 在 Visual FoxPro 中，项目文件的扩展名是＿＿＿＿＿。

三、上机操作题

1. 在 D 盘中建立一个项目，并命名为"one"。
2. 在项目"one"中建立一个数据库，命名为"成绩管理"。
3. 在项目 one 中建立程序代码文件 one.prg，其中包含以下一条命令：
   ?"良好的开端"
4. 新建一个名为"学生管理"的项目文件。
5. 将"学生"数据库加入到新建的项目文件中。
6. 创建一个项目 myproject.pjx，并将已经创建的菜单 mymenu.mnx 设置成主文件。然后连编产生应用程序 myproject.app。最后运行 myproject.app。

第 3 章　数据表的基本操作

本章要点：

数据表概述；数据类型、表结构的创建、修改与显示；表记录的显示、追加、修改与删除等基本操作；表的索引与排序、数据计算、多表的操作等。

数据表是组成关系型数据库的基本单元，也是程序操作的数据对象。在编写程序之前需创建表，设计表的结构和录入数据，以便为应用程序提供数据处理的对象。在数据表创建之后也有大量的维护工作，如记录的增加、删除和修改等。

3.1　数据表概述

3.1.1　表的相关概念

表以记录和字段的形式存储数据，是关系型数据库管理系统的基本结构，是处理数据和建立关系型数据库及应用程序的基本单元。

在日常的工作和生活中，遇到的数据中有很多都是以表格形式出现的，表 3-1 就是学生登记表中的一部分。

表 3-1　学生登记表

学号	姓名	院系	性别	出生年月日	英语	计算机	奖学金	党员否	备注
98402017	陈超群	文学院	男	1979-12-18	49.0	52.0	48.5	F	
98404062	曲歌	西语学院	男	1980-10-1	61.0	67.0	55.5	F	
97410025	刘铁男	法学院	男	1978-12-10	64.0	67.0	60.5	F	
98402019	王艳	文学院	女	1980-1-19	52.0	78.0	53.5	F	
98410012	李侠	法学院	女	1980-7-7	63.0	78.0	58.5	F	
98402021	赵勇	文学院	男	1979-11-11	70.0	75.0	55.5	T	
98402006	彭德强	文学院	男	1979-9-1	70.0	78.0	63.5	F	
98410101	毕红霞	法学院	女	1979-11-16	79.0	67.0	58.5	F	
98401012	王维国	哲学院	男	1979-10-26	63.0	86.0	55.5	F	
98404006	刘向阳	西语学院	男	1980-2-4	67.0	84.0	56.5	F	

这是一个简单的二维表格。实际上，这个二维表格就是 Visual FoxPro 中的"表"。表存储有关某个主题（如学生的基本情况）的信息。如表 3-1 所示，表中按列存放该主题不同种类的信息（如学生学号、姓名等），按行描述该主题"某一实例"的全部信息（特定学生的数

据）。表中的每一行称为一条记录，每一列称为一个字段。

表的第一行称为表头，表头中每列的值是这个字段的名称，称为字段名。

表有以下特征：

（1）表可存储若干条记录。

（2）每条记录可以有若干个字段，而且每条记录的字段结构相同，也就是具有相同的字段名、字段类型和字段顺序。

（3）字段可以是不同的类型，以便存储不同类型的数据。

（4）记录中每个字段的顺序与存储的数据无关。

（5）每条记录在表中的顺序与存储的数据无关。

3.1.2 表中的数据类型

表中的每一个字段由于其数据代表的意义不同，因而都有特定的数据类型，如学号、出生年月日、奖学金这 3 个字段的类型是各不相同的。在 Visual FoxPro 中，分别是用字符型、日期型、数值型（或整型）来表示。熟悉各种数据类型可以更快地对表进行操作。Visual FoxPro 6.0 表中的数据类型及简单的说明如下。

- 字符型：用于包含字母、汉字、数字型文本、符号及标点等一种或几种的字段，其中的数字一般不是用来进行数学计算的，如电话号码、姓名、地址。
- 货币型：货币单位，最多可有 4 位小数，如果小数部分超过 4 位，则将通过四舍五入只保留 4 位，如商品价格。
- 数值型：整数或小数，如成绩、工资、订货数量。如果有小数，需要指定小数位数，小数点包含在字段宽度中，占一个字节。它还支持十六进制数值。
- 整型：不带小数点的数值。
- 日期型：用来存放日期数值，Visual FoxPro 6.0/5.0 支持 2000 年型的日期数值。格式为：月/日/年，如输入 07/01/97。其中的年份如果输入 97，则系统默认为 1997，将光标条移到表中该字段时就会显示"07/01/1997"，如果输入小于 59 的数（如 45）则系统默认为 2045，因此，最好输入完整的年份。
- 日期时间型：格式为月/日/年　时:分:秒　AM 或 PM，如 12/1/98 06:26:00 AM。
- 双精度型：双精度数值，如所要求的一些高精度数据。
- 逻辑型：当存储的数据只有两种可能时使用，用 True(.T.)和 False(.F.)表示，如团员(.T.)与非团员(.F.)、已婚(.T.)与未婚(.F.)。
- 备注型：又称内存型，它的数据存储和表中其他数据是分开的，存放在扩展名为.FPT 的文件中，如个人简历等。
- 通用型：可以链接或嵌入 OLE 对象，如由其他应用程序创建的电子表格、Word 文档、图片。当链接 OLE 对象时，表中只包含指向数据的链接和创建 OLE 对象的应用程序的链接；当嵌入 OLE 对象时，表中包含 OLE 对象复件及指向创建此 OLE 对象应用程序的链接，如照片、图像等。

下面就以上面的示例为基础来介绍如何创建新表、处理和修改已有的表、数据库表和自由表的特征，以及如何创建索引来对表中数据进行排序和表的数值计算。

3.2　创建新表

在 Visual FoxPro 6.0 中，可按以下两个步骤创建一个新表。

步骤一：创建表的结构。即说明表包含哪些字段，每个字段的长度及数据类型。

步骤二：向表中输入记录。即向表中输入数据。

3.2.1　设计表结构

一个表中的所有字段组成了表的结构。在建表之前应先设计字段属性。字段的基本属性包括了字段的名称、类型、宽度、小数位数及是否允许为空。

（1）字段名：表中的每个字段都是有名称的，如"学生"表中的"学号"字段，"学号"即为这个字段的字段名。字段名可以是以字母开头的字母数字串，也可以是汉字。自由表中的字段名不能超过 10 个字符，数据库表字段名长度不能超过 128 个字符。字段名中不接受空格字符。

（2）字段类型：字段的数据类型应与存储其中的信息类型相匹配。数据库可以存储大量的数据，并提供丰富的数据类型。这些数据可以是一段文字、一组数据、一个字符串、一幅图像或一段多媒体作品。当把不同类型的数据存入字段时，就必须告诉数据库系统这个字段存储什么类型的数据，这样数据库系统才能对这个字段采取相应的数据处理方法。Visual FoxPro 6.0 支持 13 种不同类型的数据，每种均有不同的目的和用途。应为表中的每个字段选取最适合于该字段数据用途的数据类型。对那些可能超过 254 个字符或含有诸如制表符及回车符的长文本，可以使用备注数据类型。

（3）字段宽度：设置以字符为单位的列宽。设置的列宽应保证能够存放所需的字段，但也不必设置得太宽，否则将占用大量内存。

（4）小数位数：当字段类型为数值型和浮点型时，应为其设置小数位数。

（5）是否允许为空：是否允许字段接受 NULL 值。NULL 值就是无明确的值。NULL 值不等同于零或空格。一个 NULL 值不能认为比某个值（包括另一个 NULL 值）大或小、相等或不等。

例如，将表 3-1 所示的 XSDB 表中的字段属性定义为如表 3-2 所示。

表 3-2　XSDB 字段属性

字段名	字段类型	字段宽度	小数位数
学号	C	8	
姓名	C	6	
院系	C	10	
性别	C	2	
出生年月日	D	8	
英语	N	5	1
计算机	N	5	1
奖学金	N	4	1
党员否	L	1	
备注	M	4	

3.2.2　通过表设计器创建新表

使用表设计器可以方便、直接地创建表，既可以通过项目管理器的"数据"选项卡中的表设计器创建，也可以通过"文件"菜单中的表设计器命令创建。

创建表结构的操作步骤如下：

（1）选择菜单"文件"→"新建"命令，打开"新建"对话框，如图 3-1 所示。选择"表"单选按钮。

（2）单击"新建文件"按钮，打开"创建"对话框，如图 3-2 所示。

图 3-1　"新建"对话框

图 3-2　"创建"对话框

（3）在"创建"对话框中，可以确定表的类型、名称和保存位置，其中表的类型为"表/DBF"。在"输入表名"文本框中输入要建的表名，如"xsdb"，单击"保存"按钮，即出现"表设计器"对话框，如图 3-3 所示。

（4）定义"xsdb"表的字段。选择"表设计器"的"字段"选项卡，将光标放在"字段名"下，输入第一个字段名"学号"，这时，旁边的"类型"、"宽度"、"小数位数"、"索引"等对应栏均有显示。单击"类型"列的下拉列表（当前的类型是"字符型"），打开可选的数据类型列表，在其中选择所需的数据类型。其他各字段如表 3-2 所示进行定义。

（5）创建完新表的表结构后，单击"确定"按钮，打开如图 3-4 所示的对话框。此时，如果单击"否"按钮，则表示现在不想立即输入数据记录，只想创建一个空表的表结构，留待以后再追加记录；否则，如果单击"是"按钮，便会打开编辑窗口，开始输入每个学生的数据。

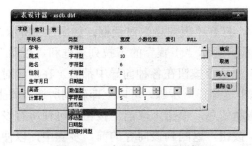

图 3-3　"表设计器"对话框

图 3-4　询问是否现在输入记录

"表设计器"对话框用来定义字段的属性，主要选项如下：

（1）移动按钮：这是位于最左侧的双向箭头按钮，用户输入 2 或 3 行后，使用此按钮可以通过在列表内上下移动某一行，来改变字段的顺序。

（2）字段名：指定字段名。

（3）类型：指定字段的数据类型，单击下拉箭头并从中选择一种数据类型。

（4）宽度：指定字符或数值字段能被存储的长度。

（5）小数位数：指定小数点右边的数字位数（适用于数值型和双精度型数据）。

（6）索引：指定字段的普通索引，用以对数据进行排序。

（7）NULL：选定此项时，该字段可接受 NULL 值。

（8）"插入"按钮：在选定字段之前插入一个新字段。

（9）"删除"按钮：从表中删除选定字段。

注意：

（1）所取名称要符合语法规定。

（2）字段的数据类型应与存储其中的数据类型相匹配。

（3）字段的宽度要足够容纳欲显示的信息内容。

（4）为"数值型"或"浮动型"字段设置正确的小数位数。

（5）如果字段允许为空，应选中 NULL 选项。

（6）输入表结构的过程中不要按回车键，否则会退出表设计器。应在输入完一列后按 Tab 键使光标移到下一列。

3.2.3　通过表向导创建新表

表向导提供了一个交互式界面，由一系列对话框组成。表向导是 Visual FoxPro 6.0 众多向导中的一个，它能够基于典型的表结构创建表。在有样表可供利用的条件下，可以使用表向导来定义表结构。表向导允许用户从样表中选择满足需要的字段，也允许用户在执行向导的过程中修改表的结构和字段。利用表向导生成的表之后，用户仍可启动表设计器来进一步修改表。

例如，要建立一个"jsj"（计算机成绩）表，表中有 3 个字段："学号"和"姓名"字段是一样的，为此，可以利用"xsdb"表做样表，先用"表向导"来建立"jsj"表，然后再在表设计器中定义其他字段，如图 3-5 所示。

1. 打开"表向导"的步骤

（1）在"项目管理器"中选择"数据"选项卡，然后选择"自由表"，单击"新建"按钮，打开"新建表"对话框。

（2）在"新建表"对话框中选择"表向导"，打开"表向导"对话框，如图 3-5 所示。

Visual FoxPro 6.0 中的各种向导有统一的界面：显示"步骤"的下拉列表框和"帮助"、"取消"、"上一步"、"下一步"及"完成"共 5 个命令按钮在各种向导中都有。在向导对话框上部的下拉列表框中有该向导的所有步骤，从中选择任一步骤，可以立即转到所选步骤上；单击"帮助"按钮，可看到该向导步骤的有关帮助信息；单击"取消"按钮，可使所有设置无效并取消该向导的执行过程；单击"上一步"按钮，返回到该向导的前一步骤中，以便查看或修改前一步骤中的设置；单击"下一步"按钮，进行该向导的下一步操作；单击"完成"

按钮，将跳过该向导当前步骤之后的所有步骤，完成向导的设置过程。这些步骤中的设置将取向导的默认值。

2. 选择样表

在如图 3-5 所示的"表向导"的"步骤 1-字段选取"对话框中，先从"样表"列表框中选择样表，如图 3-6 所示。若没有所需的样表，则可通过单击"加入"按钮，在"打开"对话框中选择所需的"学生登记表"，将其加入到样表中，然后再选择它。

图 3-5　"表向导"对话框

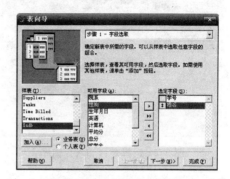

图 3-6　选择样表和字段

3. 选择字段

选择了样表以后，就可以通过"可用字段"列表框选择字段。"字段选取"对话框中 4 个字段选择按钮的意义如下：

● "▶"将某一选定字段从"可用字段"列表框移入"选定字段"列表框。
● "▶▶"将"可用字段"列表框中的全部字段移入"选定字段"列表框。
● "◀"将某一选定字段从"选定字段"列表框移回"可用字段"列表框。
● "◀◀"将"选定字段"列表框中的全部字段移回"可用字段"列表框。

如果希望使用其中的部分字段，只要单击要使用的字段名，然后单击"▶"按钮，则此字段被放入"选定字段"列表框中，重复此操作可以选出所有需要的字段；如果要使用所有字段，则单击"▶▶"按钮即可。

相反，如果不需要已经选择的字段，可以单击"选定字段"列表框中不要的字段名，并单击"◀"按钮，则此字段被从"选定字段"列表框中清除。

可通过选择不同的样表以便将这些表中的可选字段选入新的表中。这样可以很快建立一个新表，并保持各表在相同字段上结构的一致性，有利于相关表之间的数据交换及建立联系。

现在，在"可用字段"列表框中选中"学号"字段，单击"▶"按钮；再选中"姓名"字段，单击"▶"按钮。这样就将"学号"和"姓名"两个字段移入了"选定字段"列表框，如图 3-6 所示。

4. 是否加入数据库

单击"下一步"按钮，进入向导的"步骤 1a-选择数据库"，如图 3-7 所示。如果建立的是数据库表，则选择"将表添加到下列数据库"单选按钮，然后在下面的数据库下拉列表框中选择一个需要的数据库；如果是基于数据库的表，可以使用数据库表中的样式、字段映射或主关键字，也可以建立或使用数据库表中的关系。

因为现在建立的是自由表，所以选择"创建独立的自由表"单选按钮。

说明：表分为自由表和数据库表。有关数据库表的内容将在后面讲解。

5. 修改字段

单击"下一步"按钮，进入向导的"步骤 2-修改字段设置"对话框，如图 3-8 所示。这一步可以对选定的字段进行所需的修改。可修改的内容如下：

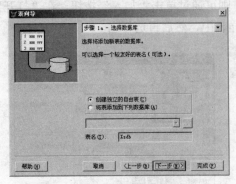
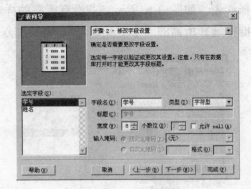

图 3-7　选择是否加入数据库　　　　　　　　图 3-8　修改字段设置

- 字段名称。
- 字段标题：在自由表中用字段名称作为字段标题。在数据库表中字段标题可以不同于字段名称。
- 字段类型、字段宽度、字段是否为 NULL、小数位数。

这里不需要修改"学号"和"姓名"字段，直接单击"下一步"按钮即可。

6. 设置表索引和表间关系

在如图 3-9 所示的向导的"步骤 3-为表建索引"对话框中可以为表建立所需的索引。有关表索引的问题，在后面的章节再介绍。

如果创建的是数据库表，单击"下一步"按钮，将进入"步骤 3a-建立关系"对话框；如果创建的是自由表，则直接进入"步骤 4-完成"对话框，如图 3-10 所示。

7. 完成表结构的创建

如果认为所建立的表不合适，可以单击"上一步"按钮，回到以前的步骤再重复上述过程。如果不想建新表，单击"取消"按钮。

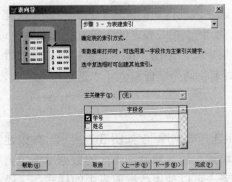
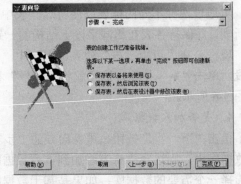

图 3-9　设置表索引　　　　　　　　　　图 3-10　完成表结构创建

选择"保存表以备将来使用"、"保存表，然后浏览该表"或"保存表，然后在表设计器中修改该表"中任一个单选按钮，然后单击"完成"按钮，都可打开"另存为"对话框，如图 3-11 所示。在"另存为"对话框中输入表名 jsj，单击"保存"按钮即建立起了"jsj"表，只是此时的"jsj"表中只有两个字段："学号"和"姓名"。

保存完毕后，若选择的是"保存表以备将来使用"单选按钮，则返回 Visual FoxPro 6.0 的主界面；若选择的是"保存表，然后浏览该表"单选按钮，则打开"浏览"对话框，用户可在其中输入记录；若选择的是"保

图 3-11　"另存为"对话框

存表，然后在表设计器中修改该表"单选按钮，则打开"表设计器"对话框，可在其中对表的结构作进一步的修改。在这里选择"保存表，然后在表设计器中修改该表"单选按钮，然后在弹出的"另存为"对话框中输入表名"jsj"，单击"保存"按钮，然后在"表设计器"对话框中按照前面的介绍定义其他各字段如计算机、笔试、上机即可。

3.2.4　输入记录与浏览表中的信息

创建好表结构以后，还需输入表中的数据。Visual FoxPro 6.0 中有以下两种输入数据的方法。

1. 在创建表时输入

每次创建完一个新表的表结构后，当单击"确定"按扭，就会出现一个如图 3-4 所示的询问对话框。单击"是"按钮，便会出现一个编辑窗口，这时可以在编辑窗口中输入每个学生的数据。在输入每条记录的字段值时，只能输入对字段的数据类型有效的值。如果输入了无效数据，则会在屏幕的右上角弹出一个信息框显示出错信息，在更正错误之前，无法将输入记录数据的光标移动到其他的字段上。

输入完所有的记录后，可以单击编辑窗口右上角的关闭按钮，可以关闭编辑窗口，则输入的数据就被保存到表中。

2. 在表创建好以后输入

（1）打开浏览或编辑窗口。

如果在创建表时没有输入记录，可以在表创建好以后的任何时候输入记录。但在向已存在的表中输入记录之前，应先打开该表。然后选择菜单"显示"→"浏览"命令，进入浏览窗口，再选择菜单"显示"→"追加方式"命令，便可依次输入各学生信息，如图 3-12 所示。

学号	院系	姓名	性别	生年月日	英语	计算机	奖学金	党员否	备注	照片
98402017	文学院	陈超群	男	12/18/79	49.0	52.0	48.5	F	Memo	gen
98404062	西语学院	曲歌	男	10/01/80	61.0	67.0	55.5	F	Memo	gen
97410025	法学院	刘跃男	男	12/10/78	64.0	67.0	60.5	F	Memo	gen
98402019	文学院	王艳	女	01/19/80	52.0	78.0	53.5	F	Memo	gen
98401012	法学院	李侠	女	07/07/80	63.0	78.0	58.5	F	Memo	gen
98402021	文学院	赵勇	男	11/11/79	90.0	75.0	55.5	T	Memo	gen
98402006	文学院	彭德强	男	09/01/79	70.0	78.0	63.5	F	Memo	gen
98410101	法学院	毕红霞	女	11/16/79	70.0	67.0	58.5	F	Memo	gen
98401012	哲学院	王维国	男	10/26/79	63.0	86.0	55.5	F	Memo	gen
98404006	西语学院	刘向阳	男	02/04/80	67.0	84.0	58.5	F	Memo	gen
98404003	西语学院	杨丽娜	女	10/13/78	72.0	85.0	62.5	F	Memo	gen
97402015	文学院	朱建华	男	08/17/77	85.0	78.0	68.5	F	Memo	gen
98410110	法学院	咸红星	女	09/16/79	90.0	80.0	66.5	F	Memo	gen

图 3-12　"浏览"窗口

输入记录或浏览表中的记录，都可以使用浏览窗口。当在浏览窗口中浏览一个表时，可以用两种方式查看记录：浏览和编辑。可以从菜单"显示"→"浏览"或"编辑"命令切换显示方式。

（2）输入备注型和通用型字段。

① 输入备注型字段的数据。

如果要输入备注型字段的内容，可在浏览窗口中双击该字段，打开一个文本编辑窗口，即可在其中输入备注型字段的内容。输入完毕后关闭该窗口即可。

② 输入通用型字段的数据。

通用型字段包括一个嵌入或链接的 OLE 对象。插入 OLE 对象的步骤如下（首先修改表结构在 xsdb 中加入"照片"字段，类型为"通用型"）。

- 双击浏览窗口中的通用型字段，打开通用型字段输入窗口。
- 选择菜单"编辑"→"插入对象"命令，打开"插入对象"对话框。插入的对象可以是多种生成器形成的图片格式文件。
- 如果图片文件不存在，选择"新建"选项，并在"对象类型"列表框中选择对象类型，然后单击"确定"按钮，Visual FoxPro 6.0 就启动相应的应用程序，用户可以使用这些应用程序创建新的 OLE 对象。
- 如果图片文件已经存在，选择"由文件创建"选项，在"插入对象"对话框中单击"浏览"按钮，进入"浏览"对话框，选择所需文件后单击"插入"按钮，回到文件选择对话框，这时"文件"框中将显示选中的图片文件的路径及文件名，单击"确定"按钮，又回到输入窗口。

当选择从文件建立时，如果不是将文件实际插入到表中，而是建立链接，应选择"链接"复选框，链接文件以后，如果源文件发生变化，这种变化将自动反映到表中。

3.3　浏览和编辑表中信息

3.3.1　修改已有表的结构

1. 打开表及"表设计器"

（1）选择菜单"文件"→"打开"命令，将文件类型切换至表，找到要打开的表将其打开。

（2）选择菜单"显示"→"表设计器"命令，和创建表结构时一样，"表设计器"中显示了表的结构。

2. 表设计器中的"表"选项卡

打开表设计器后，先看一下"表"选项卡，如图 3-13 所示。

它显示了当前表设计器所设计表的有关信息。这个表有 100 条记录，共 12 个字段，每条记录长 64 个字节。需要注意的是，在表设计器中输入表结构的各字段总长度为 63，而这里是 64，其中多出的一个字节是留做存放删除标志用的。

下面选择"字段"选项卡，看一下如何对表结构进行修改，如图 3-14 所示。

3. 在表中增加字段

（1）如果要在最后增加字段，在表设计器的"字段"选项卡中最后一行直接输入即可。

如果想使增加的字段插入到某字段的前面，可以在表设计器中将光标移到某字段，单击"插入"按钮，就会在该字段前面插入一个名为"新字段"的字段，编辑该字段即可。

图 3-13　"表"选项卡

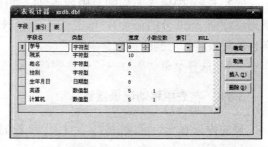

图 3-14　"字段"选项卡

（2）在"字段名"、"类型"、"宽度"、"小数位数"、"索引"、"NULL"等列中，输入或选择相应内容，然后单击"确定"按钮，最后单击"是"按钮，将改变的表结构保存即可。

4．删除表中的字段

选定该字段后，单击"删除"按钮即可。

5．改变字段顺序

在表设计器中，被选中的字段左边有一个上下方向的双向箭头，将鼠标指针移到该处，指针也变成了双向箭头的形状，此时拖动鼠标上下移动即可改变这个字段在表中的位置。

3.3.2　添加新记录

若想在表中快速加入新记录，可以将浏览/编辑窗口设置为"追加方式"状态。在"追加方式"中，文件底部显示了一组空字段，用户可以在其中输入新记录。

3.3.3　删除记录

在 Visual FoxPro 中删除表中的记录共有两个步骤。首先是单击每个要删除记录左边的小方框，标记要删除的记录，如图 3-15 所示。

学号	院系	姓名	性别	生年月日	英语	计算机	奖学金	党员否	备注	照片
98402017	文学院	陈超群	男	12/18/79	49.0	52.0	48.5	F	Memo	gen
98404062	西语学院	曲歌	男	10/01/80	61.0	67.0	55.5	F	Memo	gen
97410025	法学院	刘铁男	男	12/10/78	64.0	67.0	60.5	F	Memo	gen
98402019	文学院	王艳	女	01/19/80	52.0	78.0	53.5	F	Memo	gen
98410012	法学院	李侠	女	07/07/80	63.0	78.0	58.5	F	Memo	gen
98402021	文学院	赵勇	男	11/11/79	70.0	75.0	55.5	T	Memo	gen
98402006	文学院	彭德强	男	09/01/79	70.0	78.0	63.5	F	Memo	gen
98410101	法学院	毕红霞	女	11/16/79	79.0	67.0	58.5	F	Memo	gen
98410112	哲学院	王维国	男	10/28/79	63.0	86.0	55.5	F	Memo	gen
98404006	西语学院	刘向阳	男	02/04/80	67.0	84.0	56.5	F	Memo	gen
98404003	西语学院	杨丽娜	女	10/13/78	72.0	85.0	62.5	F	Memo	gen
97402015	文学院	朱建华	男	08/17/77	85.0	78.0	68.5	F	Memo	gen
98410110	法学院	威灯凌	女	12/12/79	84.0	80.0	65.5	F	Memo	gen

图 3-15　标记要删除的记录

标记记录并不等于删除记录。要想真正地删除记录，还应选择菜单"表"→"彻底删除"命令。当出现提示，询问是否想从表中移去已删除的记录时，单击"是"按钮即可。

除了通过鼠标单击做删除标记外，还可以通过在"删除"对话框中设置条件，有选择地删除一组记录。步骤如下：

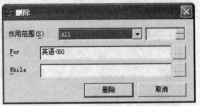

（1）选择菜单"表"→"删除记录"命令，出现"删除"对话框，如图 3-16 所示。

（2）在其中输入删除的范围或条件（如删除所有英语成绩低于 60 分的记录），单击"删除"按钮，符合条件的记录将打上删除标记。

（3）选择菜单"表"→"彻底删除"命令即可。

图 3-16　"删除"对话框

3.3.4　在表中移动记录指针

表的内部有一个记录指针，当打开表文件时，指针将指向首条记录。当对记录进行操作时，记录指针将会移动，指向当前记录。

下面看一下怎样查看不同的记录。

当打开浏览/编辑窗口时，Visual FoxPro 的菜单会发生变化，增加了"表"菜单。这是 Visual FoxPro 的特点，菜单不是固定不变的，它会随着打开项目的不同而有所变化。

选择菜单"表"→"转到记录"命令，可以看到 6 个子命令，如图 3-17 所示。

如果选择"第一个"、"最后一个"、"下一个"、"上一个"，会自动转到相应的记录。

如果选择"记录号"子命令，会弹出一个对话框，输入记录号后，单击"确定"按钮就可以转到相应记录。

如果选择"定位"子命令，会弹出"定位记录"对话框，如图 3-18 所示。

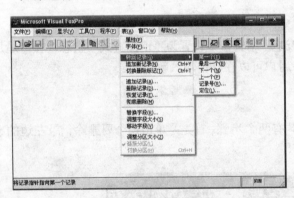

图 3-17　"表"菜单

图 3-18　"定位记录"对话框

打开"作用范围"下拉列表框，可以看到有 All、Next、Record、Rest 四个选项。

默认的 All 指全部记录；Next 配合其右边的数字（如 8），表示对从当前记录起以下多少个记录进行操作；Record 配合其右边的数字，作用与上面的"记录号"相同；Rest 表示对从当前记录开始，到文件的最后一个记录为止的所有记录进行操作。

For、While 文本框是可选项，可以输入或选择表达式，以表示操作的条件。其右边的"…"按钮是表达式生成按钮，单击它会弹出对话框，以方便选择操作条件。

For、While 虽然都表示操作条件，但也有区别：For 对满足表达式条件的所有记录进行操作；While 则从表中的当前记录开始向下顺序判断，遇到第一个不满足条件的记录就停止操作，而不管其后是否还有满足条件的记录。例如，下面两条命令：

```
Browse  Next  9  For  英语>85
Browse  Next  9  While  英语>85
```

前者表示的是从当前记录后的 9 个记录中所有英语成绩大于 85 分的记录都显示；而后者则遇到一个符合条件的显示一个，当遇到英语成绩不大于 85 分的记录终止，不再向下显示（其中，Browse 是记录浏览命令，作用是将符合条件的记录显示在浏览窗口中）。

3.3.5　定制浏览窗口

可以按照不同的需求定制浏览窗口，可以重新安排列的位置、改变列的宽度、显示或隐藏表格线或把浏览窗口分为两个窗格。

1. 改变列宽和行高

当鼠标位于行标头或列标头区的两行或两列的中间时，鼠标将变成上下方向或左右方向的双向箭头，这时拖动鼠标就可改变浏览窗口中记录的行高或字段的列宽。

2. 调整字段顺序

在浏览窗口中可以使用鼠标把某一列移动到窗口中新的位置上，从而改变字段在浏览窗口中的排列顺序。将鼠标指向列标头区要移动的那一列上，鼠标指针变为向下的箭头，将列标头拖到新的位置上即可。

注意：在浏览窗口改变列宽和列的排列顺序不会影响字段的实际结构。

3. 打开或关闭网格线

选择菜单“显示”→“网格线”命令，可以显示或隐藏浏览窗口中的网格线。

4. 拆分浏览窗口

利用拆分条拆分浏览窗口，可以查看同一表中的不同区域的数据，拆分条位置如图 3-19 所示。

将鼠标指向窗口左下角的拆分条，这时鼠标指针变为左、右箭头对接的形状，将拆分条拖到所需的位置上即可，如图 3-20 所示。

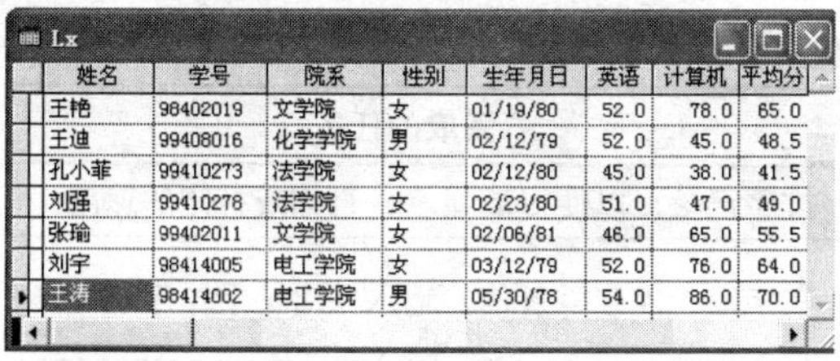

姓名	学号	院系	性别	生年月日	英语	计算机	平均分
王艳	98402019	文学院	女	01/19/80	52.0	78.0	65.0
王迪	99408016	化学学院	男	02/12/79	52.0	45.0	48.5
孔小菲	99410273	法学院	女	02/12/80	45.0	38.0	41.5
刘强	99410278	法学院	女	02/23/80	51.0	47.0	49.0
张瑜	99402011	文学院	女	02/06/81	46.0	65.0	55.5
刘宇	98414005	电工学院	女	03/12/79	52.0	76.0	64.0
王涛	98414002	电工学院	男	05/30/78	54.0	86.0	70.0

图 3-19　拆分条的位置

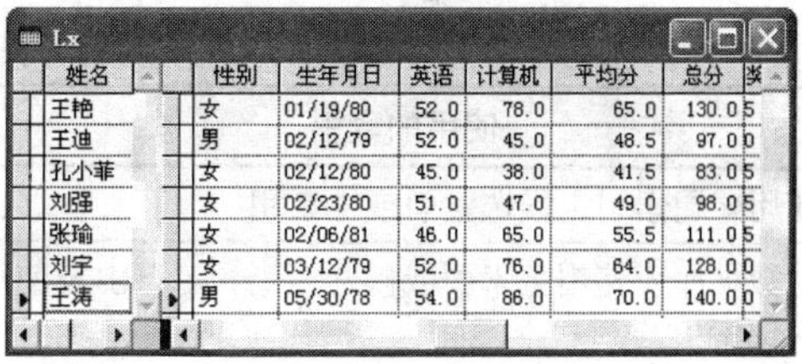

姓名	性别	生年月日	英语	计算机	平均分	总分	奖
王艳	女	01/19/80	52.0	78.0	65.0	130.0	5
王迪	男	02/12/79	52.0	45.0	48.5	97.0	0
孔小菲	女	02/12/80	45.0	38.0	41.5	83.0	5
刘强	女	02/23/80	51.0	47.0	49.0	98.0	5
张瑜	女	02/06/81	46.0	65.0	55.5	111.0	5
刘宇	女	03/12/79	52.0	76.0	64.0	128.0	0
王涛	男	05/30/78	54.0	86.0	70.0	140.0	0

图 3-20　拆分窗口

若要调整拆分窗口的大小，只需向左或向右拖动拆分条即可改变窗口的相对大小。

默认情况下，两个窗口是链接的，即在一个窗口中选择了不同的记录，这种选择也会反映到另一个窗口中。

取消“表”菜单中“链接分区”的选中状态，可以中断两个窗口之间的联系，使它们的功能相对独立。这时，滚动某一个窗口时，不会影响到另一个窗口的显示内容。

3.4　表的索引与排序

Visual FoxPro 中的索引和书中的索引类似。书中的索引是一份页码的列表，指向书中的页号。表索引是一个记录号的列表，它存储了一组记录指针指向待处理的记录，并确定了记录的处理顺序。索引并不改变表中所存储数据的顺序，它只改变了 Visual FoxPro 读取每条记录的顺序。

对于已经建好的表，索引可以帮助用户对其中的数据进行排序，以便加速检索数据的速度；可以快速显示、查询或者打印记录；还可以选择记录、控制重复字段值的输入并支持表间的关系操作。

3.4.1　索引的类型

索引有 4 种类型。

主索引：可确保字段中输入值的唯一性并决定处理记录的顺序。可以为数据库中的每一个表建立一个主索引。如果某个表已经有了一个主索引，可以继续添加候选索引。

候选索引：像主索引一样要求字段值的唯一性，并决定了处理记录的顺序。在数据库表和自由表中均可为每个表建立多个候选索引。

普通索引：也可以决定记录的处理顺序，但是允许字段中出现重复值。在一个表中可以加入多个普通索引。

唯一索引：为了保持同早期版本的兼容性，还可以建立一个唯一索引，以指定字段的首次出现值为基础，选定一组记录，并对记录进行排序。

3.4.2　各种类型索引的使用

通过建立和使用索引，可以提高完成某些重复性任务的工作效率，如对表中的记录排序及建立表间关系等。根据所建索引类型的不同，可以完成不同的任务，如表 3-3 所示。

表 3-3　各类型索引的使用

使用的索引	完成的任务
使用普通索引、候选索引或主索引	排序记录，以便提高显示、查询或打印的速度
对数据库表使用主索引或候选索引，对自由表使用候选索引	在字段中控制重复值的输入并对记录排序

下面以控制字段中重复值的输入为例介绍建立索引的方法。

每个学生在 xsdb 表中的"学号"字段值必须保证唯一，那么以学号建立"主索引"或"候选索引"即可保证其值唯一。

注意：对自由表只能建立候选索引。对数据库表可以建立主索引或候选索引，并且对一个数据库表，主索引只能建一个，候选索引可以建多个。

建立索引的步骤如下：

（1）在"表设计器"中，选择"索引"选项卡。

（2）在"索引名"文本框中输入索引名。如果在"字段"选项卡中设置了索引，则索引名将自动出现。

（3）在"类型"列表中，选定索引类型，如选择"候选索引"。

（4）在"表达式"文本框中输入作为记录排序依据的字段名，或者通过单击表达式框后面的按钮，显示表达式生成器来建立表达式。

（5）若想有选择地输出记录，可在"筛选"文本框中输入筛选表达式，或者单击该框后面的按钮来建立表达式。如想显示英语低于 60 分的记录，则在"筛选"文本框中选择或输入"英语<60"。

（6）索引名左侧的箭头按钮表示升序或降序，箭头方向向上时按升序排序，向下时则按降序排序。

（7）单击"确定"按钮。

建好表的索引后，便可以用它来为记录排序。下面是查看索引后的逻辑排序步骤：

（1）打开已建好索引的表。

（2）单击"浏览"按钮。

（3）选择菜单"表"→"属性"命令。

（4）在"索引顺序"文本框中选择要用的索引名。

（5）单击"确定"按钮。

显示在浏览窗口中的表将按照索引指定的顺序排列记录。选定索引后，通过运行查询或报表，还可对它们的输出结果进行排序。

3.4.3　用多个字段进行索引

为了提高对多个字段进行筛选的查询速度，可以在索引表达式中指定多个字段对记录进行排序。步骤如下：

（1）打开"表设计器"对话框。

（2）在"索引"选项卡中，输入索引名和索引类型。

（3）在"表达式"框中输入表达式，其中列出要作为排序依据的字段。例如，如果要按照院系、姓名的升序对记录进行排序，可以用"+"号建立"字符型"字段的索引表达式：院系+姓名。

（4）单击"确定"按钮。

如果想用不同数据类型的字段作为索引，可以在非"字符型"字段前加上 STR()，将它转换成"字符型"。例如，先按"院系"字段排序，再按"英语"字段排序。在这个表达式中，"英语"是一种数值型字段，"院系"是一个字符型字段，组成的表达式如下：

院系+STR(英语,5,1)

注意：字段索引的顺序与它们在表达式中出现的顺序相同。如果用多个"数值型"字段建立一个索引表达式，索引将按照字段的和值排序。例如，如果要按照英语、计算机的升序对记录进行排序，可以用"+"号建立索引表达式：英语+计算机，其实现的排序效果是按英语与计算机的成绩之和进行排序。

3.4.4　排序

前面介绍的是利用索引进行逻辑排序，也可以利用 SORT 命令进行物理排序。

1．命令格式

SORT TO <新表文件名> ON <字段名> [ASC/DESC][FOR<条件>]

2．举例

```
USE XSDB
SORT TO NPX ON  院系  FOR  性别= "男"
```

对所有的男同学按院系的升序排序生成一个新的表 NPX.DBF，排序后并不改变原表 XSDB 的顺序。

可以通过下面命令查看新生成的表：

```
USE NPX
BROWSE
```

3.5　表的数值计算

Visual FoxPro 6.0 提供了对表中数值型字段进行统计和计算的几个命令，下面分别介绍。

3.5.1　纵向求和 SUM

1．命令格式

SUM [<数字型字段名> [TO <内存变量名表>][<范围>][FOR <条件>]]

2．命令功能

在当前表中，凡是在指定范围内指定条件的记录，可计算指定的数值型字段的代数和，并分别将计算结果依次存入指定的内存变量中。

3．说明

如果不选择[TO <内存变量名表>]，则计算结果不被保存，后面不能引用其计算结果；如果任何参数都不选择，则当前表的所有数值型字段都能分别计算代数和，且计算结果不被保存。

4．举例

【例 3-1】计算奖学金总和。

```
USE XSDB
SUM  奖学金  TO X
?X                                    &&显示计算结果
```

【例 3-2】计算特定条件的奖学金总和。

```
SUM  奖学金  TO Y FOR  院系="文学院"
```

3.5.2　纵向求平均值 AVERAGE

1．命令格式

AVERAGE [<数字型字段名> [TO <内存变量名表>][<范围>][FOR <条件>]]

2．命令功能

在当前表中，凡是在指定范围内指定条件的记录，可计算指定的数值型字段的平均值，并将计算结果依次存入指定的内存变量中。

3．说明

如果不选择[TO <内存变量名表>]，则计算结果不被保存，后面不能引用其计算结果；

如果任何参数都不选择，则当前表的所有数值型字段都能分别计算平均值，且计算结果不被保存。

4．举例

【例 3-3】计算英语平均成绩。

```
USE XSDB
AVERAGE  英语  TO X
?X                                    &&显示计算结果
```

【例 3-4】计算特定条件的平均成绩。

```
AVERAGE  英语,计算机  TO X,Y FOR  院系= "文学院"
&&计算文学院学生的英语和计算机平均成绩
?X,Y
```

3.5.3　统计记录数 COUNT

1．命令格式

COUNT [TO <内存变量名>][<范围>][FOR <条件>]]

2．命令功能

统计当前表中，指定范围内符合指定条件的记录个数。

3．说明

如果不选择[TO <内存变量名>]，则计算结果不被保存，后面不能引用其计算结果。如果任何参数都不选择，则统计当前表中所有记录数，且计算结果不被保存。

4．举例

【例 3-5】统计 XSDB 中记录个数（即总人数）。

```
USE XSDB
COUNT TO X
?X
```

【例 3-6】统计表中所有男生的人数。

```
COUNT TO Y FOR  性别="男"
?Y
```

3.6　多表的操作

3.6.1　工作区的概念

1．工作区号与别名

为了能够同时使用多个表，引入了工作区的概念。Visual FoxPro6.0 提供了多达 32767 个工作区，每个工作区都有一个工作区号，分别用 1～32767 表示，其工作区 1～10 还分别对应有别名 A～J。系统规定用工作区号作为各个工作区的标识符，即数字 1～32767；同时还规定，可以用工作区的别名作为工作区的标识符，A～J 这 10 个字母是工作区的别名，因此，单个字母 A～J 不可用来作为表的文件名，它是系统的保留字。

每个工作区中同时只能打开一个表，在一个工作区中打开其他的表时，原来在该工作区中打开的表将自动关闭。若要同时使用多个表，就要使用多个工作区。每个打开的表也都有一个别名，当用命令"USE <表文件名>"打开表时，系统默认的表的别名就是该表的主文件名。如果在打开表时，在 USE 命令后面使用了 ALIAS 参数指定了表的别名，则可为表另外起一个别名，这时的表文件名就不再是表的别名。命令如下：

　　　　USE <表文件名> [ALIAS <别名>] [IN <工作区号/工作区别名/表别名>]

　2. 在"数据工作期"窗口查看工作区

　（1）"数据工作期"窗口。选择菜单"窗口"→"数据工作期"命令或在命令窗口中输入 SET 命令，Visual FoxPro 6.0 打开"数据工作期"窗口，如图 3-21 示，并显示在当前数据工作期中的工作区中打开的表的别名。

　（2）在工作区中打开/关闭表。在"数据工作期"窗口中打开表的步骤如下：

　1）在"数据工作期"窗口中单击"打开"按钮，出现一个"打开"对话框。

　2）在"打开"对话框中选择要打开的表，单击"确定"按钮。

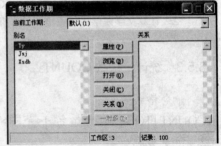

图 3-21　"数据工作期"窗口

在"数据工作期"窗口中关闭表的步骤：在"数据工作期"窗口中选定要关闭的表别名，然后单击"关闭"按钮。

当在同一工作区中打开其他表时，会自动关闭已打开的表。

3.6.2　选择工作区的命令

1. 命令格式

SELECT <工作区号>/<别名>/0

2. 命令功能

选择或切换一个工作区作为当前工作区。

3. 说明

（1）选择一个工作区作为当前工作区，在其中打开表或使该工作区已打开的表成为当前表。

（2）要选择的工作区，可使用工作区号、工作区的别名或表的别名。

（3）若选择 0（零），则系统自动选取当前未使用的区号最小的工作区作为当前工作区。

4. 举例

【例 3-7】选择工作区。

```
SELECT 2
USE JSJ
SELECT C
USE XSDB
```

3.6.3　使用 USE 命令指定工作区打开表

1. 命令格式

USE <表名> IN <工作区号>/<别名>

2．命令功能

使用区号或别名在指定工作区中打开表文件。

3．说明

（1）别名可以是工作区的别名，也可以是表的别名。

（2）在当前工作区调用其他工作区的数据时，非当前工作区中的表文件的字段名前要加上该表文件的<别名>和"->"符号，或者是<别名>和符号"."。格式如下。

<别名> -><字段名> 或<别名>.<字段名>

4．举例

【例 3-8】在 2 号工作区打开 YY.DBF，在 3 号工作区打开 XSDB.DBF。

```
USE YY IN 2
USE XSDB IN 3
SELE C
DISPLAY 学号,姓名,B.听力,YY.口语
```

3.6.4　建立表的关联

如果在多个工作区同时打开多个表文件，在当前工作区中移动表的记录指针时，其他表的记录指针是不会随之移动的。如果要想其他表的记录指针也随之移动，则要建立表间的关联。

关联就在两个或两个以上的表之间建立某种连接，使其表的记录指针同步移动。用来建立关联的表称为父表，被关联的表称为子表。建立两表间的关联后，父表的记录指针将带动子表的记录指针随之移动（关联表达式值相同）。

1．命令格式

SET RELATION TO [<关联表达式 1>] INTO <工作区>/<别名> [,<关联表达式 2> INTO <工作区>/<别名>...]] [ADDITIVE]

2．命令功能

在两个表之间建立关联。

3．说明

（1）<关联表达式 1>是子表的索引表达式。

（2）<关联表达式 2>通常是两个表的公共字段。

（3）建立关联之前，子表必须建立索引或打开相应索引文件。

（4）ADDITIVE：建立关联时，如果命令中不使用 ADDITIVE 子句，则父表之前建立的关联将自动解除；若使用了 ADDITIVE 子句，则父表之前建立的关联仍然保留。

4．举例

【例 3-9】将两工作区中的表建立关联。

```
SELE B
USE YY
INDEX ON 学号 TO XHSY
SELE C
USE XSDB
SET RELATION TO 学号 INTO B
DISPLAY 学号,姓名,B.听力,YY.口语
```

3.6.5　解除关联

用 SET RELATION 命令建立关联之后，当父表的记录指针移动时，子表的记录指针也相应要移动，并且将要引起读/写磁盘操作，这样会降低系统的性能。因此，当某些关联不再使用或暂时不再使用时，应及时解除关联，以提高系统的运行速度。

1. 命令格式

命令格式 1：SET RELATION TO

命令格式 2：SET RELATION OFF INTO <工作区号>/<别名>

2. 命令功能

功能 1：解除当前工作区表与其他工作区表建立的关联。

功能 2：解除当前工作区与由<工作区号>/<别名>指定的工作区中表建立的关联。该命令必须在父表所在的工作区执行。例如，要关闭当前工作区与 C 工作区建立的关联。可以通过下述命令进行：

  SET RELATION OFF INTO C

说明：

（1）当用 USE 关闭某些表时，系统将自动解除掉与它建立的关联。如果关闭的是父表文件，则它与子表的关联将全部被解除。

（2）当关闭子表时，将自动解除与父表建立的所有关联。

3.7　用命令对表进行操作

3.7.1　打开表命令

1. 命令格式

USE <文件名> [INDEX <索引文件名表>][ALIAS<别名>][EXCLUSIVE]

2. 命令功能

打开当前工作区内的表时可打开相应的索引文件。如果表中含有备注型字段，相应的.FPT文件也同时打开。当打开另一个表时，当前工作区中先前使用的表将自动关闭。

ALIAS <别名>选择项用来给表文件指定一个别名。如果缺省此项，表文件名本身就是别名。

EXCLUSIVE 表示以独占方式使用表，即不允许其他用户在同一时刻也使用该表。

3. 举例

【例 3-10】打开 XSDB 表，并为其命名别名为 XS。

  USE XSDB ALIAS XS

2.7.2　关闭表命令

1. USE 命令

命令格式：USE

功能：关闭当前工作区中打开的表和相应的索引。

2．CLEAR ALL 命令

命令格式：CLEAR ALL

功能：关闭所有已打开表、索引和格式文件，释放所有的内存变量，选择工作区 1 为当前工作区。

3．CLOSE 命令

命令格式：CLOSE ALL / DATABASE

功能：CLOSE ALL 关闭所有类型的文件，选择工作区 1 为当前工作区。CLOSE DATABASE 关闭所有已打开的表文件、索引文件和格式文件，选择工作区 1 为当前工作区。CLOSE 命令不释放内存变量。

4．QUIT 命令

命令格式：QUIT

功能：关闭所有打开的文件，结束 Visual FoxPro 并返回 Windows 操作系统。

3.7.3 显示表记录的命令

1．LIST 命令

命令格式：LIST [<范围>][FIELDS<字段名表>][FOR<条件>][WHILE<条件>]
          [TO PRINT][OFF]

功能：以列表的形式显示表的全体或部分记录及字段内容。

<范围>为 ALL、RECORD <n>、NEXT <n>、REST 中的一个参数。不指定时，默认范围为 ALL。

FIELDS <字段名表>用来指定显示的字段名、内存变量名和表达式，其中 FIELDS 可以省略。对于备注型字段及通用字段不显示具体内容。若要显示备注型字段数据，则必须在<字段名表>中明确指出该字段名。

例如：LIST 姓名,简历

其中"简历"为表文件结构中所定义的备注型字段名。

指定 FOR<条件>、WHILE<条件>时，将显示满足条件的记录。同时指定 WHILE<条件>优先于 FOR<条件>。

指定 TO PRINT 时，将命令结果送到打印机上输出。

【例 3-11】带有选择项的 LIST 命令用法示例。

```
USE XSDB
LIST   FIELDS 学号, 姓名, 性别, 生年月日, 院系 FOR 性别="男"
LIST   FOR 性别=[女] .AND. 院系=[文学院]
```

2．DISPLAY 命令

命令格式：DISPLAY [<范围>][FIELDS<字段名表>][FOR<条件>][WHILE<条件>]
          [TO PRINT] [OFF]

功能：以列表的形式显示表的全体和部分记录及字段内容。

DISPLAY 命令与 LIST 命令格式相同，功能也基本相同。它们的区别是 LIST 缺省<范围>时，显示全体记录；DISPLAY 缺省<范围>时，只显示当前记录。LIST 连续显示记录；而 DISPLAY 分屏显示记录，当显示满一屏后暂停，提示按任意键后继续显示。

3.7.4　利用已有的表建立新表

1. COPY STRUCTURE 命令

命令格式：COPY STRUCTURE TO <新文件名>[FIELDS<字段名表>]

功能：复制当前打开的表结构到新的表文件中，但不复制任何数据记录。

【例 3-12】复制"学生登记表"的结构，保存在"XSDB1.DBF"文件中。

```
USE XSDB
COPY  STRUCTURE  TO  XSDB1
```

2. COPY TO 命令

命令格式：COPY TO <新文件名>[<范围>][FIELDS<字段名表>][FOR<条件>][WHILE<条件>]

功能：将打开表的全部或部分结构及数据复制到新表中。

若未指定<范围>、FOR<条件>、WHILE<条件>时，复制所有的记录。未选择 FIELDS<字段名表>时，则复制所有的字段。选用 FIELDS<字段名表>时，便指定了新生成的表中所含有的字段及字段之间的前后顺序。

如果同时存在 FOR 子句和 WHILE 子句，则 WHILE 子句优先。

【例 3-13】复制"XSDB"表中"学号"、"姓名"、"性别"、"出生年月日"4 个字段到新表"XSDB2.DBF"中。

```
USE  XSDB
COPY  TO  XSDB2  FIELDS 学号, 姓名, 性别, 出生年月日
```

3.7.5　修改表结构的命令

命令格式：MODIFY STRUCTURE

功能：打开表设计器窗口，显示当前表的结构，并可直接修改其结构。

修改表结构的表设计器窗口和建立表时完全一样。

3.7.6　记录定位命令

这里介绍两条专用的记录定位命令：GO/GOTO 命令和 SKIP 命令。

1. 绝对定位 GO/GOTO 命令

命令格式 1：GO/GOTO TOP/BOTTOM

功能：记录指针定位到表的第一条记录或最后一条记录。

格式 2：GO/GOTO <数值表达式>

功能：记录指针定位到表的某一条记录，命令中<数值表达式>的值就是指针定位的指定记录号。

【例 3-14】定位指针。

```
USE XSDB
GO BOTTOM        && 记录指针定位到表的最后一条记录
GO 3             && 记录指针定位到表的第三条记录
GO TOP           && 记录指针定位到表的第一条记录
```

2. 相对定位 SKIP 命令

命令格式：SKIP [<数值表达式>]

功能：将记录指针从当前记录位置向下或向上移动，移动的记录数等于<数值表达式>的值。<数值表达式>值为正时向下移动，<数值表达式>值为负时向上移动。<数值表达式>缺省时，表示向下移动一条记录。

【例 3-15】用 SKIP 命令移动指针到指定的记录，其中 RECNO()函数的返回值是当前记录指针的值。

```
USE XSDB
?RECNO()
1
SKIP 5
?RECNO()
6
SKIP -3
?RECNO()
3
```

3.7.7 记录的删除命令

1. 逻辑删除 DELETE 命令

命令格式：DELETE [<范围>] [FOR<条件>] [WHILE<条件>]

功能：在当前表文件中对要删除的记录加上删除标记。

说明：DELETE 命令仅对要删除的记录加上删除标记，并非真正地从库文件中删除。若缺省<范围>选择项，则仅对当前记录加上删除标记。

【例 3-16】在 XSDB 表中，性别为"女"的记录加删除标记。

```
USE   XSDB
DELETE   FOR 性别="女"
```

2. 恢复逻辑删除 RECALL 命令

命令格式：RECALL [<范围>][FOR<条件>][WHILE<条件>]

功能：在当前表文件中去掉删除标记，恢复被删除的记录。

说明：RECALL 命令可以恢复所有被 DELETE 命令做过删除标记的记录，但不能恢复用 PACK 命令和 ZAP 命令删除的记录。若缺省<范围>选择项，则仅恢复当前记录。

【例 3-17】删除所有非党员的记录，恢复所有被做过删除标记的男生记录。

```
USE XSDB
DELE FOR .NOT. 党员否
RECALL FOR  性别= "男"
```

3. 物理删除 PACK 命令

命令格式：PACK

功能：把当前表中带删除标记的记录真正删除。

说明：使用 PACK 命令之后，带有删除标记的记录从表中永久地删除，不能再用 RECALL 和其他命令恢复，因此使用时要特别慎重。

【例 3-18】删除指定范围的记录并真正清除。

```
USE XSDB
DELE FOR  计算机<60
PACK
```

4. 清空表 ZAP 命令

命令格式：ZAP

功能：从打开的表中删除所有的记录，只保留表的结构。

说明：用该命令删除的记录将无法恢复，使用时要特别小心。

【例 3-19】永久删除表记录，只保留表结构。

```
USE XSDB1
ZAP
```

3.7.8　替换 REPLACE 命令

命令格式：REPLACE [<范围>]<字段名 1>WITH<表达式 1>[,<字段名 2>WITH<表达式 2>…][FOR<表达式>][WHILE<表达式>]

功能：用来替换打开表中指定字段的数据。

说明：当范围缺省时，只替换当前记录。<字段名 n>与<表达式 n>的数据类型必须一致。

【例 3-20】为"XSDB"表计算所有学生的平均分和总分。

```
USE XSDB
REPLACE  ALL  总分 WITH  计算机+英语, 平均分 WITH  总分/2
```

【例 3-21】平均成绩 80 分的奖学金为 60 元，两科成绩均为 90（含 90）分以上的增加 30 元。

```
REPLACE 奖学金 WITH  60  FOR 平均分>=80
REPLACE 奖学金 WITH 奖学金+30  FOR 计算机>=90 .AND.英语>=90
```

3.7.9　条件查询 LOCATE 命令

命令格式：LOCATE [<范围>] [FOR <条件>] [WHILE <条件>]
　　　　　　CONTINUE

功能：按顺序搜索表，找到满足条件的第一个记录。

说明：（1）若 LOCATE 发现一个满足条件的记录，就将记录指针定位在该记录上。可以使用 RECNO()返回该记录的记录号，同时使用 FOUND()函数返回"真"、EOF()函数返回"假"。如果没有找到，则将记录指针指向范围的末尾，如果指定范围为 ALL，则 EOF（）为.T.。

（2）CONTINUE 是用在 LOCATE 之后继续查找满足同一条件的记录的命令，CONTINUE 命令移动记录指针到下一个与<条件>逻辑表达式相匹配的记录上。如果 CONTINUE 命令成功地查找到一条记录，RECNO()函数将返回该记录的记录号，并且 FOUND()函数返回逻辑"真"值，EOF()返回逻辑"假"值。

3.7.10　建立单索引文件的命令

命令格式：INDEX ON <索引关键字表达式> TO <索引文件名> [UNIQUE] FOR <条件>[ADDITIVE]

功能：对当前表中满足条件的记录，按<索引关键字表达式>的值建立一个索引文件，并打开此索引文件，其默认的文件扩展名为.idx。

说明：单索引文件总是按升序的顺序排列。对于一个表文件，允许建立多个索引文件。

【例 3-22】建立单索引文件。

```
USE XSDB
INDEX ON  性别+DTOC(生年月日,1) TO SY
```

将生成一个名为 SY.IDX 的单索引文件。

3.7.11　建立复合索引文件的命令

命令格式：INDEX ON <索引关键字表达式> TAG <标记名> [OF<复合索引文件名>][FOR <条件>] [ASCENDING | DESCENDING] [UNIQUE | CANDIDATE][ADDITIVE]

功能：建立和修改复合索引文件，并打开此索引文件，其默认的文件扩展名为.cdx。

说明：（1）执行上述命令时，系统先检查指定的复合索引文件是否存在，若存在，在此文件中增加一个索引标记，若不存在，则建立此索引文件。

（2）标记名的命名规则与变量名的命名规则相同。

（3）单索引文件只能按升序排列，而复合索引文件既可以按升序排列也可以按降序排列，选择 DESCENDING 为降序，选择 ASCENDING 为升序，默认时为升序。

（4）此命令建立的索引与在表设计器中建立的索引相同。

【例 3-23】为数据表 XSDB.dbf 按计算机成绩从低到高建立单索引文件 xsjsj.idx，按英语从高到低建立单索引文件 xsyy.idx。

```
USE XSDB
INDEX ON  计算机  TO xsjsj      && 单索引文件总是按索引关键字升序排列
LIST                           && 记录已按计算机成绩升序排列
INDEX ON –英语  TO xsyy;
&&给英语成绩取负号后使索引关键字表达式按升序排列，以求英语成绩按降序排列
LIST                           && 记录已按英语成绩降序排列
```

【例 3-24】为 XSDB.dbf 按下列要求建立结构复合索引文件，如图 3-22 所示。

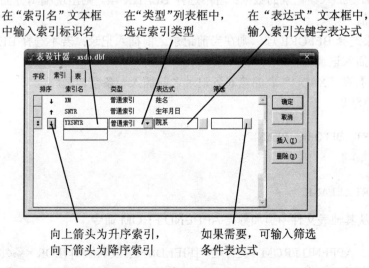

图 3-22　结构复合索引的建立

（1）记录以姓名降序排列，索引标识 xm，索引类型为普通索引。

（2）记录以出生年月日升序排列，索引标识 snyr，索引类型为唯一索引。

（3）记录按院系降序排列，院系相同的按出生日期降序排列，索引标识 yxsnyr，索引类型为候选索引。

```
USE  XSDB
INDEX ON  姓名  TAG xm DESCENDING
LIST
INDEX ON  生年月日  TAG snyr UNIQUE
LIST
INDEX ON  院系+DTOC(生年月日) TAG yxsnyr DESCENDING CANDIDATE
LIST
```

3.7.12 追加记录 APPEND 命令

命令格式：APPEND [BLANK]

功能：在当前表的末尾追加一些新记录或空记录。

说明：（1）若选择 BLANK，则追加一条"空白记录"，以后可用 EDIT、BROWSE、REPLACE 等命令向空白记录填加数据。

（2）若表文件中原有 n 条数据记录，追加从第 n+1 条记录开始。

【例 3-25】在"XSDB"表的末尾追加一条空记录。

```
USE XSDB
APPEND BLANK
```

3.7.13 插入记录 INSERT 命令

命令格式：INSERT [BLANK] [BEFORE]

功能：在打开表的任意位置插入新记录或空记录。

说明：（1）如果选择 BLANK 项，则插入一条空白记录，以后可用 BROWSE、EDIT、REPLACE 等命令加入该记录的数据；若不选择 BLANK 项，则出现编辑界面，可以交互方式输入新记录的值。

（2）如果选择 BEFORE 项，则在当前记录之前插入记录；若不选择 BEFORE 项，则在当前记录之后插入记录。

【例 3-26】在"XSDB"表的第 6 条记录之前插入一条空记录。

```
USE XSDB
GO 6
INSERT  BEFORE  BLANK
```

或：

```
GO 5
INSERT  BLANK
```

3.7.14 从其他表文件中追加数据 APPEND FROM 命令

命令格式：APPEND FROM <文件名> [FIELDS <字段名表>] [FOR <条件>]

功能：把指定表文件中的记录有条件或无条件地追加到当前表文件的末尾。

【例 3-27】在表文件 JSJ 中追加学号、计算机记录。

```
USE JSJ
APPEND FROM XSDB FIELDS 学号,计算机 for 院系="文学院"
```

本章小结

本章首先介绍了在建立自由表之前应设计一张二维表,再根据二维表进行数据表的设计。Visual FoxPro 提供了 3 种建立自由表的方法,即向导、设计器和命令,这里分别对这 3 种方法作了详细说明。建立了自由表后,为了输入记录,可以采用浏览、编辑、追加及命令等多种方式。表的操作与使用,包括如何打开/关闭表、浏览表数据、修改表数据、过滤表数据、定位表记录、删除表记录、恢复表记录以及对表结构的相关操作等内容。Visual FoxPro 提供了物理排序和逻辑排序两种方法对表记录进行排序,其中逻辑排序方法即索引方法,具有速度快、效率高,且大大减少数据冗余的优点,因而得到普遍采用。查询和统计是数据库应用的重要内容,本章介绍了顺序查询和索引查询两种传统的查询方法,以及对数据库中的数据进行统计计算的相关命令。最后,对使用多个表涉及的工作区以及数据工作期的相关概念进行了阐述。本章是全书的重点,读者应认真掌握表的建立和操作方法以及索引的概念和操作,这对后续数据库的学习大有帮助。

习题 3

一、选择题

1. 在 Visual FoxPro 数据表中,记录是由字段值构成的数据序列,但数据长度要比各字段宽度之和多一个字节,这个字节是用来存放（　　）。

  A. 记录分隔标记的   B. 记录序号的

  C. 记录指针定位标记的   D. 删除标记的

2. 某表文件有姓名(C,6)、入学总分(N,6,2)和特长爱好(备注型)共 3 个字段,则该表文件的记录长度为（　　）。

  A. 16   B. 17   C. 18   D. 19

3. 设表文件中共有 51 条记录,执行命令 GO BOTTOM 后,记录指针指向的记录号是（　　）。

  A. 51   B. 1   C. 52   D. EOF()

4. 在 Visual FoxPro 中,关于自由表的叙述,正确的是（　　）。

  A. 自由表和数据库表是完全相同的

  B. 自由表不能建立字段级规则和约束

  C. 自由表不能建立候选索引

  D. 自由表不可以加入到数据库中

5. 在 Visual FoxPro 中,下列关于表的叙述,正确的是（　　）。

  A. 在数据库表和自由表中,都能给字段定义有效性规则和默认值

B．在自由表中，能给表中的字段定义有效性规则和默认值

C．在数据库表中，能给表中的字段定义有效性规则和默认值

D．在数据库表和自由表中，都不能给字段定义有效性规则和默认值

6．以下字段中，不需用户在设计表结构时指定宽度的是（　　）。

    A．字符型　　　　　　B．浮点型　　　　　C．数值型　　　　　　D．日期时间型

7．下列字段中，在.DBF 文件中仅保存标记，其具体内容存放在.FPT 文件中的是（　　）。

    A．字符型　　　　　　B．通用型　　　　　C．逻辑型　　　　　　D．日期型

8．在下面的数据类型中，默认值为.F.的是（　　）。

    A．数值型　　　　　　B．字符型　　　　　C．逻辑型　　　　　　D．日期型

9．在 Visual FoxPro 中，字段的数据类型不可以指定为（　　）。

    A．日期型　　　　　　B．时间型　　　　　C．通用型　　　　　　D．备注型

10．不允许记录中出现重复索引值的索引是（　　）。

    A．主索引　　　　　　　　　　　　　B．主索引、候选索引、普通索引

    C．主索引和候选索引　　　　　　　　D．主索引、候选索引和唯一索引

11．在 Visual FoxPro 中，通用型字段 G 和备注型字段 M 在表中的宽度都是（　　）。

    A．2 个字节　　　　　B．4 个字节　　　　C．8 个字节　　　　　D．10 个字节

12．在 Visual FoxPro 中，索引文件的扩展名有.IDX 和.CDX 两种，下列描述正确的是（　　）。

    A．两者无区别

    B．.IDX 是 FoxBASE 建立的索引文件，.CDX 是 Visual FoxPro 建立的索引文件

    C．.IDX 是单索引文件，.CDX 是复合索引文件

    D．.IDX 索引文件可以进行升序或降序排序

13．若对自由表的某字段值要求唯一，则应对该字段创建（　　）。

    A．主索引　　　　　　B．唯一索引　　　　C．候选索引　　　　　D．普通索引

14．表文件 ST.DBF 中字段：姓名(C,6)、出生日期(D)、总分(N,5,1)等，要建立姓名、总分、出生日期的复合索引，其索引关键字表达式应是（　　）。

    A．姓名+总分+出生日期

    B．姓名,总分,出生日期

    C．姓名+STR(总分)+STR(出生日期)

    D．姓名+STR(总分)+DTOC(出生日期)

15．工资表文件中有 10 条记录，当前记录号为 5，若用 SUM 命令计算工资而不给出范围，那么该命令将（　　）。

    A．只计算当前记录的工资值　　　　B．计算全部记录的工资值之和

    C．计算后 5 条记录的工资值之和　　D．计算后 6 条记录的工资值之和

16．当前表中有基本工资、奖金、津贴、所得税和工资总额字段，都是 N 型。要将每个职工的全部收入汇总后写入其工资总额字段中，应使用的命令是（　　）。

    A．REPLACE　ALL　工资总额　WITH　基本工资+奖金+津贴-所得税

    B．TOTAL　ON　工资总额　FIELDS　基本工资,奖金,津贴,所得税

    C．REPLACE　工资总额　WITH　基本工资+奖金+津贴-所得税

    D．SUM　基本工资+奖金+津贴-所得税　TO　工资总额

17. 学生表中"实验成绩"是逻辑型字段，该字段的值为.T.表示实验成绩为通过，否则为没有通过。若想统计"实验成绩"没有通过的学生人数，应使用命令（ ）。

    A. COUNT TO X FOR 实验成绩=.F.

    B. COUNT TO X FOR "实验成绩"=.F.

    C. COUNT TO X FOR 实验成绩="F"

    D. COUNT TO X FOR 实验成绩=".F."

18. 假设职称是某表文件中的一个字段，如果要计算所有正、副教授的平均工资，并将结果赋予变量 PJ 中，应使用的命令是（ ）。

    A. AVERAGE 工资 TO PJ FOR "教授"$职称

    B. AVERAGE FIELDS 工资 TO PJ FOR "教授"$职称

    C. AVERAGE 工资 TO PJ FOR 职称="副教授".AND.职称="教授"

    D. AVERAGE 工资 TO PJ FOR 职称="副教授".OR."教授"

19. 不论索引是否生效，定位到相同记录上的命令是（ ）。

    A. GO TOP   B. GO BOTTOM

    C. GO 6   D. SKIP

20. 刚打开一个空数据表时，用 EOF()和 BOF()测试，其结果一定是（ ）。

    A. .T.和.T.   B. .F.和.F.   C. .T.和.F.   D. .F..和.T.

21. 设当前数据表中包含 10 条记录,当 EOF()为真时,命令?RECNO()的显示结果是( )。

    A. 10   B. 11   C. 0   D. 空

22. 已知表中有字符型字段"职称"和"性别"，要建立一个索引，要求首先按职称排序，职称相同时再按性别排序，正确的命令是（ ）。

    A. INDEX ON 职称＋性别 TO ttt   B. INDEX ON 性别＋职称 TO ttt

    C. INDEX ON 职称,性别 TO ttt   D. INDEX ON 性别,职称 TO ttt

23. 有关 ZAP 命令的描述，正确的是（ ）。

    A. ZAP 命令只能删除当前表的当前记录

    B. ZAP 命令只能删除当前表的带有删除标记的记录

    C. ZAP 命令能删除当前表的全部记录

    D. ZAP 命令能删除表的结构和全部记录

24. 有一学生表文件，且通过表设计器已经为该表建立了若干普通索引。其中一个索引的索引表达式为姓名字段，索引名为 XM。现假设学生表已经打开，且处于当前工作区中，那么可以将上述索引设置为当前索引的命令是（ ）。

    A. SET INDEX TO 姓名   B. SET INDEX TO XM

    C. SET ORDER TO 姓名   D. SET ORDER TO XM

25. 当前打开的图书表中有字符型字段"图书号"，要求将图书号以字母 A 开头的图书记录全部打上删除标记，通常可以使用命令（ ）。

    A. DELETE FOR 图书号="A"

    B. DELETE WHILE 图书号="A"

    C. DELETE FOR SUBS(图书号,1,1)="A"

    D. DELETE FOR 图书号 LIKE "A%"

26. 执行下面的命令后，函数 EOF()的值一定为.T.的是（　　）。

　　A．REPLACE 基本工资 WITH 基本工资+200

　　B．LIST NEXT 10

　　C．SUM 基本工资 TO SS WHILE 性别="女"

　　D．DISPLAY FOR 基本工资＞800

27. 以下关于空值（NULL）的说法，叙述正确的是（　　）。

　　A．空值等同于空字符串　　　　　　B．空值表示字段或变量还没有确定值

　　C．VFP 不支持空值　　　　　　　　D．空值等同于数值 0

28. 命令 SELECT 0 的功能是（　　）。

　　A．选择编号最小的未使用工作区

　　B．选择 0 号工作区

　　C．关闭当前工作区的表

　　D．选择当前工作区

29. 可以随着数据表文件的打开而自动打开的索引文件是（　　）。

　　A．单索引文件（.IDX）　　　　　　B．复合索引文件（.CDX）

　　C．结构复合索引文件（.CDX）　　　D．非结构复合索引文件（.CDX）

30. 在 Visual FoxPro 系统中，.dbf 文件被称为（　　）。

　　A．数据库文件　　B．表文件　　　　C．程序文件　　　　D．项目文件

31. Visual FoxPro 有两种类型的表：数据库中的表和（　　）。

　　A．自由表　　　　B．独立表　　　　C．表　　　　　　　D．关联表

32. 自由表是独立于任何数据库的（　　）。

　　A．一维表　　　　B．二维表　　　　C．三维表　　　　　D．四维表

33. 对于 TM_BMB 表，下面（　　）命令显示所有女同学记录。

　　A．LIST FOR !XB　　　　　　　　　B．LIST FOR XB

　　C．LIST FOR XB="女"　　　　　　　D．LIST FOR XB=.F.

34. 若 TM_BMB 表包含 50 条记录，在执行 GO TOP 命令后，（　　）命令不能显示所有记录。

　　A．LIST ALL　　　　　　　　　　　B．LIST REST

　　C．LIST NEXT 50　　　　　　　　　D．LIST RECORD 50

35. 执行 USE TM_BMB（回车）SKIP -1 后，下列显示值一定是.F.的命令是（　　）。

　　A．?BOF()　　　B．?EOF()　　　C．?.T.　　　　D．?RECNO()=1

二、填空题

1. 建立"学生情况"表结构时，如果最高奖学金不超过 120.58 元，奖学金字段的宽度和小数位至少应为_____。

2. 在 Visual FoxPro 数据表管理系统中，备注型文件的扩展名是_____。

3. 假设考生表已经打开，表中有"年龄"（N 型）字段，要统计年龄小于 20 岁的考生人数，并将结果存储于变量 M1 中，应该使用的完整命令是_____。

4. 在 Visual FoxPro 命令窗口中，要修改表的结构，应该输入命令_____。

5. 表 XS.DBF 中有日期型字段"出生日期"，列出其中所有 12 月份出生的男同学记录：

DISPLAY　FOR　_____.AND.性别="男"

6. 某表有 50 个记录，其当前记录为 9 号记录，当执行了 SKIP 2*3 后系统显示的记录号为_____。

7. 一个有多条记录的表打开后，要在最后一条记录后增加一条空记录，应使用命令_____。

8. 已打开表文件，其中"出生日期"字段为日期型，年龄字段为数值型。要计算每人今年的年龄并把其值填入"年龄"字段中，应使用命令_____。

9. 要想在一个打开的表中物理地删除某些记录，应先后使用的两个命令分别是_____。

10. 若能够正常执行命令 REPLACE ALL MYD WITH DATE()，说明字段 MYD 的类型是_____。

11. 当前数据库文件有 10 条记录，要在第 5 条记录后面插入 1 条新记录，应使用命令_____。

12. 把当前表当前记录的学号、姓名字段值复制到数组 A 的命令是：

SCATTER FIELD 学号，姓名_____

三、上机操作题

1. 练习建立表文件

在 E 盘根文件夹上建立 VFLX 文件夹，然后按下列步骤操作：

（1）建立如表 3-4 所示结构。

表 3-4　表结构

字段名	字段类型	宽度	小数位数
学号	C	8	
姓名	C	6	
性别	C	2	
入学日期	D	8	
奖学金	N	4	1
团员否	L	1	
爱好	M	4	

（2）为该表建立以"学号"字段升序排序的候选索引。

（3）输入 3～4 条记录，内容自定。

（4）完成存盘，将此表命名为 XSH.DBF，存于 E 盘 VFLX 文件夹中。

2. 表文件的基本操作

将 XSDB.DBF、YY.DBF、JSJ.DBF 复制到 VFLX 文件夹内，以备以下操作使用。以下除最后一题均使用表文件 XSDB，假设 XSDB 已打开。

（1）使用 DISPLAY 命令显示当前记录。

（2）使用 DISPLAY 或 LIST 命令显示前 3 条记录。

（3）使用 DISPLAY 或 LIST 命令显示 6 号记录。

（4）使用 BROWSE 命令显示文学院所有男同学的记录。

（5）使用 BROWSE 命令显示 10 月 1 日出生的同学的姓名、性别和生日。

（6）使用 REPLACE 命令，对英语成绩在 90（包括 90）分以上的记录，将其奖学金增加 50 元。

（7）使用 COPY 命令复制一个与 XSDB 表文件的结构完全相同的空表 KB.DBF。

（8）使用 COPY 命令，将表文件 XSDB 中所有党员的记录组成表文件 DY.DBF。

（9）使用 COUNT 命令统计女同学人数，并将结果存入变量 R 中。

（10）使用 AVERAGE 命令求文学院学生的英语平均成绩，并将结果存入变量 X 中。

（11）使用 SUM 命令求男生的奖学金总额，并将结果存入变量 Y 中。

（12）在数据工作期窗口中分别打开 XSDB.DBF、YY.DBF、JSJ.DBF 共 3 个表文件。

第 4 章　数据库的设计与操作

本章要点：

> 数据库的建立及基本操作、设置数据库表、永久关系及参照完整性。创建数据库，在数据库中添加、移去表，建立表间关系等；设置数据库表的属性，即设置有效性规则、触发器、参照完整性，设置字段的显示属性、字段的输入默认值等；操作数据库，即打开、关闭数据库，维护数据库。

Visual FoxPro 作为一个关系数据库管理系统，提供了在多个表文件间定义关系的功能。在 Visual FoxPro 中，可以通过使用数据库来完成关系功能，并取得其他好处。数据库是指存储在外存上的有结构的数据集合。在 Visual FoxPro 数据库中，不存储数据，而是存储数据库表的属性，以及组织、表关联和视图等，并可在其中创建存储过程。数据库可以单独使用，也可以将它们合并成一个项目，用项目管理器进行管理。

4.1　数据库的基本操作

数据库的基本操作包括创建数据库、打开数据库、向数据库中添加表、显示数据库中的表、从数据库中移去表、引用多个数据库以及关闭数据库和删除数据库等。

4.1.1　数据库设计的一般步骤

在创建数据库之前，首先应对数据库进行设计。这里将介绍如何设计一个高效、合理的数据库。

数据库设计过程的关键在于明确 Visual FoxPro 存储数据的方式与关联方式。在各种类型的数据库管理系统中。为了能够更有效、更准确地为用户提供信息，往往需要将关于不同对象的信息存放在不同的表中，Visual FoxPro 也是如此。例如，一个成绩管理数据库包含有以下两个表：一个表用来存放学生基本情况；另一个表用来存放成绩情况。现在要查看某一个课程及该课程成绩的学生情况，就需要在两个表之间建立一个联系。所以在设计数据库时，首先要把信息分解成不同相关内容的组合，分别存放在不同的表中，然后再告诉 Visual FoxPro 这些表相互之间是如何进行关联的。

尽管可以使用一个表同时存储学生信息和成绩信息，但这样数据的冗余度太高。而且无论对设计者还是对使用者来说，在数据库的创建和管理上都将非常麻烦。

下面是设计数据库的一般步骤如下：

（1）分析数据需求。确定数据库要存储哪些信息。

（2）确定需要的表文件。一旦明确了数据库所要实现的功能，就可以将必需的信息分解为不同的相关主题，在数据库中为每个主题建立一个表。

（3）确定需要的字段。这实际上就是确定在表中存储信息的内容，即确立各表的结构。

（4）确定各表之间的关系。仔细研究各表字段之间的关系，确定各表之间的数据应该如何进行连接。

（5）改进整个设计。可以在各表中加入一些数据作为例子，然后对这些例子进行操作，看是否能得到希望的结果。如果发现设计不完备，可以对设计做一些调整。

在数据库设计的初始阶段，不要担心发生错误或遗漏。这只是一个初步方案，可在以后对设计方案进一步完善，Visual FoxPro 很容易在创建数据库时对原设计方案进行修改。一旦数据库中已拥有大量的数据，并且被用到报表、表单或是应用程序之后，再要进行修改就非常困难了。所以在确定数据库设计之前一定要做适当的测试、分析工作，排除其中的错误和不合理的设计。也正因为如此，在连编数据库应用程序之前，应确保数据库设计方案已经考虑得比较周全。

4.1.2　创建新数据库

数据库设计完成后，就可以创建数据库了。Visual FoxPro 数据库文件的扩展名是.DBC。数据库可以单独使用，也可以合并到一个项目中，用项目管理器进行管理。在进行数据库的创建时，首先需要创建一个空的数据库，然后向该数据库中添加相应的数据，即创建数据库表或添加已经存在的数据表，此外还要建立表与表之间的联系、设置参照完整性等。

1. 命令方式

命令格式：CREATE DATABASE <数据库名>

功能：创建一个新的数据库。

说明：数据库创建之后便是当前数据库，其名字会显示在工具栏的下拉列表框中。

【例 4-1】用命令方式创建"成绩管理"数据库。

　　CREATE DATABASE 成绩管理

2. 菜单操作

通过菜单操作创建数据库的步骤如下：

（1）单击主窗口菜单中的"文件"→"新建"命令，或单击常用工具栏上的"新建"按钮。

（2）在随后出现的"新建"对话框中选择"文件类型"中的"数据库"单选按钮，然后单击右侧的"新建文件"按钮或"向导"按钮，如图 4-1 所示。

（3）单击"新建文件"按钮后，将会出现一个"创建"对话框。在该对话框中为新建的数据库定义一个名字，如成绩管理，并指定其保存的文件夹，然后单击"保存"按钮即可。在随后出现的数据库设计器中，可以对该数据库进行相关的操作，如图 4-2 所示。

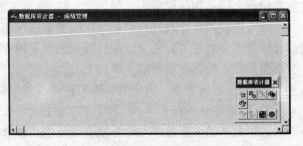

图 4-1　"新建"对话框　　　　　　　图 4-2　"数据库设计器"窗口

（4）如果在"新建"对话框中，单击"向导"按钮，将会出现"数据库向导"对话框，然后按照向导对话框的提示进行操作即可。

4.1.3　在数据库中加入表和移去表

前面所创建的数据库，不管使用什么方式，都是没有任何数据的空数据库。在数据库创建好之后，还需要向数据库中添加相应的数据，数据库中的数据是通过数据表体现出来的。在 Visual FoxPro 中，存在两种数据表，即数据库表和自由表。数据库表是与数据库相关联的表；自由表是与数据库无关联的表。相比之下，数据库表具有以下优点：长表名和表中的长字段名；可为表中字段添加标题和注释；提供默认值、输入掩码和表中字段格式化；具有表字段的默认控件类；能确保唯一性和设置的字段级规则以及记录级规则；支持参照完整性的主关键字索引和表间关系以及插入、更新或删除事件的触发器。

数据库中的表既可以是与数据库无任何联系的自由表，也可以是在数据库中建立的表。当将自由表添加到数据库中时，自由表就变成了数据库表。当将数据库表从数据库中移去时，数据库表将变成自由表。在 Visual FoxPro 中，任何一个数据表都只能被一个数据库所拥有，而不能同时添加到多个数据库中。

当数据库建立好之后，既可以通过新建表的方式新建数据表，也可以向数据库中添加已建好的自由表。

1. 在数据库中创建数据库表

使用 Visual FoxPro 的主菜单也可以在数据库中建立新表，方法是在"数据库设计器"窗口中，选择菜单"数据库"→"新建表"命令，弹出"新建表"对话框，如图 4-3 所示，单击"表向导"或"新建表"按钮，将会分别出现"表向导"或"表设计器"对话框，如图 4-4 所示。在"表向导"对话框中，按照对话框的提示进行操作即可。在"表设计器"对话框中，会发现它与前面使用的创建自由表的表设计器有些不同，但相同部分的操作是一样的，有关数据库表设计器的具体使用将在后面章节详细介绍。

图 4-3　"新建表"对话框

图 4-4　"表设计器"对话框

2. 向数据库中添加数据表

在 Visual FoxPro 中有以下两种向当前数据库添加表的方法。

（1）使用命令向数据库添加表

命令格式：ADD TABLE <数据表名>

功能：向已打开的数据库中添加指定名字的数据表。

【例 4-2】向"成绩管理"数据库中添加"xsdb"表。

　　　OPEN DATABASE　成绩管理

　　　ADD TABLE　xsdb

这里应注意不能把同一个表添加到多个数据库中，否则会产生有关不能加入这个表的错误信息。

（2）使用"数据库设计器"向数据库添加表

在"数据库设计器"中，选择菜单"数据库"→"添加表"命令，进入"打开"窗口。在"打开"窗口，选择要添加到数据库中的数据表，单击"确定"按钮，选定的数据表就被添加到了打开的数据库中。

3．从数据库中移去表

数据库中的数据表只能属于某一个数据库，如果向当前数据库中添加一个已被添加到其他数据库中的数据表，需要先从其他数据库中移去该数据表，然后再添加到当前数据库。移去表的步骤如下：

（1）打开项目管理器，并选择"数据"选项卡。

（2）选择要移去的数据库表。

（3）单击"移去"按钮，弹出移去表提示框，若从数据库中移去，单击"移去"按钮，若从磁盘中删除，单击"删除"按钮，如图 4-5 所示。

图 4-5　从数据库中移去表

实际上使用命令方式也很方便。

【例 4-3】以下语句用于从"成绩管理"数据库中移去"xsdb"表。

　　　OPEN　DATABASE 成绩管理

　　　REMOVE TABLE xsdb

如果将一个数据库删除，则该库下属所有表皆变成自由表。例如：

　　　DELETE DATABASE 成绩管理

则数据库"学生管理"下属的 xsdb 等表都变成了自由表。如果删去数据库"成绩管理"时，欲将所有数据库下属的表一起删除，则可利用下述命令：

　　　DELETE DATABASE 成绩管理

　　　DELETE TABLES

当一个表从数据库中移去后，它变成一个自由表，也能够加入到其他数据库中。在执行 REMOVE TABLE 命令后，所有与该表相连的候选索引、约束、默认值说明、有效性规则也被删除。

4.1.4　多表间关联

前面所有的操作都是有关一个表的，但在实际工作中常常需要同时使用几个表中的数据，这就要用到多表间的关联。

表之间的关联是指建立关联的两个表的记录指针同步移动。这种关联仅在两个表之间建立一种逻辑关系，即建立记录指针之间的联系，而不产生一个新的表文件，这种操作也称为表间的逻辑连接。在多个表中，必须有一个表为关联表，此表常称为父表，而其他的表则称为被关联表，常称为子表。在建立表间的临时关联后，会使得一个表（从表）的记录指针自动随另一个表（主表）的记录指针移动。这样，便允许当在关系中"一"方（或主表）选择一个记录时，会自动去访问表关系中"多"方（或从表）的相关记录。例如，可以关联 xsdb 表和 jsj 表，此后当把 xsdb 表的记录指针移到一个特定学生时，jsj 表的记录指针也移到有相同的学号的记录上去。在两个表之间建立关联，必须以某一个字段为标准，该字段称为关键字段。表文件的关联可分为一对一关联、一对多关联和多对多关联。

1. 一对一关联的建立

命令格式：SET RELATION TO [<关键字表达式 1>/<数值表达式 1> INTO <工作区号>/<别名>[,<关键字表达式 2>/<数值表达式 2> INTO <工作区号>/<别名>…][ADDITIVE]]

功能：当前工作区中的表文件与其他工作区中的表文件通过关键字建立关联

说明：

（1）<关键字表达式>的值必须是相关联的两个表文件共同具有的字段，并且<别名>表文件必须已经按关键字表达式建立了索引文件并处于打开状态。

（2）[ADDITIVE] 选项表示用本命令建立关联时仍然保留该工作区与其他工作区已经建立的关联。如果要建立多个关联，则必须使用 ADDITIVE 选项。

（3）当两个表文件建立关联后，表文件的记录指针移到某一记录时，被关联的表文件的记录指针也自动指向关键字值相同的记录上。如果被关联的表文件具有多个关键字值相同的记录，则指针只指向关键字值相同的第一条记录，如果被关联的表文件中没有找到匹配的记录指针指向文件尾，即函数 EOF()的值为.T.。

（4）如果命令中使用了<数值表达式>，则两个表文件按照记录号进行关联，这时<别名>表文件可以不用建立相关的索引文件。

（5）当<别名>表文件中有多个关键字值相同的记录时，<别名>表文件的指针只能指向关键值相同的第一条记录上，如果需要找到关键字值相同的多个记录，可以使用下面的命令：

SET SKIP TO [<别名 1>[,<别名 2>]…]

（6）执行不带参数的 SET RELATION TO 命令，删除当前工作区中的所有关联。

（7）如果需要切断当前数据表与特定数据表之间的关联，可以使用命令：

SET RELATION OFF INTO <工作区号>/<别名>

【例 4-4】将表文件 xsdb.dbf 与 jsj.dbf 以学号为关键字段建立关联。

操作命令如下：

SELECT 2	&& 选择工作区 2
USE XSDB	&& 打开表文件 XSDB.DBF
INDEX ON 学号 TAG 学号	&& 建立学号标识
SET ORDER TO TAG 学号	&& 指定学号为主索引
SELECT 1	&& 选择工作区 1
USE JSJ	&& 打开表文件 JSJ.DBF
SET RELATION TO 学号 INTO 2	&& 建立一对一关联

菜单方式：

（1）选择菜单"窗口"→"数据工作期"命令，弹出"数据工作期"窗口。

（2）单击"打开"按钮，将需要用到的表在不同的工作区打开。

（3）在别名列表中选择主表，再单击"关系"按钮，再在别名列表中选择子表。

（4）如果子表文件未指定主索引，系统会打开"设置索引顺序"对话框，以指定子表文件的主索引，如图 4-6 所示。

（5）主索引建立后，系统弹出"表达式生成器"（Expression Builder）对话框，如图 4-7 所示，在"字段"列表框中选择关联关键字段，然后单击"确定"按钮，返回"数据工作期"窗口。

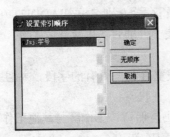

图 4-6　"设置索引顺序"对话框　　　　　图 4-7　"表达式生成器"对话框

（6）此时在"数据工作期"窗口的右侧列表框中出现了子表，在父表和子表之间有一单线相连，说明在两表之间已建立了一对一关联，如图 4-8 所示。

2. 一对多关联的建立

命令格式：SET SKIP TO [<别名 1>[, <别名 2>] ...]

功能：将当前表文件与其他工作区中的表文件建立一对多关联。

说明：先要用 SET RELATION 命令建立一对一的关联，然后才能将一对一的关联进一步定义成一对多的关联。

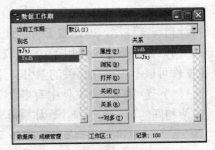

图 4-8　"数据工作期"窗口

当前工作区表记录指针移动时，别名库文件的记录指针指向第一个与关键字表达式值相匹配的记录，若找不到相匹配的记录，则记录指针指向文件尾部，EOF()为.T.。

当父表中的一个记录与子库的多个记录匹配时，在父表中使用 SKIP 命令，并不使父表的指针移动，而子表的指针却向前移动，指向下一个与父表相匹配的记录；重复使用 SKIP 命令，直至在子表中没有与父表当前记录相匹配的记录后，父表的指针才真正向前移动。

无任何选择项的 SET SKIP TO 命令将取消一对多的关联（一对一的关联仍然存在）。

菜单方式：

（1）选择菜单"窗口"→"数据工作期"命令，弹出"数据工作期"窗口。

（2）按前面所述的步骤，建立一对一关联。

（3）单击"一对多"按钮，系统弹出"创建一对多关系"对话框。

（4）在"创建一对多关系"对话框的"子表别名"列表框选择子表别名，单击"移动"按钮，子表别名将出现在"选定别名"列表框中，单击"确定"按钮，完成子表别名的指定，并返回到"数据工作期"窗口。

（5）如果子表文件未指定主索引，系统显示"指定索引顺序"对话框，以便用户指定主索引。

（6）完成上述工作后，在"数据工作期"窗口的右侧列表框中出现了子表文件名，在父表和子表之间有一双线相连，说明在两表之间已建立了一对多关联。

3．一个表对多个表关联的建立

命令格式：SET RELATION TO [<关联表达式 1> INTO <别名 1>| <工作区 1>[,<关联表达式 2> INTO <别名 2>|<工作区 2> ...][ADDITIVE]]

功能：将主工作区中的表与多个其他工作区中的表建立关联。

说明：<关联表达式 1>表示与别名 1 表文件建立关联时的关键字段表达式，<关联表达式 2>表示与别名 2 表文件建立关联时的关键字段表达式，建立关联时，关键字段必须是两个表文件共有字段，且别名表文件已按关键字段建立了索引文件，并已指定为主索引。

当父表文件的记录指针移动时，多个子表文件的记录指针根据各自的主索引文件指向关键字段值与父表文件相同的记录。其他有关参数均同前述。

菜单方式：多次利用上节介绍的菜单步骤，只要每次选择的子表不同，就可以分别建立一个表文件同多个表文件之间的关联。

4．取消表的关联

（1）在建立关联的命令中，如果不选用 ADDITIVE 选项，则在建立新关联的同时，取消了当前表原来建立的关联。

（2）使用命令 SET RELATION TO，取消当前表与其他表之间的关联。

（3）使用命令 SET RELATION OFF INTO <别名>|<工作区号>，取消当前表与指定别名表之间的关联。

（4）关闭表文件，关联都被取消，下次打开时，必须重新建立。

【例 4-5】设有一个单科计算机成绩表 jsj.dbf（学号（C,10），上机（N,3），笔试（N,3）），试用 jsj.dbf 中的成绩（上机+笔试）来修改 xsdb.dbf 中的相应成绩（计算机）。

相应的命令如下：

```
USE xsdb in 1
USE jsj in 2
SELECT 2
INDEX ON   学号   TAG   学号
SELECT 1
USE xsdb
SET RELATION TO   学号   INTO b
REPL ALL   计算机   WITH b->上机+b->笔试
```

4.1.5　表的连接

表之间的连接也称为表之间的物理连接，是指将两个表文件连接生成一个新的表文件。新表文件中的字段是从不同的两个表中选取的。使用此命令时应注意此项操作前后共有 3 个表文件。

命令格式：JOIN WITH <工作区号>/<别名> TO <新表文件名>[FIELDS <字段名表>] FOR <连接条件>

功能：将不同工作区中的两个表文件进行连接生成一个新的表文件。

说明：

新的表文件生成后，扩展名仍为.DBF，并且处于关闭状态。

FIELDS <字段名表>：指定新表文件中所包含的字段，但该表中的字段必须是原来两个表文件中所包含的内容。如果无此选项，新表文件中的字段将是原来两个表中的所有字段，字段名相同的只保留一项。

FOR <连接条件>：指定两个表文件连接的条件，只有满足条件的记录才能实现连接。

连接过程：当前表文件自第一条记录开始，每条记录与被连接表的全部记录逐个比较，连接条件为真时，就把这两条记录连接起来，作为一条记录存放到新表文件中；如果条件为假则进行下一条记录的比较，然后当前表文件的记录指针下移一条记录。重复上述过程，直到当前表文件全部记录处理完毕。连接过程中，如果当前表文件的某一条记录在被连接表中找不到相匹配的记录，则不在新表文件中生成记录。

【例 4-6】把已存在的计算机成绩表和学生登记表通过学号连接起来，生成新的表文件。学生成绩新表文件中包含以下字段：学号、姓名、院系、笔试及上机。

```
SELE A
USE xsdb
SELE B
USE jsj
JOIN WITH A FOR  学号=A.学号  TO  xscj  FIELDS  学号,A.姓名,A.院系,上机,笔试
USE  xscj
LIST
```

4.2　设置数据库

在数据库表设计器中，除了可以定义字段名称、类型和宽度等操作外，还可以为各个字段设置标题、定义字段的默认值、输入掩码、显示格式、长表名、长字段名、字段级规则、记录级规则、触发器和表的注释等内容。

4.2.1　设置字段显示属性

字段的显示属性是用来指定输入和显示字段的格式属性，包括格式、输入掩码和标题的属性。打开"表设计器"对话框，如图 4-9 所示。

在"字段"选项卡的"显示"区域中，有下面 3 个相关的属性需要设置。

1. 格式

一个格式实质上是一个输出掩码，它决定了字段在表单、浏览窗口或报表中的显示风格，如表

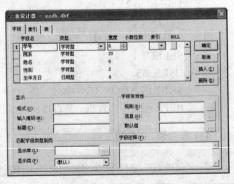

图 4-9　字段有效性

4-1 所示，如确定字段显示时的大小写和样式。如果需要定义格式，则在"格式"文本框中输入掩码。

表 4-1　字段的部分格式

设置	说明
A	只允许字母字符（不允许空格或标点符号）
D	使用当前的 SET DATE 格式
E	以英国日期格式编辑日期型数据
K	当光标移动到文本框上时，选定整个文本框
L	在文本框中显示前导零而不是空格。此设置只用于数值型数据，且只用于文本框
T	禁止输入字段的首、尾空格
!	将输入的小写字母转换为大写字母

2. 输入掩码

指定输入掩码就是定义字段中的值必须遵守的标点、空格和其他格式要求，以便使字段中的值具有统一的风格，从而减少数据输入错误，提高输入效率，如表 4-2 所示。

表 4-2　字段的部分输入掩码

设置	说明
X	可输入任何值
9	可输入数字和正负符号
#	可输入数字、空格和正负符号
*	在值的左侧显示星号
.	句点分隔符指定小数点的位置
,	逗号可以用来分隔小数点左边的整数部分

3. 标题

在浏览窗口、表单和报表中，可以利用"标题"字段属性值代替字段名的显示。若表结构中字段名用的是英文，则可以在标题中输入汉字，这样显示该字段值时会比较直观。若没有设置标题，则将表结构中的字段名作为字段的标题。

4.2.2　设置字段输入默认值

在"表设计器"中利用字段属性的设置，可以使系统在建立新记录后自动给字段赋默认值。默认值是指字段在没有输入数据的情况下系统给定的值。例如，在输入成绩字段时可以设定默认值为 60，即当增加了一条新记录时，如果对保存成绩的字段没有输入数值，则系统自动在该字段中填入 60。

4.2.3　定义字段有效性规则

通过在定义表结构时输入字段的有效性规则，可以控制输入该字段的数据类型。字段级规则将把所输入的值与所定义的规则表达式进行比较，如果输入的值不满足规则要求，则拒绝该值。有效性规则只在数据库表中存在。如果从数据库中移去或删除一个表，则所有属于该表的字段级规则都会从数据库中删除。

要为字段设置有效性规则和有效性说明，可以按照以下步骤进行：

（1）在"数据库设计器"中右击，在出现的快捷菜单中选择"修改"命令，进入"表设计器"对话框。

（2）在"字段"选项卡中选定要建立规则的字段。

（3）单击"规则"选项右边的按钮，进入"表达式生成器"界面。

（4）在"表达式生成器"中，建立有效性表达式。

（5）在"信息"文本框中输入由引号括起的错误信息，如图 4-10 所示，单击"确定"按钮。

完成有效性规则的设定后，当追加记录不满足有效性规则时，有效性说明中指定的信息就会显示出来。对"成绩管理"数据库中的"xsdb"表，如果设定有效性表达式为"学号 <= "99499999" AND 学号 >= "97400000""，并在"信息"选项中输入"输入学号必须在97400000 至 99499999 之间"，则当向该表追加数据超出这一界限时，将显示如图 4-11 所示的警告框。

图 4-10 设置有效性规则

图 4-11 输入数据非法时显示有效性说明

4.2.4 设置永久关系与参照完整性

1. 创建永久关系

永久关系是存储在数据库中的数据表之间的关系，是相对于用命令 SET RELATION TO 建立的临时关系而言的。它们存储在数据库文件中，不需要每次使用时都重建。在"数据库设计器"中显示为联系数据表索引的线。但是永久关系并不控制各表内记录指针间的关系，因此在开发应用程序时，既要用到临时关系，又要创建永久关系。

在创建永久关系之前，首先需要在数据库表中建立必要的索引。对于数据库表而言，主要有以下 4 种索引，即主索引、候选索引、普通索引与唯一索引。

在数据库表中，通过主关键字值可以建立主索引，主关键字值只能建立在数据库表中，并且该字段值不能有重复的数据，不能为空值（NULL），数据库中的任何一个数据表只能建立一个主索引；通过候选关键字值可以建立候选索引，并且该关键字值可以成为主关键字值，和主关键字值一样，该字段值也不能为空值和有重复的数据，但它既可设置在自由表中，也可设置在数据库表中，而且每一个表中可针对需求设置多个候选索引；普通索引与前面介绍的自由表中的索引相同，对关键字没有要求；通过唯一性键值可以建立唯一索引，唯一性键值不限制数据表中该字段值的唯一性，但在建立的索引文件中，只保留同值记录的第一条。

数据库表中的主索引、候选索引、普通索引和唯一索引，既可以使用命令方式，也可以通过"表设计器"进行创建。主索引可以使用 CREATE TABLE 和 ALTER TABLE 命令来创建；候选索引、普通索引和唯一索引可以使用前面介绍的 INDEX 命令进行创建，这里主要给出如何使用表设计器进行创建。

在如图 4-4 所示的数据库表设计器中，单击"索引"选项卡，然后在"索引名"中为创建的索引进行命名；在"类型"中选择创建的索引类型；在"表达式"中给出索引的关键字表达式，作好相应的设置之后，单击"确定"按钮。

索引创建好之后，就可以定义数据表之间的永久关系了。创建数据表间的永久关系既可通过命令实现，也可在"数据库设计器"中进行。

（1）命令方式。

命令格式一：ALTER TABLE <数据表名 1> ADD PRIMARY KEY <表达式> TAG <标识名>

功能：建立数据表 1 的主索引。

命令格式二：ALTER TABLE <数据表名 2> ADD FOREIGN KEY <表达式> TAG <标识名> REFERENCES <数据表名 1>

功能：建立数据表之间的永久关系。

说明：

① <数据表名 1>：指定要创建永久关系的数据表。建立 PRIMARY KEY 主索引。

② FOREIGN KEY <表达式> TAG <标识名>：表示创建一个非主关键字索引，<表达式>指定非主关键字的索引表达式，TAG <标识名>指定非主关键索引的标识名。

③ REFERENCES <数据表名 1>：表明数据表名 2 指定的表和<数据表名 1>指定的表在主关键字上建立永久关系。

【例 4-7】对"成绩管理"数据库中的两个数据表"xsdb"和"jsj"建立永久关系。

```
OPEN DATABASE  成绩管理
USE xsdb
ALTER TABLE    xsdb
ADD PRIMARY KEY  学号  TAG  学号
ALTER TABLE jsj
ADD FOREIGN KEY  学号  TAG  学号  REFERENCES xsdb
MODIFY DATABASE
```

结果如图 4-12 所示，在两个数据表之间有一条线连接，表示已经建立了永久关系。

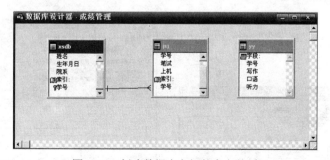

图 4-12　创建数据表之间的永久关系

在一对多关系中，"一"方必须用主关键字建立主索引，"多"方则可使用普通索引关键字建立普通索引。

（2）通过"数据库设计器"建立永久关系。

在"数据库设计器"中，选择想要关联的索引名，然后把它拖到相关数据表的索引名上即可。

如果想删除数据表之间的永久关系，可以在"数据库设计器"中单击两数据表之间的关系线。如果关系线变粗，表明已经选择了该关系，然后按"Delete"键，就可以实现删除操作。

也可以使用 ALTER TABLE 命令删除数据表之间的永久关系。

命令格式：ALTER TABLE <数据表名> DROP FOREIGN KEY TAG <标识名>[SAVE]

功能：删除数据表之间建立的永久关系，并保留所建的索引标识。

说明：如果省略[SAVE]选项，该索引标识从结构化索引中删除；如果不省略，在结构化索引中保留该标识。

2. 设置参照完整性

（1）参照完整性的概念。

参照完整性（Referential Integrity，RI）是指建立一组规则，当用户插入、更新或删除记录时保护数据表之间已定义的关系。

参照完整性应满足以下 3 个规则：

1）在关联的数据表间，子表中的每一个记录在对应的父表中都必须有一个父记录。

2）对子表作插入记录操作时，必须确保父表中存在一个父记录。

3）对父表作删除记录操作时，其对应的子表中必须没有子记录存在。

（2）设计参照完整性。

在 Visual FoxPro 中，可使用"参照完整性设计器"来设置规则，控制如何在关系表中插入、更新或删除记录。若要打开"参照完整性设计器"，首先打开"数据库设计器"，从"数据库"菜单里选择"编辑参照完整性"命令。

【例 4-8】将"xsdb"和"jsj"表设置成级联性更新。

（1）打开"成绩管理"数据库，进入"数据库设计器"窗口。

（2）首先单击关系线，此时关系线将变成粗黑线，然后选择菜单"数据库"→"编辑关系"命令，或者在关系线上右击，并在弹出的快捷菜单中选择"编辑关系"命令，或者双击关系线，打开"编辑关系"对话框，如图 4-13 所示。

（3）单击"参照完整性"按钮，打开"参照完整性生成器"对话框，如图 4-14 所示。

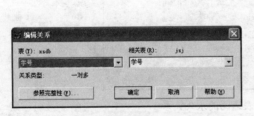

图 4-13　"编辑关系"对话框

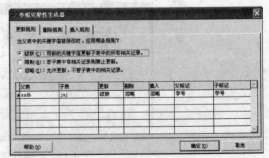

图 4-14　"参照完整性生成器"对话框

（4）选择"更新规则"选项卡，并在关系列表框中选择"学生—成绩"关系，然后在"更新"列选择"级联"项。

（5）单击"确定"按钮，然后单击"是"按钮保存所做的修改，生成参照完整性代码，并退出"参照完整性生成器"对话框。

注意：在建立参照完整性之前必须首先清理数据库，所谓清理数据库是物理删除数据库各个表中所有带有删除标记的记录。只要数据库设计器为当前窗口，主菜单栏上就会出现"数据库"菜单，这时可以选择菜单"数据库"→"清理数据库"命令，该操作与命令 PACK DATABASE 功能相同。

在"参照完整性生成器"对话框中，用户可以对更新、删除或插入父表与子表记录时所遵循的规则进行以下设置：

（1）更新规则。

级联：当修改父表中的某一记录关键字值时，子表中相应的记录将会改变。

限制：当修改父表中的某一记录关键字值时，若子表中有相应的记录，则禁止该操作。

忽略：两表更新操作将互不影响。

（2）删除规则。

级联：当删除父表中的某一记录时，将删除子表中相应的记录。

限制：当删除父表中某一记录时，若子表中有相应的记录，则禁止该操作。

忽略：两表删除操作将互不影响。

（3）插入规则。

限制：当在子表中插入某一记录时，若父表中没有相应的记录，则禁止该操作。

忽略：两表插入操作将互不影响。

注意：当更改数据库的设计之后（如修改了数据库表或改变了在永久关系中使用的索引），那么应该在使用数据库之前，重新运行"参照完整性生成器"，这样将修改存储过程代码和那些实施参照完整性的表触发器，从而反映新设计的变化情况。如果不重新运行"参照完整性生成器"，可能会得到意想不到的结果。因为存储过程和触发器并没有重写，因而不能反映设计上的更改。

4.3 数据库的操作

4.3.1 打开/关闭数据库

1. 打开数据库

如果想打开一个已经存在的数据库，则可以使用 OPEN 命令，也可以通过菜单进行操作。

（1）命令方式。

命令格式：OPEN DATABASE <数据库名>

功能：打开指定的数据库文件。

说明：可以打开多个数据库，所有打开的数据库名字都列在主工具栏的下拉列表中，可通过下拉列表选择其中的一个数据库为当前数据库。也可以使用 SET 命令将某一打开的数据库指定为当前数据库。

   SET DATABASE TO <数据库名>

【例 4-9】用命令方式打开"成绩管理"数据库。

   OPEN DATABASE 成绩管理

（2）菜单操作。

选择菜单"文件"→"打开"命令，或单击常用工具栏中的"打开"按钮，将会出现一个"打开"对话框。在该对话框中，选定文件类型下拉列表框中的"数据库（*.DBC）"选项，然后选定需要打开的数据库文件名，单击"确定"按钮，就可以将选定的数据库打开。

在"打开"对话框中，还有以下两个复选项。

1）以只读方式打开：如果选定该复选框，表示不能对打开的数据库进行修改。

2）独占：如果选定该复选框，表示不允许其他用户在同一时刻使用该数据库。

2. 关闭数据库

如果想关闭一个已经打开的数据库，可以使用 CLOSE 命令。

命令格式：CLOSE DATABASE 或 CLOSE ALL

功能：关闭所有打开的数据库和表。

说明：CLOSE ALL 还可以关闭某些窗口，如表单设计器、标签设计器、查询设计器和报表设计器等。也可使用"文件"菜单、项目管理器来关闭已经打开的数据库文件。

3. 修改数据库

如果需要对数据库中的数据进行修改，可以在数据库设计器中进行。使用以下几种方式可以打开数据库设计器。

（1）命令方式。

命令格式：MODIFY DATABASE [<数据库名>]

说明：<数据库名>指定要在"数据库设计器"中进行修改的数据库的名字，如果没有该选项，表示将当前数据库中的数据在"数据库设计器"中显示出来。

（2）菜单操作。

选择菜单"文件"→"打开"命令或单击常用工具栏中的"打开"按钮，在随后出现的"打开"对话框中，选择需要打开的数据库文件名，则在打开数据库的同时，将会显示数据库设计器。

4.3.2 在项目中添加/移去数据库

数据库创建后，若还不是项目的一部分，可以把它加入到项目中；若该数据库已是项目的一部分，可将它从项目中移走；若不再需要此数据库，也可将它从磁盘上删除。

1. 添加数据库

当使用命令创建数据库时，即使"项目管理器"是打开的，该数据库也不会自动成为项目的一部分。可以把数据库添加到一个项目中，这样能通过交互式用户界面方便地组织、查看和操作数据库对象，同时还能简化连编应用程序的过程。要把数据库添加到项目中，只能通过"项目管理器"来实现，具体的操作步骤如下：

（1）在"项目管理器"对话框中选择要添加项目的类型，此处添加数据库，可单击"数据"选项前的加号，在出现的列表中再选择"数据库"选项，如图 4-15 所示。

（2）单击"添加"按钮。

（3）在"打开"对话框中，选择要添加的数据库文件名，然后单击"确定"按钮即可。

2. 移去或删除数据库

在项目中移去数据库的具体操作步骤如下：

（1）在"项目管理器"对话框中选定要移去的内容，如图 4-15 所示。

（2）单击"移去"按钮，打开如图 4-16 所示的对话框，询问是移去还是删除：单击"移去"按钮，将数据库从项目中移去；如果要从计算机中删除该数据库，则单击"删除"按钮。

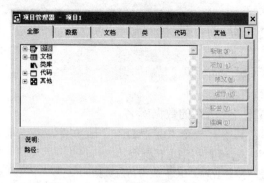

图 4-15　"项目管理器"对话框

图 4-16　询问是移去还是删除

4.3.3　建立表间关系

在一个数据库中，通常包含若干张表，如"成绩管理.DBC"数据库就包含了 3 张表：学生登记表"XSDB.DBF"、计算机成绩表"JSJ.DBF"和英语成绩表"YY.DBF"。它们之间并非彼此独立存在，而是相互联系的。在使用多个表时，经常希望在移动一个表中记录指针的同时，其他相关表中的记录指针能自动调整到相应的位置上。关联是表之间的一种链接，它使用户不仅能从当前选定表中访问数据，而且可以访问其他表中数据。

通常，表与表之间存在以下 3 种关系。

一对一关系：一个表的一条记录对应另一个表的一条记录。

一对多关系：一个表的一条记录对应另一个表的多条记录。

多对多关系：一个表的多条记录对应另一个表的多条记录。

一般最常用的是前两种关系。

为了使表间能顺序建立关联关系，需要在共同字段或者关联表达式上对表进行索引。在数据库设计器中，通过连接不同的索引，可创建表与表之间的关系，这种关系将随着数据库的存在而一直存在，因此又称为永久关系。当在查询设计器、视图设计器或数据环境设计器中使用表时，这些永久关系将作为表间的默认链接出现。

创建表间关系的步骤如下：

（1）打开要创建表间关系的数据库，进入数据库设计器。

（2）为各表中需建立关系的字段建立索引。

如果两张表之间是一对一或一对多关系，则对父表（主表）的相应字段所建索引类型必须是主索引或候选索引，而对子表（从表）的相应字段所建索引类型可以是主索引、候选索引、唯一索引或普通索引。若是主索引或候选索引，则表间关系是一对一的，否则，该关系为一对多。

（3）创建表间关系。

在数据库设计器中，用鼠标左键按住一个表的索引，将其拖放到需要建立关系的另一个表的相应索引上即可。建立关系后的两表之间会出现一条连线，其中不带分叉的一端表示关系中的"一"方，而带有 3 个分叉的一端表示关系中的"多"方。

4.3.4   使用多个数据库

在 Visual FoxPro 中，有两种同时使用多个数据库的方法。

1. 不打开数据库而引用其中的表

要使用一个非当前数据库中的表，可使用 USE 命令和 "！"。

命令格式：USE <非当前库文件名>！<表文件名>

其中<非当前库文件名>为将要打开的<表文件名>所在的数据库名。

若现有一名为"教学管理.DBC"的数据库，其中有一个"课程.DBF"表文件，若当前数据库为"成绩管理.DBC"，要浏览"课程.DBF"表，可使用以下命令：

```
OPEN DATABASE 成绩管理          &&使 "成绩管理.DBC" 成为当前数据库
USE 教学管理!课程              &&打开其他数据库中的表
BROWSE
```

2. 同时打开多个数据库，设置其中一个为当前数据库并在其中选择表

（1）打开多个数据库。用户可视需要使用 OPEN DATABASE 命令打开多个数据库。

（2）设置当前数据库。在 Visual FoxPro 中尽管可以同时打开多个数据库，但是只能有一个是当前数据库。所有对打开的数据库进行操作的命令和函数，如 ADD TABLE 命令和 DBC()函数（见附录）等，都是针对当前数据库而言的。

设置当前数据库：

命令格式：SET DATABASE TO [<库文件名>]

说明：如果省略库文件名，则没有设置当前数据库。

本章小结

Visual FoxPro 中，数据库中不存储数据，而存储数据库表的属性、表关联和视图以及存储过程等。创建数据库之前，应进行数据库设计，即确定数据库的用途，确定数据库中的表文件和字段以及表间关系等。

本章内容要点：

（1）数据库设计。

（2）创建数据库，在数据库中添加、移去表，建立表间关系等。

（3）设置数据库表的属性，即设置有效性规则、触发器、参照完整性，设置字段的显示属性、字段的输入默认值等。

（4）操作数据库，即打开或关闭数据库，维护数据库。

（5）使用多个数据库。

习题 4

一、选择题

1. Visual FoxPro 数据库文件是（   ）。

　　A．存放用户数据的文件

　　B．管理数据库对象的系统文件

　　C．存放用户数据和系统数据的文件

　　D．前 3 种说法都对

2．对于数据库，（　　）说法是错误的。

　　A．数据库是一个容器

　　B．自由表和数据库表的扩展名都为.dbf

　　C．自由表的表设计器和数据库表的表设计器是不一样的

　　D．数据库表的记录数据保存在数据库中

3．关于数据库和数据表之间的关系，正确的描述是（　　）。

　　A．数据表中可以包含数据库

　　B．数据库中只包含数据表

　　C．数据表和数据库没有关系

　　D．数据库中包含数据表、表间的关系和相关的操作

4．Visual FoxPro 的数据库扩展名为（　　）。

　　A．.dbf　　　　　　B．.dct　　　　　　C．.dbc　　　　　　D．.dcx

5．早期的"数据库文件"与 Visual FoxPro 中的（　　）对应。

　　A．数据库　　　　　B．数据库表　　　　C．项目　　　　　　D．自由表

6．TM_BMB 数据库表的全部备注型字段的内容存储在（　　）文件中。

　　A．TM_BMB.dbf　　　　　　　　　B．TM_BMB.txt

　　C．TM_BMB.fpt　　　　　　　　　D．TM_BMB.dbc

7．在 Visual FoxPro 中数据库表字段名最长可以是（　　）。

　　A．10 个字符　　　　　　　　　　B．32 个字符

　　C．64 个字符　　　　　　　　　　D．128 个字符

8．以下关于自由表的叙述，正确的是（　　）。

　　A．全部是用以前版本的 FoxPro（FoxBASE）建立的表

　　B．可以用 Visual FoxPro 建立，但是不能把它添加到数据库中

　　C．自由表可以添加到数据库中，数据库表也可以从数据库中移出成为自由表

　　D．自由表可以添加到数据库中，但数据库表不可以从数据库中移出成为自由表

9．在表设计器的字段验证中有（　　）、信息和默认值 3 项内容需要设定。

　　A．格式　　　　　　B．标题　　　　　　C．规则　　　　　　D．输入掩码

10．对于只有两种取值的字段，最好使用（　　）类型。

　　A．数值　　　　　B．字符　　　　　C．日期　　　　　　D．逻辑

11．利用（　　）命令，可以浏览数据库中的文件。

　　A．LIST　　　　　B．BROWSE　　　C．MODIFY　　　　D．USE

12．使用（　　）来标识每一个不同实体的信息，以便于区分不同的实体。

　　A．主关键字　　　B．关键字　　　　　C．属性　　　　　　D．字段

13．对于说明性的信息，长度在（　　）个字符以内时可以使用字符型。

　　A．255　　　　　B．254　　　　　　C．256　　　　　　D．250

14. 在创建数据库表结构时，给该表指定了主索引，这属于数据完整性中的（　　）。

　　A. 参照完整性　　　　　　　　　　B. 实体完整性

　　C. 域完整性　　　　　　　　　　　D. 用户定义完整性

15. 索引的种类包括主索引、候选索引、唯一索引和（　　）。

　　A. 副索引　　　　B. 普通索引　　　　C. 子索引　　　　D. 多重索引

16. 在 Visual FoxPro 中，表索引文件有两种结构：独立索引文件.idx 和复合索引文件（　　）。

　　A. .cdx　　　　B. .dbf　　　　C. .frx　　　　D. .mnx

17. 对于数据库表的索引，（　　）说法是不正确的。

　　A. 当数据库表被打开时，其对应的结构复合索引文件不能被自动打开

　　B. 主索引和候选索引能控制表中字段重复值的输入

　　C. 一个表可建立多个候选索引

　　D. 主索引只适用于数据库表

18. 对于表索引操作，（　　）说法是正确的。

　　A. 一个独立索引文件中可以存储一个表的多个索引

　　B. 主索引不适用于自由表

　　C. 表文件打开时，所有复合索引文件都自动打开

　　D. 在 INDEX 命令中选用 CANDIDATE 子句后，建立的是候选索引

19. 建立索引时，（　　）字段不能作为索引字段。

　　A. 字符型　　　　B. 数值型　　　　C. 备注型　　　　D. 日期型

20. 对于表索引操作，（　　）说法是错误的。

　　A. 组成主索引的关键字或表达式在表中不能有重复的值

　　B. 候选索引可用于自由表和数据库表

　　C. 唯一索引表示参加索引的关键字或表达式的值在表中只能出现 1 次

　　D. 在表设计器中只能创建结构复合索引文件

21. 在数据库表设计器的"显示"栏中不包括以下（　　）项。

　　A. 规则　　　　B. 格式　　　　C. 输入掩码　　　　D. 标题

22. 对于表的索引描述中，（　　）说法是错误的。

　　A. 复合索引文件的扩展名为 cdx

　　B. 结构复合索引文件在表打开的同时自动打开

　　C. 当前显示的顺序为主索引的大小顺序

　　D. 每张表只能创建一个主索引和一个候选索引

23. Visual FoxPro 数据库的表之间有（　　）种关系。

　　A. 1　　　　B. 2　　　　C. 3　　　　D. 4

24. 在 Visual FoxPro 中建立表间临时关联操作应使用的命令关键字是（　　）。

　　A. SET RELATION　　　　　　　　B. CALL

　　C. JOIN　　　　　　　　　　　　D. SELECT

25. 参照完整性生成器的"更新规则"选项卡的（　　）选项是为了防止父表的主关键字段或候选关键字段的值被修改。

　　A. 级联　　　　B. 限制　　　　C. 忽略　　　　D. 删除

26．Visual FoxPro 参照完整性规则不包括（　　）。

    A．更新规则　　　　B．删除规则　　　　C．索引规则　　　　　D．插入规则

27．在 Visual FoxPro 中以下叙述正确的是（　　）。

    A．关系也被称作表单　　　　　　　　B．数据库文件不存储用户数据

    C．表文件的扩展名是.DBC　　　　　　D．多个表存储在一个物理文件中

28．在 Visual FoxPro 中，多表操作的实质是（　　）。

    A．把多个表物理地连接在一起　　　　B．临时建立一个虚拟表

    C．反映多个表之间的关系　　　　　　D．建立一个新的表

29．默认情况下的表间连接类型是（　　）。

    A．内部连接　　　　B．左连接　　　　C．右连接　　　　　D．完全连接

30．要在两个数据库表之间建立永久关系，则至少要求在父表的结构复合索引文件中创建一个（　　），在子表的结构复合索引文件中也要创建索引。

    A．主索引　　　　　　　　　　　　　B．候选索引

    C．主索引或候选索引　　　　　　　　D．唯一索引

31．要在两张相关的表之间建立永久关系，这两张表应该是（　　）。

    A．同一数据库内的两张表　　　　　　B．两张自由表

    C．一个自由表和一个数据库表　　　　D．任意两个数据库表或自由表

32．表之间的"一对多"关系是指（　　）。

    A．一个表与多个表之间的关系

    B．一个表中的一个记录对应另一个表中的多个记录

    C．一个表中的一个记录对应另一个表中的两个记录

    D．一个表中的一个记录对应多个表中的多个记录

33．不属于表设计器的"字段有效性"规则的是（　　）。

    A．规则　　　　　　B．信息　　　　　C．格式　　　　　　D．默认值

34．在 Visual FoxPro 的数据库表中只能有一个（　　）。

    A．候选索引　　　　B．普通索引　　　C．主索引　　　　　D．唯一索引

35．设置参照完整性的目的是（　　）。

    A．定义表的临时连接

    B．定义表的永久连接

    C．定义表的外部连接

    D．在插入、更新、删除记录时，确保已定义的表间关系

36．建立索引时，既不允许字段有重复值，在一个数据表中也只能建立一个索引的是（　　）。

    A．主索引　　　　B．候选索引　　　C．唯一索引　　　　D．普通索引

37．在建立一对多关系时，对"多方"建立的索引应是（　　）。

    A．主索引　　　　B．候选索引　　　C．唯一索引　　　　D．普通索引

38．在数据库中的数据表间（　　）建立关联关系。

    A．随意　　　　　B．不可以　　　　C．必须　　　　　D．可根据需要

39．在 Visual FoxPro 中，可以对字段设置默认值的表（　　）。

    A．必须是数据库表　　　　　　　　　B．必须是自由表

C．自由表或数据库表　　　　　D．不能设置字段的默认值

40．在 Visual FoxPro 中，打开数据库的命令是（　　）。

A．OPEN DATABASE <数据库名>　　B．USE <数据库名>

C．USE DATABASE <数据库名>　　D．OPEN <数据库名>

41．在 Visual FoxPro 中进行参照完整性设置时，要想设置成：当更改父表中的主关键字段或候选关键字段时，自动更改所有相关子表记录中的对应值。应选择（　　）。

A．限制（restrict）　　　　　B．忽略（ignore）

C．级联（cascade）　　　　　D．级联（cascade）或限制（restrict）

42．在 Visual FoxPro 的数据工作期窗口，使用 SET RELATION 命令可以建立两个表之间的关联，这种关联是（　　）。

A．永久性关联　　　　　　　　B．永久性关联或临时性关联

C．临时性关联　　　　　　　　D．永久性关联和临时性关联

43．在 Visual FoxPro 中，数据库表的字段或记录的有效性规则的设置可以在（　　）。

A．项目管理器中进行　　　　　B．数据库设计器中进行

C．表设计器中进行　　　　　　D．表单设计器中进行

44．数据库表可以设置字段有效性规则，字段有效性规则属于（　　）。

A．实体完整性范畴　　　　　　B．参照完整性范畴

C．数据统一致性范畴　　　　　D．域完整性范畴

45．使数据库表变为自由表的命令是（　　）。

A．DROP TABLE　　　　　　　B．REMOVE TABLE

C．FREE TABLE　　　　　　　D．RELEASE TABLE

46．在 Visual FoxPro 中，建立数据库表时，将年龄字段值限制在 12～40 岁之间的这种约束属于（　　）。

A．实体完整性约束　　　　　　B．域完整性约束

C．参照完整性约束　　　　　　D．视图完整性约束

47．在数据库设计器中，建立两个表之间的一对多联系是通过（　　）实现的。

A．"一方"表的主索引或候选索引，"多方"表的普通索引

B．"一方"表的主索引，"多方"表的普通索引或候选索引

C．"一方"表的普通索引，"多方"表的主索引或候选索引

D．"一方"表的普通索引，"多方"表的候选索引或普通索引

48．下面有关数据库表和自由表的叙述中，错误的是（　　）。

A．数据库表和自由表都可以用表设计器来建立

B．数据库表和自由表都支持表间联系和参照完整性

C．自由表可以添加到数据库中成为数据库表

D．数据库表可以从数据库中移出成为自由表

49．在数据库表上的字段有效性规则是（　　）。

A．逻辑表达式　　　　　　　　B．字符表达式

C．数字表达式　　　　　　　　D．以上 3 种都有可能

50．下列叙述中，错误的是（　　）。

A．在数据库系统中，数据的物理结构必须与逻辑结构一致

B．数据库技术的根本目标是要解决数据的共享问题

C．数据库设计是指在已有数据库管理系统的基础上建立数据库

D．数据库系统需要操作系统的支持

51．在 Visual FoxPro 中，下面关于索引的正确描述是（　　）。

A．当数据库表建立索引以后，表中的记录的物理顺序将被改变

B．索引的数据将与表的数据存储在一个物理文件中

C．建立索引是创建一个索引文件，该文件包含有指向表记录的指针

D．使用索引可以加快对表的更新操作

52．在 Visual FoxPro 中，在数据库中创建表的 CREATE TABLE 命令中定义主索引、实现实体完整性规则的短语是（　　）。

A．FOREIGN KEY　　　　　　　B．DEFAULT

C．PRIMARY KEY　　　　　　　D．CHECK

53．Visual FoxPro 的"参照完整性"中"插入规则"包括的选择是（　　）。

A．级联和忽略　　B．级联和删除　　C．级联和限制　　D．限制和忽略

二、填空题

1．在 Visual FoxPro 中数据库文件的扩展名是_____，数据库表文件的扩展名是_____。

2．打开数据库设计器的命令是_____DATABASE。

3．在 Visual FoxPro 中通过建立主索引或候选索引来实现_____完整性约束。

4．在 Visual FoxPro 的中，可以在表设计器中为字段设置默认值的表是_____表。

5．表设计器的字段验证中有_____、信息和默认值 3 项内容需要设定。

6．在字段的"显示"栏中，包括格式、标题和_____3 项。

7．在定义字段有效性规则时，在规则框中输入的表达式类型是_____。

8．在 Visual FoxPro 中，最多同时允许打开_____个数据库表和_____自由表。

9．将数据库表中满足一定条件的记录加删除标记，使用命令_____。

10．能一次性成批修改数据库中的记录值的命令是_____。

11．要从磁盘上一次性彻底删除全部记录，可以使用命令_____。

12．Visual FoxPro 有两种类型的表：自由表和_____。

13．数据库表的索引共有_____种。

14．使用_____来标识每一个不同实体的信息，以便于区分不同的实体。

15．索引的种类中，一个表的主索引可以有_____个。

16．数据库表之间的一对多联系通过主表的_____索引和子表的_____索引实现。

17．实现表之间临时联系的命令是_____。

18．参照完整性是根据表间的某些规则，使得在插入、删除和_____时，确保已定义的表间关系。

19．在参照完整性的设置中，如果要求在主表中删除记录的同时删除子表中的相关记录，则应将"删除"规则设置为_____。

20．在 Visual FoxPro 中数据表间的关系有_____、_____和_____。

21．在一个数据表中只允许建立一个的索引是_____。

22．数据表之间的参照完整性有_____、_____和_____规则。

23．一个关系数据库由若干个_____组成；一个数据表由若干个_____组成；每一个记录由若干个以字段属性加以分类的_____组成。

24．在数据库中数据完整性是指保证数据_____特性，数据完整性一般包括实体完整性、_____和参照完整性。

三、上机操作题

1．建立一个自由表"student"，表结构如下：

student.DBF：学号 C(8)，姓名 C(12)，性别 C(2)，出生日期 D，院系 C(8)

2．新建"学生管理"数据库，并将表"student"添加到该数据库中。

3．在"学生管理"数据库中建立表 course、score，表结构描述如下：

course.DBF：课程编号 C(4)，课程名称 C(10)，开课院系 C(8)

score.DBF：学号 C(8)，课程编号 C(4)，成绩 I(3)

4．为新建立的 student 表建立一个主索引，为 score 表建立一个普通索引，索引名和索引表达式均是"学号"。

5．建立表 student 和 score 间的永久联系（通过"学号"字段）。

6．为以上建立的联系设置参照完整性约束：更新规则为"限制"；删除规则为"级联"；插入规则为"限制"。

7．打开"学生管理"数据库，并从中永久删除"course"表。

8．建立项目"学生管理系统"；并把"学生管理"数据库加入到该项目中。

9．为 score 表增加字段：平均分 N（6，2），该字段允许出现"空"值，默认值为.NULL.。

10．为"平均分"字段设置有效性规则：平均分>=0；出错提示信息是："平均分必须大于等于零"。

11．打开学生管理数据库，然后为表 student 增加一个字段，字段名为 email、类型为字符、宽度为20。

12．为 student 表的"性别"字段定义有效性规则，规则表达式为：性别$"男女"，出错提示信息为"性别必须是男或女"，默认值为"女"。

13．将已建立"course"表从"学生"数据库中移出，使其成为自由表。

第5章 面向对象的程序设计

本章要点：

      面向对象程序设计的基本概念、Visual FoxPro 中的对象与类、对象的访问与引用、简单的输入/输出程序设计、创建自定义类。

      早期的程序设计语言多采用结构化程序设计（Structured Programming，SP）的方法，如早期的 BASIC 语言、Pascal 语言、C 语言等。结构化程序设计的基本思想是将一个规模较大的、复杂的应用系统划分为若干个功能相关又相对独立的较小的模块，再将这些模块划分为更小的功能子模块进行编制，然后将这些模块组装起来，完成系统的设计。相对于以前的程序编写方法，结构化程序设计在一段时期内能够解决一些实际问题，所编写的程序层次结构清晰，更便于阅读和理解。但是随着计算机技术的发展，面临的问题越来越复杂，系统的规模也越来越大，这时再采用结构化程序设计方法就显得有些力不从心了。一是软件开发周期长，二是程序代码可重用性差，系统的维护更要花费大量的人力和时间。为此，需要一种更为先进、更能贴近人们解决问题的思维习惯方式的程序设计方法，于是产生了面向对象的程序设计（Object Oriented Programming，OOP）方法。

      Visual FoxPro 不但支持过程化编程，而且支持面向对象编程。充分理解面向对象的基本概念，掌握面向对象的程序设计方法，才能真正用好 Visual FoxPro。

      本章的主要目标在于为初学者树立面向对象程序设计的概念。

5.1 对象程序设计概念

      面向对象的程序设计是近年来发展起来的一种新的程序设计方法，该方法简单、直观、实用、自然，十分接近人类处理问题的自然思维方式。

      面向对象程序设计从所处理的数据入手，以数据为中心而不是以功能为中心来描述系统。在面向对象程序设计中，采用对象、类、方法、事件、继承等基本概念，从分析问题领域中实体的属性和行为及其相互关系入手。

      Visual FoxPro 成功地将过程化程序设计与面向对象程序设计有机地结合在一起，以便创建出功能强大、灵活多变的应用程序。面向对象程序设计不是单纯地从代码的第一行一直编写到最后一行，而是考虑如何创建对象，利用对象来简化程序设计，提供代码的可重用性。对象可以是应用程序的一个自包含组件：一方面具有私有的功能，供自己使用；另一方面又提供公用功能，供其他用户使用。

5.1.1 对象

1. 对象

对象（object）是面向对象程序设计方法学中最基本的概念。在应用领域中有意义的、与所要解决问题有关系的任何事物都可以称为对象。它既可以是具体的物质实体的抽象，也可以是人为的概念，如一名学生、一所学校、一个表单、一个按钮等都可以作为一个对象。

从可视化编程的角度来看，对象是一个具有属性（数据）、能处理相应事件、具有特定方法（行为方式）、以数据为中心的统一体。简单地说，对象是一种将数据和操作过程结合在一起的数据结构。

一个对象建立以后，其相关操作就通过与该对象有关的属性、事件和方法等来描述。

2. 类

类（class）和对象关系密切，但并不相同。类是对同一类对象的抽象，类包含了有关对象的特征和行为信息，它是对象的蓝图和框架，而类的实例就是一个对象。

例如，电话的电路结构和设计布局可以是一个类，而这个类的实例——对象，便是一部具体的电话；汽车是一个抽象化的概念，它只描绘了所有汽车的基本特征，而具体到某辆大客车时，就是一个具体的实例，也就是汽车对象；再如在 Windows 环境下，对话框是指用户和软件交换信息的一个交互途径，是对话框类，而"打开文件"对话框则是一个具体的对话框对象。

5.1.2　对象的属性、方法与事件

1. 属性

所谓属性（property）就是对象表现出来的特征、状态或行为，就像录音机有型号、尺寸、颜色、出厂日期等特征一样。不同的对象可以拥有各种相同或不同的属性，其中有些属性是只读并且无法改变的，而有些则可以通过设定来改变。这就好像录音机的出厂日期、型号等属性是无法改变的，但操作面板上所显示的时间则可通过设定来改变。

2. 方法

方法（method）是用来处理或操纵对象的途径。对象通常会提供一些方法，以便应用程序可以使用对象所提供的服务。例如，录音机提供了"播放"、"停止"、"暂停"、"快进"、"快退"等操作按钮，而这些按钮其实就相当于录音机提供的方法。用户只要按下这些按钮，就可以得到录音机所提供的播放、停止播放、快进、快退等服务。

同理，只要通过对象对外提供的方法，就可以得到它的服务，根本不需要知道对象内部的实际运作方式。所以，用面向对象的程序设计方法来开发应用软件，不仅可以提高效率，而且更重要的是可以保证软件的质量。因为，用户仅需知道怎样调用对象提供的服务（功能）就可以了，而不必从头开始设计和编写应用软件中需要的所有功能。

3. 事件与事件响应

事件（event）就是对象所碰到的情况。例如，有录音带被放进录音机，或者是录音带播完，这样的情况就是一个"事件"。当一个事件发生后，就需要对该事件进行响应。也就是说，可以事先指定当事件发生时，对象要做出什么样的反应。例如，当"录音带放进录音机"的事件发生时，可以指定是直接"播放"，还是先"快进"一小段后再开始"播放"。

事件可以由一个用户动作产生，如单击鼠标或按键，也可以由程序代码或者系统产生，如计时器每隔一段时间产生的到时事件就是由系统产生的。大多数情况下，事件是通过用户的交互操作产生的。

在 Visual FoxPro 中，可以激发事件的用户动作包括单击鼠标（click）、双击鼠标（dblclick）、

按键（keypress）、移动鼠标（mousemove）等。

4. 事件过程

在每一个对象上面，都已经设定了该对象可能发生的事件，而每一个事件都会有一个对应的空事件过程（也就是还没有规定如何处理该事件的空程序）。在写程序时，并不需要把对象所有的事件过程填满，只要填入需要的部分就可以了。当对象发生了某一事件，而该事件所对应的事件过程中没有程序代码（也就是没有规定处理步骤）时，则表明程序对该事件"不予理会"，事件将交由系统预先设定的默认处理方式处理，这样不会对程序造成影响。

5.1.3　面向对象编程

面向对象使程序员的观点从程序设计语言如何工作，转向注重于执行程序设计功能的对象模型，着重于建立能够模拟需要解决的现实世界问题的对象。

在面向对象的程序设计中，对象是组成软件的基本元件。每个对象可看成是一个封装起来的独立元件，在程序里担负某个特定的任务。因此，在设计程序时，不必知道对象的内部细节，只是在需要时对对象的属性进行设定和控制，书写相应的事件代码即可。图 5-1 示范了对象和应用程序的关系。

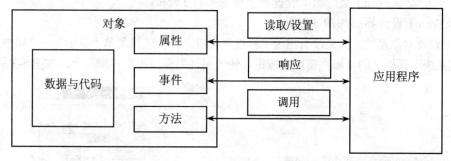

图 5-1　面向对象编程模型

例如，要使用录音机，只要知道操作方法就行了，普通的用户根本就不需要去了解其内部的运转方式，更不需要知道其内部的电路板是如何焊接及解码芯片是如何运算的。

事件过程要经过事件的触发才会被执行，这种动作模式就称为事件驱动程序设计，也就是说，由事件控制整个程序的执行流程。面向对象程序的执行步骤如下：

（1）等待事件的发生。

（2）事件发生时，执行其对应的事件过程。

（3）重复步骤（1）。

如此周而复始地执行，直到程序结束。

相应地，面向对象编程的基本过程是：先创建容器对象→定义数据环境→摆放控件对象→设置对象属性→编写事件代码。

5.1.4　对象编程实例

下面通过一个简单的程序初步了解一下面向对象程序设计的基本方法。

【例 5-1】一个简单表单程序的编写示例。表单上有两个按钮，一个按钮是"显示英文"，另一个按钮是"退出"。运行时，首先显示一行文字："欢迎光临！"。当单击"显示英文"按钮时，文字变成英文的"Hello, World!"；当单击"退出"按钮时，关闭表单，程序结束。

首先在表单上放置两个命令按钮控件，然后再放置一个标签控件，标签控件开始时显示中文的"欢迎光临！"。

（1）创建容器对象——表单。操作步骤：选择菜单"文件"→"新建"命令，弹出"新建"对话框，选取"表单"，单击右上方的"新建文件"按钮，进入表单设计器。新表单具有默认名称 Form1，默认标题 Fom1。

（2）定义数据环境——本例没有涉及数据库与表操作。

（3）摆放控件对象。

① 放置命令按钮。操作步骤：在"表单控件"工具栏单击"命令按钮"，然后用鼠标左键在表单 Form1 上拖动，放置一个命令按钮 Command1，再松开鼠标左键，并列地再拖动出第二个命令按钮 Command2。

如果没有出现"表单控件"工具栏，可以选择菜单"显示"→"表单控件工具栏"命令，或者单击系统工具栏上的"表单控件工具栏"按钮，使"表单控件工具栏"出现在屏幕上。

② 放置标签。操作步骤：将"表单控件工具栏"的"标签"按钮（用大写字母 A 表示），然后用鼠标在表单 Form1 上拖动，放置一个标签控件 Label1。

表单 Form1 设计界面如图 5-2 所示。

（4）设置对象属性。如果没有出现"属性"窗口，可以选择菜单"显示"→"属性"命令，或者单击系统工具栏上的"属性窗口"按钮，使"属性"窗口出现在屏幕上，如图 5-3 所示。

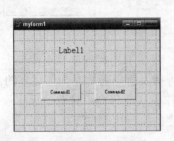

图 5-2　Form1 设计界面

图 5-3　属性窗口

1）Form1 表单的设置。单击表单 Form1，在右边的属性窗口中（窗口上角的对象列表框中应是 Form1）修改以下两项属性值：

| Autocenter | .T. | 运行时窗口居于屏幕中央 |
| Caption | myform1 | 运行时窗口标题 |

2）Label1 标签的设置。在属性窗口上方的对象列表框中选取 Label1，然后找到并设置以下各属性值：

Caption	欢迎光临！	标签内容
FontSize	24	字号
Aligmlent	2 一中央	文字居中

3）选择 Command1 按钮，在右边的属性窗口中找到并设置以下属性值：

Caption　　　　显示英文　　　　按钮上的文字
FontSize　　　　14　　　　　　　按钮上文字大小

4）Command2 按钮的设置。同 Command1 一样，修改 Command2 的属性：

Caption　　　　退出　　　　　　按钮上的文字
FontSize　　　　14　　　　　　　按钮上文字大小

（5）编写事件代码。针对事件进行编程，从而实现对用户鼠标事件的响应。

1）Command1 的 Click 事件。鼠标双击 Command1，在出现的代码窗口中，左上方"对象"框中应是"Commmd1"，右上方"过程"框中应是"Click"，表示现在编写命令按钮 Command1 的 Click 事件代码。如果不是，应使用鼠标左键进行选择。

在代码窗口中输入以下内容：

　　　ThisForm.Label1.Caption="Hello，World ！"

2）Command2 的 Click 事件代码。用鼠标单击代码窗口左上方"对象"框右边的向下箭头，在弹出的列表中选择"Comnand2"，或者在表单上直接双击 Command2，在 Click 事件代码窗口中输入：

　　　Thisform.Release

输入完毕后，关闭代码窗口。

至此，一个完整的应用程序即编写完成了，在工具栏上单击"保存"按钮，在出现的"另存为"对话框中选择存放路径（如选择"我的文档"），输入文件名 MyForm1，单击"保存"按钮，保存完毕。

选择菜单"程序"→"运行"命令，或直接单击工具栏上暗红色的感叹号"！"——运行，设计的表单将出现在屏幕中央，如图 5-4 所示。单击"显示英文"按钮，将显示出"Hello World!"这行字，如图 5-5 所示。最后，单击"退出"按钮，程序运行结束。

　　　　图 5-4　运行时表单界面　　　　　图 5-5　单击"显示英文"按钮后的表单界面

可以看出，面向对象程序设计有两个鲜明的特点：

（1）编程方式是可视化的，所见即所得。

（2）程序运行没有一定的顺序，而由事件驱动，随事件的出现（如用户单击鼠标）而执行相应的代码。

5.2　Visual FoxPro 中的类

类就像是一个模板，对象都是由它生成的。类定义了对象所有的属性、事件和方法，从而决定了对象的属性及其行为。本节重点介绍 Visual FoxPro 中的类。

5.2.1   Visual FoxPro 的基类

基类是 Visual FoxPro 预先定义好的类，Visual FoxPro 为用户提供了 29 个基类，用户既可以从中创建对象，也可以由基类派生出子类。Visual FoxPro 的类有两大主要类型，它们便是容器类和控件类。因此 Visual FoxPro 对象也分为两大类型，即容器类对象和控件类对象。

1. 容器类与容器类对象

容器类可以容纳别的对象，并允许访问所包含的对象。比如，表单是一个容器类，当创建一个具体的表单（如 Form1）时，就是由表单这个容器类生成的一个容器类对象 Form1，同时，又可以把按钮、编辑框、文本框等放在表单中，无论在设计时刻还是在运行时刻，都可以对其中任何一个对象进行操作，如访问、修改它们的属性值。

表 5-1 列出了 Visual FoxPro 的容器类及其能包含的对象。

表 5-1   容器类及其能包含的对象

容器	名称	能包含的对象
Container	容器	任意控件
Command Group	命令按钮组	命令按钮
Control	控件	任意控件
Custom	自定义	任意控件、页框、容器、自定义对象
Form Set	表单集	表单、工具栏
Form	表单	页框、任意控件、容器或自定义对象
Grid	表格	标头对象以及除了表单集、表单、工具栏、计时器和其他列对象以外的任意对象
Column	表格列	表格列
Option Group	选项按钮组	选项按钮
Page Frame	页框	页面
Page	页面	任意控件、容器和自定义对象
Tool Bar	工具栏	任意控件、页框和容器

2. 控件类与控件类对象

控件类不能容纳其他对象，如命令按钮（Command Button）就是一个控件类，在命令按钮中就不能包含其他对象。

当把一个具体的命令按钮 Command1 放置到某个表单上时，该命令按钮 Command1 就是一个由控件类 Command Button 生成的控件类对象。控件类对象不能单独使用和修改，而只能作为容器类中的一员，通过容器类创造的对象修改或访问。

控件类的最大好处是它的封装性比容器类更为严密，因此使用起来比较方便，特别是对初学者。不过正是由于封装的严密，它没有容器类灵活。

表 5-2 列出了 Visual FoxPro 中的控件类。

表 5-2　控件类

控件类名称	名称	控件类名称	名称
Check Box	复选框	OLE Bound Control	OLE 绑定控件
Combo Box	组合框	OLE Container Control	OLE 容器控件
Command Button	命令按钮	Option Button	选项按钮
Edit Box	编辑框	Separator	空白空间
Header	标题行	Shape	形状
Image	图像	Spinner	微调控制器
Label	标签	Text Box	文本框
Line	线条	Timer	定时器
List Box	列表框		

5.2.2　类的特性

所有对象的属性、事件和方法程序在定义类时被指定。此外，类还有以下特征，这些特征对提高代码的可重用性和易维护性很有用处。

1. 封装——隐藏不必要的复杂性

封装就是指将对象的方法程序和属性代码包装在一起。例如，用于确定命令按钮外观、位置等的属性和鼠标单击该命令按钮时，所执行的代码是被封装在一起的。封装的好处是能够忽略对象的内部细节，使用户集中精力来使用对象的外在特性。

2. 继承——充分利用现有类的功能

（1）子类与父类：类是对客观事物的抽象，而抽象的层次是可以不同的。子类又叫派生类，是指以其他已有类定义为起点所建立的新类，该已有类称为新类的父类。

例如，学生是一个类，它是所有学生的总称，学生中可以包含大学生、中学生、小学生、研究生等，它们都属于学生类，具有学生的共性，而又各有其不同特点。可以从学生类出发，分别构造大学生类、中学生类、小学生类、研究生类等，称之为学生类的子类，又叫派生类。相应地，学生类就是这些子类的父类。

（2）继承性：子类不但具有父类的全部属性和方法，而且允许用户根据需要对已有的属性和方法进行修改，或添加新的属性和方法。这种特性称为类的继承性。继承性的概念是使在一个类上所做的改动反映到它的所有子类当中。有了类的继承，用户在编写程序时，可以把具有普遍意义的类通过继承引用到程序中，并只需添加或修改较少的属性、方法，这种自动更新节省了用户的时间和精力，减少了维护代码的难度。

3. 多态

多态指由继承而产生的相关的不同的类，其对象对同一消息做出不同的响应。如果有几个相似而不完全相同的对象，人们要求在向它们发出同一个消息时，它们的反应各不相同，分别执行不同的操作这种情况就是多态现象。例如，甲、乙、丙 3 个人的班级都是初中一年级，他们有基本相同的属性和行为，在同时听到上课铃声时，他们会分别走进 3 个教室，而不会走进同一个教室。多态性是面向对象程序设计的一个重要特征，能增加程序的灵活性。

5.3　使用对象

如前所述，Visual FoxPro 中的对象根据它们所基于的类的性质可分为两类，即容器类对象和控件类对象。

5.3.1　对象的包容层次

一个容器类对象包含另一个对象时，该对象是容器类对象的子对象，而容器类对象是该对象的父对象。图 5-6 所示是一种可能的对象包容关系示意图。

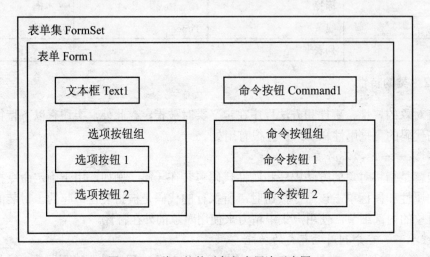

图 5-6　一种可能的对象包容层次示意图

表单集是一个容器类对象，包含子对象表单 1：表单 1 作为容器类对象，是放在其上的文本框、命令按钮、选项按钮、选项按钮组、命令按钮组的父对象；命令按钮组又是其所包含的命令按钮 Command1、Command2 的父对象。

控件类对象可以包含在容器类对象中，但不能作为其他对象的父对象，如文本框就不能包含其他任何对象。

注意在图 5-6 中，作为表单 1 的子对象的命令按钮 Command1 和作为命令按钮组子对象的命令按钮 Command1 处于不同的对象层次上。

5.3.2　对象的引用

若要引用一个对象，需要知道它相对于容器类对象的层次关系。在对象层次中引用对象恰似给 Visual FoxPro 提供这个对象的地址。例如，当给一个外乡人讲述一座房子的位置时，需要根据其距离远近，指明这幢房子所在的城市、街道，甚至这幢房子的门牌号码，否则将引起混淆。

1. 绝对引用

通过提供对象的完整容器层次来引用对象称为绝对引用。例如，在图 5-2 中，用绝对引用方式引用标签 Label1，格式如下：

MyForm1.label1

需要注意的是，当表单是最高层对象时，绝对引用中表单名必须是相应表单文件的文件名。在例 5-1 中，表单的名字（Name 属性）是"Fom1"，表单的标题（Caption）是"Fom1"，而表单文件名是"MyFom1.scx"。如果使用以下格式：

Form1.Label1

是错误的，系统将会报错："找不到别名 Fom1"。

2. 相对引用

在容器层次中引用对象时（如表单集中某表单上命令按钮的 Click 事件），可以通过快捷方式指明所要处理的对象。表 5-3 列出了一些属性和关键字，这些属性和关键字允许更方便地从对象层次中引用对象。

表 5-3　相对引用关键字及其意义

关键字	引用关系
This	该对象本身
ThisForm	该对象所在的表单
ThisFormSet	该对象所在的表单集
Parent	包含该对象的直接容器

注意：只能在方法程序或事件代码中使用 This、ThisForm 和 ThisFormSet。

表 5-4 提供了使用 ThisFormSet、ThisForm、This 和 Parent 来引用对象的示例。

表 5-4　相对引用示例

对象引用	使用的地方
This	在某对象的事件或方法程序代码中访问本控件
ThisForm.Command1	在 Command1 所在的同一表单的任意子对象的事件或方法程序代码中访问 Command1
ThisFormSet.Form1.Command1	在此表单集的任意表单的任意子对象的事件或方法程序代码中访问 Command1
This.Parent	在某对象的事件或方法程序代码中访问父对象

注意：Parent 语句不能单独使用，前面必须有其他关键字或对象名。

5.3.3　设置属性

既可以在设计时通过属性窗口对对象属性进行设置，也可以在程序运行中通过赋值语句设置对象属性。每一类对象都有其特定的属性，表单常用属性将在第 6 章介绍。

1. 设置单个属性

在事件或方法程序中用命令设置属性，语法格式如下：

格式 1：<对象引用>.<对象属性>=<值>

格式 2：<对象引用>-><对象属性>=<值>

功能：设置对象的属性值。

说明：（对象引用）既可以使用绝对引用，也可以使用相对引用。

常见的属性值类型有数值型、字符型、逻辑型、颜色 RGB 值等。例如，对于图 5-2 所示的标签 Label1，下列语句用绝对引用方式设置它的各种属性，注意引用格式和属性值类型：

```
MYForm1.Label1.fontName="宋体"          && 字符型，设置字体
MYForm1.Label1.width=50                 && 数值型，设置标签宽度
MYForm1.Label1.visible =1               && 逻辑型，使控件可见
MYForm1.Label1.ForeColor=RGB（0,0,0）   && 颜色格式，标签为黑色文本
```

如果在命令按钮 Command1 的 Click 事件过程中设置标签 Label11，也可使用相对引用格式：

```
ThisForm.Label1.Enabled =.T.            && 控件有效
ThisForm.Label1.ForeColor=RGB（0,0,0）  && 黑色文本
ThisForm.Label1.Visible =.T.            && 控件可见
```

该例中的 ThisForm 可用 This.Parent 代替，指当前对象（Command1）的父对象（表单 MyForm1）。

2. 设置多个属性

当对一个对象一次设置多个属性时，With…EndWith 结构可以简化设置过程。语法格式如下：

格式：With <对象引用>
　　　.<属性 1> = <值 1>
　　　……
　　　.<属性 n> = <值 n>
　　　EndWith

功能：一次设置指定对象的多个属性值。

说明：<对象引用>既可以使用绝对引用，也可以使用相对引用。属性前的"."绝对不能缺少。

例如，上面例子中设置标签 Label1 的多个属性，可以使用以下语句实现：

```
with MyForm1.Label1
    .Enabled=.T.                && 控件有效
    .Forecolor=RGB（0,0,0）     && 黑色文本
    .visible=.T.                && 控件可见
EndWith
```

5.4　简单的输入/输出程序设计

Visual FoxPro 表单程序的设计方法属于可视化编程，其特点是无需编写大量的代码，只需从工具箱中选择所需对象（控件）在表单上画出，并为每个对象设置属性即可完成程序界面的设计。在表单的设计中，通过添加更多的表单控件，利用这些控件可以创建满足用户需要的表单，以达到可视化编程的目的。

在表单中提供的标签、文本框、编辑框等控件都可以按需要将文本显示出来，是简单的用户交互式控件，它们提供输入与输出的控制设计。

5.4.1　命令按钮的使用

命令按钮（Command Button）控件是使用最多的控件之一，常被用来执行某些代码，如开始计算、移动指针、关闭表单等，特定操作代码通常放置在命令按钮的 Click 事件中。命令

按钮的常用属性如表 5-5 所示。

表 5-5　命令按钮的常用属性

属性	说明
Cancel	指定当用户按下 Esc 键时，执行与命令按钮的 Click 事件相关的代码
Caption	在按钮上显示的文本
DisabledPicture	当按钮失效时，显示的.BMP 文件
DownPicture	当按钮按下时，显示的.BMP 文件
Enabled	能否选择此按钮
Picture	显示在按钮上的.BMP 文件

如果表单上有多个命令按钮，可以考虑使用命令按钮组（Command Group）。

5.4.2　用标签输出信息

标签（Label）是 Visual FoxPro 中最常用来显示文本信息的工具，称为标题文本。它已经完全取代了数据库早期语言中的"@……say"语句，可以在需要显示文本的位置输出标题文字等。

标签可以用来显示静态的、不允许用户修改的文本信息。例如，用它来标识一些不存在标题（Caption）属性的控件（如 TextBox）。Label 所显示的内容由 Caption 属性控制，该属性可以在设计时通过"属性"窗口设置或在运行时用代码赋值。

同时，还可以将 BorderStyle（边框样式）属性设置为 1（具有固定单线），用 BackColor（文本图形的背景色）属性设置背景色，用 ForeColor（文本和图形的前景色）属性设置前景色，用 FontName（文本字体）属性设置显示的字体，用它们来改变标题的外观。

对于一个较长的或在运行时可能变化的标题，标签提供了两种属性：AutoSize（自动调整控件大小）和 WordWrap（控件沿纵向或横向扩展），用它们可以改变尺寸以适应较长或较短的标题。为了使标签的标题能够自动调整以适应内容的多少，必须将 AutoSize 属性值设置为.T.，这样可以水平并垂直扩充以适应标签的内容；而 WordWrap 属性设置为.T.，表示标签内容可以自动换行。

【例 5-2】在表单中显示一个红色楷体 18 磅的文本"Visual Foxpro 程序设计"。

设置标签的 Caption、FontName、ForeColor 的属性值，结果如图 5-7 所示。运行表单后的结果如图 5-8 所示。

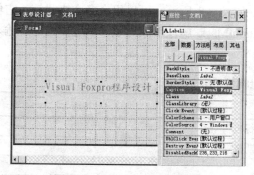

图 5-7　标签控件的属性窗口　　　　　　图 5-8　运行加有标签控件的表单

5.4.3　文本框输入/输出

文本框（Text）是用来进行文本数据输入的，它可以用来向程序输入各种不同类型的数据，也可以用来做数据的输出。

文本框的编辑方法与标准文本编辑器相同，如自动支持剪切、复制、粘贴、撤销等操作。但是，以上操作要通过对应的快捷键来实现，其对应的分别是"Ctrl+X"、"Ctrl+C"、"Ctrl+V"和"Ctrl+Z"组合键。

文本框的常用属性如表 5-6 所示。

表 5-6　文本框的常用属性

属性	说明
Alignment	指定文本框中的内容是左对齐、右对齐、居中还是自动对齐。自动对齐取决于数据类型，如数值型数据右对齐，字符型数据左对齐
Century	指定年份的前两个数字是否显示
ControlSource	在文本框中显示表的字段或变量的值
DateFormat	将文本框中的日期编排为 15 个预定的格式，如 American、German
InputMask	指定每个字符输入时必须遵守的规则
PasswordChar	指定文本框中是显示用户输入的内容，还是显示占位符，并指定用作占位的字符
ReadOnly	指定用户能否对该文本框的内容进行编辑
SelectOnEntry	当文本框得到焦点时是否自动选中文本框的内容
TabStop	确定用户是否能用 Tab 键选择该控件。如果 TabStop 设置为.F.，用户仍能用鼠标单击的方法选择该文本框

文本框的 InputMask 属性及其值的设置如表 5-7 所示。

表 5-7　文本框的 InputMask 属性及其值的设置

设置	说明
9	可以输入数字和符号，如可以输入一个负号
#	可以输入数字、空格和字符
*	在值的左边显示符号"*"
.	指定十进制小数点的位置
,	表示十进制整数部分用逗号分隔

Format 属性指定了整个输入区域的特性，如表 5-8 所示。可以组合多个格式符，它们对输入区域的所有输入都有影响。这个属性与 InputMask 属性形成对照，后者中的每种输入掩码对应输入域中的一个输入项。

表 5-8　Format 属性常用格式符

功能符	功能
A	仅允许英文字母，不允许空格或标点符号
D	使用当前 SETDATE 所设定的日期格式
E	使用欧洲日期格式编辑日期数据

续表

功能符	功能
K	选定整个文本框进行编辑
L	在文本框中显示前导 0，而不是空格。只对数值型数据使用
R	显示文本框的格式掩码，掩码字符并不存在控件集中。只能用于文本框中字符型或数值型数据
T	删除数据的前置和尾部空格
M	允许多个预置选择项。选择项列表存储在 InputMask 属性中，列表中的各项用逗号分隔。列表中独立的各项不能再包含嵌入的逗号。如果文本框的 Value 属性并不包含此列表中的任何一项，则它被设置为列表中的第一项。只能用于文本框中字符型数据
^	用科学计数法显示数据
!	字符型数据中的字母转化为大写。只用于文本框
$	显示货币符号，只用于数值或货币型数据

【例 5-3】利用文本框输入球的半径，然后单击"计算"按钮，得到球的体积。

具体操作如下：

（1）打开表单设计器，添加两个文本框控件 Text1 和 Text2，两个标签控件 Label1 和 Label2，两个命令按钮 Command1 和 Command2，如图 5-9 所示。

（2）设置对象属性。

修改表单 Form1 的属性：标题（Caption）改为"文本框的使用"。

修改标签 Label1 的属性：标题（Caption）改为"请输入球的半径："；字体（FontName）改为黑体；粗体字（FontBold）改为.T.（真）；字体大小（FontSize）改为 18；自动大小（AutoSize）改为.T.（真）。

修改标签 Label2 的属性：标题（Caption）改为"球的体积为："；其他属性与标签 Label1 相同。

修改文本框 Text1 的属性：InputMask 改为 9999.99；Value 改为 0；修改文本框 Text2 的属性：InputMask 改为 9999.99；ReadOnly 改为.T.；TabStop 改为.F.；Value 改为 0。

修改命令按钮 Command1 的属性：标题（Caption）改为"计算"；粗体（FontBold）改为.T.（真）。

修改命令按钮 Command2 的属性：标题（Caption）改为"关闭"；粗体（FontBold）改为.T.（真）。

（3）编写事件代码。表单的 Activate 事件代码如下：

```
Thisform.text1.SetFocus
```

Command1 的 Click 事件代码如下：

```
R=Thisform.text1.value
Thisform.text2.value=4*3.14*R*R*R/3
Thisform.text1.SetFocus
```

（4）保存并运行该表单，结果如图 5-10 所示。

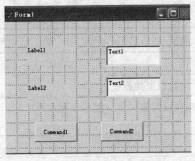
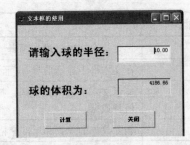

图 5-9　表单界面设计　　　　　　　图 5-10　计算球体积的表单运行结果

5.5　Visual FoxPro 中的事件与方法程序

1. 事件

在 Visual FoxPro 中，对象可以响应 50 多种事件，当事件发生时，将执行包含在事件过程中的全部代码。

事件有的适用于专门控件，有的适用于多种控件。事件的发生大多由用户操作引发，部分由系统或其他对象引发。表 5-9 列出了 Visual FoxPro 中的核心事件。

表 5-9　Visual FoxPro 核心事件

事件	触发事件操作
Click	按下并释放鼠标左键
DblClick	双击鼠标左键，选择列表框或组合框中选项并按回车键
Destroy	释放对象时
GetFocus	接收到焦点（Focus）
Init	创建对象
InteractiveChange	使用键盘或鼠标改变控件的值时
KeyPress	当用户按下并释放一个键时
Load	在创建一个对象之前发生
Lost Focus	当对象失去焦点（Focus）时
MouseDown	当用户按下鼠标键时
MouseMove	当鼠标移动到对象上时
MouseUp	当释放鼠标按键时
ProgrammaticChange	以编程方式更改控件的值时发生
RightClick	在控件中按下并释放鼠标右键时
Unload	释放对象时

2. 方法程序的调用

每一类对象都有特定的方法程序，表单的常用方法功能如表 5-10 所示。

如果对象已创建，便可以在应用程序的任何一个地方调用这个对象的方法程序。

表 5-10　表单的常用方法功能

方法名	功能	方法名	功能
AddObject	向表单中添加对象	Line	在表单上画线
Hide	隐藏表单	Box	在表单上画矩形
Show	显示表单	Circle	在表单上画圆圈和圆弧
Refresh	刷新表单上控件的值	Cls	清除表单上的文本和图形
Release	释放表单或表单集	SetFocus	设置控件对象的焦点

格式：<对象引用>.<方法程序>

功能：调用对象的方法程序。

下列语句调用方法程序来显示表单，并将焦点设置在命令按钮 Commandl 上：

> MyForm1.show
>
> MYForm1.command1.setFocus

注意：如果被调用的方法程序具有参数，则传递给方法程序的实际参数必须放在方法程序名后面的圆括号中。例如：

> MyForm1.Show（nstyle）　　　　&& 将 nstyle 传递给 MyForml 的 Show 方法程序代码

5.6　用户自定义类

用户从基类派生出子类，并修改或添加子类属性、方法，这样的子类称为用户自定义类。

在面向对象程序设计中，创建并设计合适的子类，修改、增加属性，编写、修改事件代码和方法代码，是程序设计的重要内容，也是提高代码通用性、减少代码的重要手段。Visual FoxPro 提供了如表 5-1、表 5-3 所示的基类，从这些基类可以直接创建对象或派生子类。

用户可以直接编码创建类，也可以使用类设计器新建类。

5.6.1　使用类设计器创建类

1. 用"新建类"对话框新建类

有 3 种方法可以进入"新建类"对话框：

● 项目管理器中新建类。

● 从文件菜单中新建类。

● 直接在命令窗口输入 Create Class 命令。

在如图 5-11 所示的"新建类"对话框中，为新建类指定所需的类库、基类和类名等。

类库：类库可用来存储以可视化方式设计的类，其扩展名为.VCX。一个类库可包含多个子类且这些子类可以是由不同的基类派生而来的。

（1）"类名"文本框：用于指定新建类的类名。

（2）"派生于"下拉列表框，用于指定派生类的父类。当父类是自定义类时列表框右侧的浏览按钮用于弹出"打开"对话框，以从磁盘文件中寻找该父类所在的类库文件（.VCX）。

（3）"来源于"：若在上一步打开一个类库文件，此处将显示该类库文件所在的盘符、路径和文件名。仅当父类是一个自定义类时显示。

（4）"存储于"输入框：单击其右侧的按钮可以弹出"另存为"对话框，以确定该新类将存储于哪个已有类库文件中。也可以直接输入新类库文件名。若指定的类库文件不存在，系统将自动创建。

完成以上各步后，单击"确定"按钮，即进入类设计器窗口。

2. 类设计器

类设计器的用户界面与表单设计器相似，在类设计器中，新类的属性、事件和方法主要通过属性窗口进行设计、定义和修改，如图 5-12 所示。

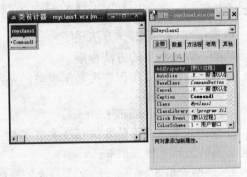

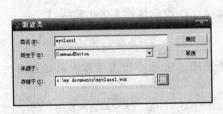

图 5-11　"新建类"对话框　　　　　　图 5-12　"类设计器"窗口

新建的子类继承父类所有的属性、方法，子类又可以对父类的属性和方法进行修改、扩充，使之具有与父类不同的特殊性。为子类增加新的属性和方法程序的步骤如下：

（1）新建属性：选择系统菜单"类"→"新建属性（P）…"命令，会弹出"新建属性"对话框，可以为子类新增属性。

（2）新增方法程序：选择系统菜单"类"→"新建方法程序（M）"命令，弹出"新建方法程序"对话框，可以为子类新增方法程序。

【例 5-4】创建一个自定义命令按钮组类 MyCmdGroup，命令按钮按多行多列排列，用户可以指定按钮的行数和列数。

（1）创建新类。选择菜单"文件"→"新建"命令，在出现的"新建"对话框中选中"类"，单击"新建文件"按钮。在如图 5-11 所示的"新建类"对话框中，"类名"为 MyCmdGroup；"派生于"为 CommandGroup；"存储于"为 f:\vfpr\MyClass.vcx。单击"确定"按钮进入类设计器。

（2）添加类的新属性。为新类添加两个新属性。

①RowCount：命令按钮的行数；ColumnCount：命令按钮的列数。步骤：选择"类"菜单中的"新建属性"命令，打开如图 5-13 所示的"新建属性"对话框，在"新建属性"对话框的"名称"文本框中输入"RowCount"，在"说明"栏输入"命令按钮组中按钮的行数"，单击"添加"按钮。

②用同样方法添加属性"ColumnCount"，然后单击"关闭"按钮关闭"新建属性"对话框。

（3）为新属性指定初始值。在类的属性窗口（"其他"卡片中）找到这两个新增属性，将它们的值设置为 2。

（4）输入类信息。选择菜单"类"→"类信息"命令，打开如图 5-14 所示的"类信息"对话框，指定"工具栏图标"为容器类图标，如需要可以输入类的说明信息。

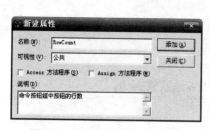

图 5-13　"新建属性"对话框

图 5-14　"类信息"对话框

（5）编制类的 Init 代码。当用户使用这个类时，根据 RowCount 和 ColumCount 属性值，自动计算各个按钮的位置，如图 5-15 所示。

（6）保存并关闭类设计器。当关闭类设计器时，系统提示"要将所作更改保存到类设计器——MyClass.vcx（MyCmdGroup）中吗?"，单击"是"按钮即可。

3．使用用户自定义类

在表单设计器中，有一个"查看类"控件，通过它可以将用户自定义类控件添加到表单控件工具栏中。

【例 5-5】创建一个新表单，使用【例 5-4】中创建的命令按钮类为表单添加一个命令按钮组。

（1）新建表单。选择菜单"文件"→"新建"命令，选中"表单"单选按钮，单击"新建文件"按钮，进入表单设计器。

（2）将用户自定义类加入表单控件工具栏。单击表单控件工具栏中的"查看类"按钮，在弹出菜单中选择"添加"命令，在打开对话框中查找【例 5-4】所保存的可视类 MyClass.vcx 文件，单击"确定"按钮，此时控件工具栏上将显示自定义类的图标。

（3）添加自定义按钮组。单击自定义类图标，在表单上用鼠标单击，一个自定义按钮组将出现在表单上。

（4）修改自定义按钮组属性。在属性窗口中单击"其他"选项卡，在最下方找到 RowCount 和 ColumnCount 属性，分别修改属性值为 4 和 3。

（5）执行表单。屏幕上将出现一个 4×3 的按钮组，如图 5-16 所示。

图 5-15　类的 Init 代码

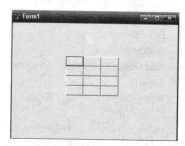

图 5-16　使用自定义类

4．将一个表单存为类

可以将一个表单直接存为可视类，步骤如下：

（1）在表单设计器中设计或打开一个表单。

（2）选择菜单"文件"→"另存为类"命令，在弹出的对话框中输入类名、保存文件名和类描述，单击"确定"按钮。

由此，可以将一个通用表单模板保存为类，这有助于编制出具有统一界面的应用程序。

5.6.2 编程方式使用类

也可以在代码运行中用编程的方式定义类，其基本语法格式为：

```
DEFINE CLASS Classnamel AS ParentClass
    [[Object.] PropertyName=eExpression…]
    [ADD OBJECT[PROTECTED] ObjectName As ClassName2
    [WITH cProperty List]]…
    [PROCEDURE Name cStatements ENDPROCEDURE]
ENDDEFINE
```

其中：

Classname1 是新建类的名字。

ParentClass 是新建类的父类的名字，既可以是 Visual FoxPro 的基类，也可以是自定义类。

Property Name=eExpression…对属性进行赋值。

ADD OBJECT 向类添加对象。

[PROTECTED] 禁止在类或子类之外访问和改变对象的属性。

Object Name 指定对象名。

As ClassName2 指定对象的父类名。

[WITH cProperty List]… 为添加的对象指定属性及给属性赋值。

[PROCEDURE Name 为类或子类指定事件或方法的程序代码。

cStatements 执行事件或方法的程序代码，可以是多行。

【例 5-6】用编程方式创建表单类，并创建对象。

建立一个命令文件 Classtest.prg，输入以下代码：

```
form1=createobject("myform")              && 创建一个 myform 类的对象
form1.show                                && 调用 form1 的 show 方法
read event                                && 开始事件循环
define class myform as form               && 定义基于 form 类的新类 Myform
caption="我的表单"
Height=40
Width=60
Add Object Command1 AS CommandButton with caption="退出",;    && 类中增加按钮对象
Top=0,;
Width=70,;
Height=30
Procedure Command1.Click ()               && 按钮对象的 Click 方法
if MessageBox("真的关闭吗?",4+16+0,"对话窗口")=6
                                          && 如果按"确定"
Release ThisForm                          && 释放表单
clear Event                               && 结束事件循环
```

```
        EndIf
        EndProc
        EndDefine
```

注意：编程方式使用用户自定义类时，应把类定义放在程序最后。

运行时窗口如图 5-17 所示，单击"退出"按钮，出现如图 5-18 所示的对话框。

图 5-17 自定义类运行界面

图 5-18 确认窗口

面向对象编程是 Visual FoxPro 最基本的设计特征，类、对象、属性、事件、方法的概念及事件驱动的思想是掌握面向对象编程的基础，类与对象的设计与实现是其关键。更深入的学习可参阅相关参考书籍。

本章小结

面向对象的程序设计是程序设计的主流方向，是对结构化程序设计的一种改进。程序设计人员在进行面向对象的程序设计时，不再是单纯地从代码的第一行一直编到最后一行，而首先要考虑的是如何创建对象，利用对象来简化程序设计，提供代码的可重用性，将程序代码视为对象来管理。

本章内容要点：

（1）简单介绍了面向对象程序设计中的对象，对象的属性、方法和事件。

（2）表单对象及对象的引用，以及控件与对象的基本知识。

（3）讲解了简单的输入/输出程序设计。

（4）Visual FoxPro 中的事件与方法程序。

（5）用户自定义类。

习题 5

一、选择题

1. 面向对象程序设计中程序运行的基本实体是（   ）。

   A. 对象   B. 类   C. 方法   D. 函数

2. 关于 OOP 方法的描述中，说法错误的是（   ）。

   A. 以对象及其数据结构为中心

   B. 用对象表现事物，以类表示对象的抽象

   C. 用方法表现处理事物的过程

   D. 设计工作的中心是程序代码的编写

3. 关于属性，正确的是（   ）。

   A. 只是对象的内部特性

　　　B．是对象的固有特性，用各种类型的数据表示

　　　C．是对象的外部特性

　　　D．属性是对象固有的方法

　4．关于事件的说法，错误的是（　　　）。

　　　A．一种预先定义好的特定动作，由用户或系统激活

　　　B．Visual FoxPro 基类的事件是系统预先定义好的，是唯一的

　　　C．Visual FoxPro 基类的事件可以由用户自定义

　　　D．可以激活事件的用户动作包括击键、单击鼠标、移动鼠标等

　5．了解对象事件后，最重要的就是如何编写事件代码。关于编写事件代码，错误的描述是（　　　）。

　　　A．就是编写.PRG 程序，文件名为事件名

　　　B．将代码写入该对象的该事件过程中

　　　C．可以从父类中继承

　　　D．从属性窗口的代码选项卡中选择该对象的事件双击，在打开的事件代码窗口中输入代码

　6．设有表单 Frm2.SCX 运行程序后，Frm2.name 的值是（　　　）。

　　　Frm2.name="不是我的表单"

　　　ThisForm.name="是我的表单"

　　　A．Frm2　　　　　B．是我的表单　　C．不是我的表单　　D．form

　7．有表单 Fm1.scx，当前选中 Fm1 的控件 Cmd1，要改变 Cmd1 的 Caption 属性，正确的是（　　　）。

　　　A．Fm1.Cmdl.Caption="是"

　　　B．This.Cmd1.Caption="是"

　　　C．ThisFom1.scx.Cmd1.Caption="是"

　　　D．ThisFormset.Cmd1.Caption="是"

　8．表单有自己的（　　　）、方法和事件。

　　　A．属性　　　　　　B．容器　　　　　C．形状　　　　　　D．尺寸

　9．对象的相对引用中，要引用当前操作的对象，可以使用的关键字是（　　　）。

　　　A．Parent　　　　　B．ThisForm　　　C．ThisFormSet　　D．This

　10．下面关于属性、方法和事件的叙述中，错误的是（　　　）。

　　　A．属性用于描述对象的状态，方法用于表示对象的行为

　　　B．基于同一个类产生的两个对象可以分别设置自己的属性值

　　　C．事件代码也可以像方法一样被显示调用

　　　D．在新建一个表单时，可以添加新的属性、方法和事件

　11．以下所列各项属于命令按钮事件的是（　　　）。

　　　A．Parent　　　　　B．This　　　　　C．ThisForm　　　　D．Click

　12．下面表单及控件常用的事件中，与鼠标操作有关的是（　　　）。

　　　A．Click 事件　　　B．DblClick 事件　C．RightClick 事件　D．以上 3 个都是

　13．Visual FoxPro 的工作方式是（　　　）。

    A．命令方式和菜单方式   B．交互方式和程序运行方式

    C．命令方式和可视化操作   D．可视化操作和程序运行方式

14．下列不是 Visual FoxPro 6.0 可视化编程工具的是（   ）。

    A．向导   B．生成器   C．设计器   D．程序编辑器

15．设置对象的属性不用定义（   ）。

    A．对象名   B．属性名   C．属性值   D．代码

16．以下（   ）是的容器类。

    A．timer   B．command   C．form   D．label

17．对象继承了（   ）的全部属性。

    A．表   B．类   C．数据库   D．图形

18．表单的属性要在（   ）窗口定义。

    A．事件   B．类   C．属性   D．表

19．文本框控件的主要属性是（   ）。

    A．enabled   B．form   C．interval   D．value

20．关于容器，以下叙述中错误的是（   ）。

    A．容器可以包含其他控件

    B．不同的容器所能包含的对象类型都是相同的

    C．容器可以包含其他容器

    D．不同的容器所能包含的对象类型是不相同的

二、填空题

1．在面向对象程序设计中，所说的对象具有 4 个主要的特性：抽象性、_____、_____ 和_____。

2．类是一组具有相同属性和相同操作的对象的集合，类中的每个对象都是这个类的一个 _____；类之间共享属性和操作的机制称为_____。

3．Visual FoxPro 提供了一系列基类来支持用户派生新类，Visual FoxPro 的基类有两种， 即_____和_____。

4．Visual FoxPro 中，创建对象时发生的事件是_____，从内存中释放对象时发生事件 是_____。

5．在 Visual FoxPro 中，对象的引用方式有_____和_____。

6．对象是_____的实体。

7．属性是用来描述_____参数。

8．方法是附属于对象的_____和_____。

9．控件类不能_____其他对象。

10．表单是_____类。

三、上机操作题

用类设计器实现【例 5-6】的功能。

第 6 章 表单的创建与使用

本章要点：

表单概念、表单的创建方法与设计步骤，表单数据环境的设计，表单中各个对象的常用属性、相关代码的设计。

使用命令、菜单和编写程序文件都可以达到操作数据的目的。命令和菜单用起来简单灵活，但难以完成一个完整的任务；编写程序文件是采用面向过程编程方法，编码繁琐、效率低下。本章介绍的 Visual FoxPro 表单设计是一种典型的可视化、面向对象的编程方法，使用户能方便地、高效地设计出 Windows 风格的应用程序。

"表单"译自英文的 Form 一词，在 Visual Basic 中译为"窗体"。在前几章讲过的对话框、向导、设计器等各类窗口，在 Visual FoxPro 中统称为表单。表单在基于图形用户界面的应用软件中获得大量应用。

6.1 创建表单

可以通过多种方式创建表单，大致可以分为表单向导和表单设计器两种，也可以通过命令 CREATE FORM 打开"表单设计器"窗口。

命令格式：CREATE FORM [<表单名>]

通过表单向导创建表单

人们一直在追求简化编程，通过交互方式操作来生成程序是一大进步。Visual FoxPro 提供的菜单设计器与表单设计器等都是程序生成工具向导，能以更简便的方式引导用户从操作产生程序，避免书写代码。但是，向导的简便性也使得它只能按一定的模式来产生结果。

表单向导能产生两种表单。如图 6-1 所示，在"向导选取"对话框的列表中含有表单向导与一对多表单向导两个选项，前者用于单表表单，后者适用于有一对多关系的两个表的表单。

1. 通过表单向导创建表单的方法

（1）打开表单向导对话框。选定菜单"文件"→"新建"命令，在"新建"对话框中选定"表单"选项按钮，单击"向导"按钮。出现如图 6-1 所示对话框。选择"表单向导"选项，生成单表表单，单击"确定"按钮，进入"步骤 1-字段选取"对话框。

（2）"步骤 1-字段选取"。单击如图 6-2 所示对话框中的"数据库和表"区域的下拉列表框或按钮，在随之出现的列表框中选定 xsdb 表，将"可用字段"列表框的所有字段移到"选定字段"列表框中，结果如图 6-2 所示，单击"下一步"按钮。

（3）"步骤 2-选择表单样式"。在如图 6-3 所示的对话框中选定列表框中的"浮雕式"选项，然后单击"下一步"按钮。

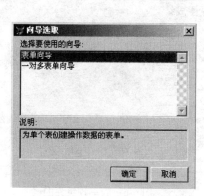

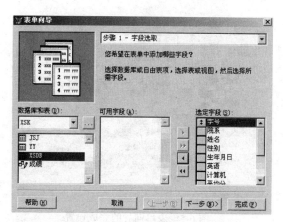

图 6-1　"向导选取"对话框　　　　　　图 6-2　表单向导的字段选取

列表框中共有 9 种表单样式可供选择。在对话框左上角的"放大镜"中，会自动按选定的样式显示样本。本步骤还具有选择按钮类型功能，用户可在"按钮类型"区域选择 4 种类型按钮之一，文本按钮（按钮上显示的是文字）为其中的默认按钮。

（4）"步骤 3-排序次序"。在如图 6-4 所示的对话框中，将"可用的字段或索引标识"列表框中的"院系"字段以升序添加到"选定字段"列表框中，然后将"英语"字段以降序添加到"选定字段"列表框中，单击"下一步"按钮。

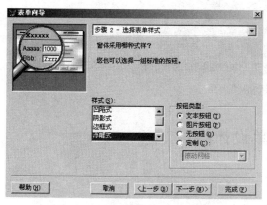

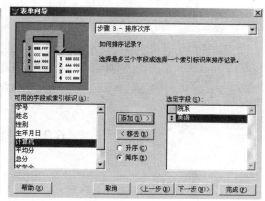

图 6-3　表单向导的表单样式选择　　　　图 6-4　表单向导的排序次序设置

如图 6-4 所示的对话框用于选择字段或索引标识来为记录排序。若按字段排序，主、次字段最多可选 3 个；若以索引标识来排序，则索引标识仅可选 1 个。

（5）"步骤 4-完成"。如图 6-5 所示，在对话框中的"请键入表单标题"文本框中输入"学生成绩" 4 个字，单击"预览"按钮显示所设计的表单，如图 6-6 所示，然后单击"返回向导"按钮，返回"表单向导"对话框，单击"完成"按钮，在"另存为"对话框的文本框中输入表单文件名"学生成绩.SCX"，然后单击"保存"按钮，创建的表单就被保存在表单文件学生成绩.SCX 与表单备注文件学生成绩.SCT 中。

（6）执行表单。选择菜单"程序"→"运行"命令，在弹出的"运行"对话框的"文件类型"组合框中选择"表单"选项，在列表中选定学生成绩.SCX，单击"运行"按钮，屏幕就显示出如图 6-7 所示的标题为"学生成绩"的对话框，用户即可对此对话框进行操作。

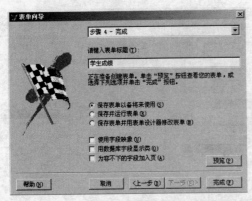

图 6-5　表单向导的完成设置

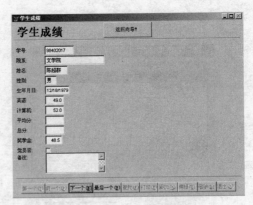

图 6-6　表单预览界面

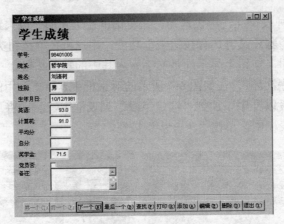

图 6-7　学生成绩表单

6.2　表单设计器

6.2.1　"表单设计器"工具栏

在使用表单设计器时，Visual FoxPro 会自动显示"表单设计器"工具栏。"表单设计器"工具栏包含"设置 Tab 键次序"、"数据环境"、"属性窗口"、"代码窗口"、"表单控件工具栏"等按钮。表 6-1 列出了"表单设计器"工具栏上的按钮及功能。

表 6-1　"表单设计器"工具栏

图标	按钮	用途
	设置 Tab 键次序	设置控件在表单运行时被 Tab 键激活（设置焦点）的次序
	数据环境	设置表单运行的数据环境
	属性窗口	显示/关闭控件属性设置窗口，设置各控件的属性特征
	代码窗口	显示/关闭代码窗口，编辑各对象的方法及事件代码
	表单控件工具栏	显示/关闭表单控件工具栏，利用各控件进行用户界面的设计

续表

图标	按钮	用途
	调色板工具栏	显示/关闭调色板工具栏，可对对象的前景色和背景色调进行设置
	布局工具栏	显示/关闭布局工具栏，设置对象的位置或对齐方式
	表单生成器	帮助用户快速创建表单
	自动格式	控件自动套用格式

6.2.2 "表单控件"工具栏

"表单控件"工具栏包含控件按钮。利用"表单控件"工具栏可以方便地往表单中添加控件，方法如下：先单击"表单控件"工具栏中想添加的控件按钮，然后将鼠标移至表单窗口的合适位置，单击鼠标或拖动鼠标以确定控件尺寸大小。表 6-2 列出了"表单控件"工具栏上的各按钮。

表 6-2 "表单控件"工具栏

图标	类名	含义	用途
	（无）	选定对象	选择、移动或者调整控件对象的大小
	（无）	查看类	选择其他已注册的类库
	Label	标签	创建标签控件，显示固定文本
	TextBox	文本框	创建文本框控件，编辑单行文本
	EditBox	编辑框	创建编辑框控件，编辑多行文本
	CommandButton	命令按钮	创建命令按钮控件，执行命令
	CommandGroup	命令按钮组	创建命令按钮组控件，把相关命令编组
	OptionButton	选项按钮	创建选项按钮控件，显示多个选项供用户单选
	CheckBox	复选框	创建复选框控件，显示多个选项供用户多选
	ComboBox	组合框	创建组合框控件，用于创建下拉列表框
	ListBox	列表框	创建列表框控件，用于创建项目列表
	Spinner	微调控件	创建微调控件，用于在给定范围内微调数值
	Grid	表格	创建表格控件，用表格形式显示数据信息
	Image	图像	创建图像控件，在表单上显示图像
	Timer	定时器	创建定时器控件，用于程序运行中的时间控制
	PageFrame	页面框架	创建页面框架控件，用于显示多个页面信息
	OLEControl	OLE 容器控件	创建 OLE 容器控件，向表单添加 OLE 控件
	OLEBoundControl	OLE 绑定控件	创建 OLE 绑定控件，将 OLE 控件与数据绑定
	Line	线条	创建线条控件，在表单上画线条
	Shape	图形	创建图形控件，在表单上画矩形、圆、椭圆
	Container	容器	创建容器控件，用于容纳其他表单控件

图标	类名	含义	用途
	Separato	分隔符	创建分隔符控件，用于分隔其他表单控件
	HyperLink	超级链接	创建超级链接控件，用于自定义超级链接
	（无）	生成器锁定	为任何添加到表单的控件打开一个生成器
	（无）	按钮锁定	使用户可以添加同类型的多个控件

6.2.3 "属性"窗口

"属性"窗口包括对象下拉列表框、属性设置框和属性、方法、事件列表框，如图 6-8 所示。窗口显示当前表单中被选定的对象名称（Name）。单击对象下拉列表框右侧的下拉箭头将列出当前表单及表单中所有对象的名称列表，开发人员可以从中选择一个需要编辑修改的对象或表单。也可以同时选择多个对象，这时"属性"窗口显示这些对象共同的属性，用户对属性的设置也将针对所有被选定的对象设置。当选择了一个属性、事件或方法时，Visual FoxPro 6.0 就会在"属性"窗口下面的提示栏中给出简要的解释。

如果要为属性设置一个字符型值，可以在设置框中直接输入，不需加定界符（即单引号或双引号）。如果要从系统提供的列表中选择属性值，可以单击设置框右端的下拉箭头，从打开的下拉列表框中选择需要设定的值。可以通过表达式为属性赋值，可以在设置框先输入等号再输入表达式，或者单击设置框左侧的"函数"按钮打开表达式生成器，用它来给属性指定一个表达式。有些属性在设计时是只读的，不能修改，这些属性的默认值在列表框中以斜体灰色显示。

1. 打开"属性"对话框的方法

（1）单击系统工具栏中的"属性"快捷按钮。

（2）单击"表单设计器"工具栏中的"属性"快捷按钮。

（3）右击表单对象后，从弹出的快捷菜单中选择"属性"命令。

2. 属性窗口的内容

在如图 6-8 所示的"属性"窗口中的选项包括对象下拉列表框、选项卡、属性设置框、属性列表、注释。

（1）对象下拉列表框。标识当前选定的对象。单击右端的向下箭头，可看到包含当前表单、表单集和全部控件的列表。如果打开"数据环境设计器"，可以看到"对象"中还包括数据环境和数据环境的全部临时表和关系。可以从列表中选择要更改其属性的表单或控件。

（2）选项卡。选项卡可按分类显示属性、事件和方法程序。

全部：显示全部属性、事件和方法程序。

数据：显示有关对象如何显示或怎样操纵数据的属性。

方法程序：显示方法程序和事件。

布局：显示所有的布局属性。

其他：显示其他和用户自定义的属性。

（3）属性设置框。可以更改属性列表中选定的属性值。如果选定的属性需要预定义的设置值，则在右边出现一个向下箭头。如果属性设置需要指定一个文件名或一种颜色，则在右边出现三点按钮。

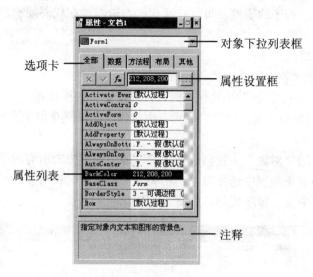

图 6-8 "属性"窗口

（4）属性列表。这个包含两列的列表显示所有可在设计时更改的属性及其当前值。对于具有预定值的属性，在"属性"列表中双击属性名可以遍历所有可选项。对于具有两个预定值的属性，在"属性"列表中双击属性名可在两者间切换。选择任何属性并按 F1 键可得到此属性的帮助信息。常见的属性列表如表 6-3 所示。

表 6-3 常见的属性列表

属性	说明
Caption	指定对象的标题
Name	指定对象的名字
Value	指定控件的当前状态
AutoCenter	是否在 Visual FoxPro 的主窗口内自动居中
ForeColor	指定对象的前景色
BackColor	指定对象的背景色
BorderStyle	指定对象边框的样式
Closable	指定标题栏中的关闭按钮是否有效
Controlbox	是否取消标题栏的所有按钮
FontSize	指定显示文本的字体大小
FontBold	指定显示文本的字体是否为粗体
FontName	指定显示文本的字体名
MaxButton	是否具有最大化按钮

（5）注释，即显示当前属性的说明。例如，选择 BackColor，注释显示为"指定对象内文本和图形的背景色"属性。

6.2.4 "代码"窗口

双击事件或方法程序的属性，可以打开代码编辑器，在代码编辑器中为相关事件或方法编写程序代码。

启动代码编辑器的方法：

（1）选择菜单"显示"→"代码"命令。

（2）单击"表单设计器"工具栏中的"代码窗口"快捷按钮。

（3）选表单对象后，双击对象，或者右击从弹出的快捷菜单中选择"代码"命令，代码编辑器如图 6-9 所示。

在代码编辑器的"对象"下拉列表框中可以选中表单中的所有对象，在"过程"下拉列表框中可以选择与对象列表中选定对象的相关事件或过程。在对象和事件或者过程确定后，可在下面的编辑器中编写程序代码，如图 6-9 所示。

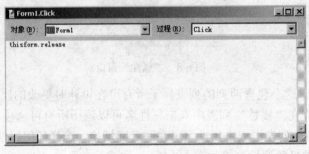

图 6-9　代码窗口

6.3　表单的数据环境

6.3.1　数据环境设计器

每一表单或表单集都包括一个数据环境。数据环境是一个对象，它包含表单相互作用的表或视图，以及表单所要求的表之间的关系。可以在"数据环境设计器"窗口中直观地设置数据环境，并与表单一起保存。

在表单运行时数据环境可自动打开、关闭表和视图，或者通过设置"属性"窗口中的 ControlSource 属性也可以实现。

1. 启动数据环境设计器

要启动数据环境设计器，可以选择菜单"显示"→"数据环境"命令，或者单击"表单设计器"工具栏中的"数据环境"快捷按钮，"数据环境设计器"窗口如图 6-10 所示。

2. 常用的数据环境属性

数据环境是一个对象，有其自己的属性、方法和事件。常用的两个数据环境属性是 AutoOpenTables（控制当打开表单或表单集时是否打开表或视图）和 AutoCloseTables（控制当释放表单或表单集时是否关闭表或视图），它们的默认值都为.T.。如果用户不希望数据环境中的表或视图随表单的运行而打开，可将 AutoOpenTables 属性设置为.F.。如果用户不希望数据环境中的表或视图随表单的关闭而关闭，将 AutoCloseTables 属性设置为.F.。

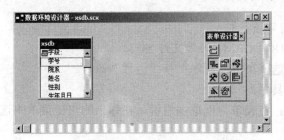

图 6-10 "数据环境设计器"窗口

6.3.2 添加、移去表或视图

1. 添加表或视图

向数据环境中添加表或视图的方法如下：

（1）在"数据环境设计器"窗口中，选择菜单"数据环境"→"添加"命令。

（2）在"添加表或视图"对话框中，从列表中选择一个表或视图。

（3）最后单击"确定"按钮，选择的表或视图则被
添加到数据环境中。"添加表或视图"对话框如图 6-11 所
示。如果没有打开的数据库或项目，单击"其他"按钮来
选择表，也可以将表或视图从打开的项目或"数据环境设
计器"窗口拖放到"数据环境设计器"窗口中。

当"数据环境设计器"窗口处于活动状态时，"属性"
对话框会显示与数据环境相关联对象及属性。在"属性"
对话框的对象框中，数据环境的每个表、视图、表之间的
每个关系，以及数据环境本身均是各自独立的对象。

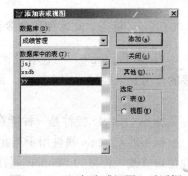

图 6-11 "添加表或视图"对话框

2. 移去表或视图

从数据环境中移去表或视图的方法如下：

（1）在"数据环境设计器"窗口中选择要移去的表或视图。

（2）选择菜单"数据环境"→"移去"命令。当将表从数据环境中移去时，与这个表有
关的所有关系也随之移去。

6.4 表单的保存、运行和修改

6.4.1 保存表单

单击常用工具栏中的"保存"命令按钮，输入文件名后，表单将以文件扩展名为.SCX 的
格式保存。保存的方法有以下 3 种：

（1）使用菜单：选择菜单"文件"菜→"保存"命令。

（2）使用常用工具栏：单击常用工具栏中的"保存"按钮。

（3）按组合键：Ctrl+W。

6.4.2 运行表单的多种方法

运行表单的方法有以下几种：

（1）使用命令：DO FORM <表单文件名>。

（2）使用菜单：选择菜单"程序"→"运行"命令。

（3）使用常用工具栏："！"。

（4）使用快捷键：在表单界面单击右键，在弹出的快捷菜单中选择"执行表单"命令。

6.4.3 修改表单

修改表单的方法有以下几种：

（1）使用命令：MODIFY FORM <表单文件名>。

（2）使用菜单：选择菜单"文件"→"打开"命令，在"文件类型"下拉列表框中选择"表单"选项，选定要打开的表单文件，最后单击"确定"按钮。

6.5 表单常用控件

6.5.1 标签、文本框和命令按钮

Visual FoxPro 6.0 的表单设计，经常用到标签、文本框和命令按钮。在表单的操作中，标签的作用是只能显示文本信息，而文本框既可以输入数据，也可以显示输入的数据。

1. 标签

标签（Label）控件是一种能在表单上显示文本的输出控件，常用于显示提示或说明信息。

标签的 Caption 属性用于指定该标签的标题，标题用来显示文本。修改标签的标题可在属性窗口修改该控件的 Caption 属性。应该注意的是，Caption 属性是字符型数据，但在属性窗口输入时不要加引号。

【例 6-1】标签控件设计实例。

（1）窗体界面的建立。新建一个名为 LABEL1.SCX 的空白表单，从表单工具栏中选择标签控件，放到表单中，按表 6-4 所示设置的值设置标签的属性，完成后界面如图 6-12 所示。

表 6-4 标签控件属性

属性	功能说明	在本例中设置的值	说明
AutoSize	可随字符串长度与字型尺寸自动调整标签对象大小	.T.	
BackStyle	设置标签对象背景类型为透明	0-透明 1-不透明	设为不透明，可将背景颜色显示出来
FontSize	字形尺寸	12	
FontName	标签文本字体	宋体	
Caption	标签文本要显示的内容	标签控件设计实例	

（2）设置控件属性。标签控件用于显示应用程序中的提示文字的控件，不具有焦点，运行时不可编辑，标签控件重要属性说明如表 6-4 所示。

（3）编写代码。在 Label1 控件的 Click 事件中加入以下代码：

```
this.caption="欢迎使用标签控件"
```

（4）程序运行以后，在表单上显示文字标签，单击标签则文字改变。程序运行后界面如图 6-13 所示。

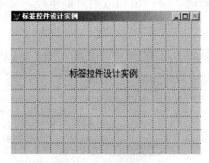

图 6-12　界面设计

图 6-13　程序运行界面

2. 文本框

文本框（TextBox）是用来进行文本数据输入的，可以用来向程序输入各种不同类型的数据，也可以被用来作数据的输出。

文本框是最常用的控件，如操作学号、姓名等字段可以使用文本框控件。

【例 6-2】文本框控件设计实例。

（1）窗体界面的建立。新建一个名为 TEXTBOX.SCX 的空白表单，从表单工具栏中选择文本框控件放到表单中，按表 6-5 中所设置的值设置文本框的属性，完成后界面如图 6-14 所示。

（2）设置控件属性。文本框用于编辑文本，允许用户添加或编辑保存在表中的非备注型字段中的数据，文本框控件重要属性说明如表 6-5 所示。

表 6-5　文本框控件属性

属性	功能说明	在本例中设置的值	说明
BackStyle	设置文本框对象背景类型为透明	0-透明	设为不透明,可将背景颜色显示出来
Integralheight	指定控件是否自动重新调整对象高度	.T.	设为真值时,文本框对象的高度可以自动调整
Value	文本框当前编辑的文本内容		
ImeMode	启动中文输入法	0	设为 1 时,启动中文输入法
PasswordChar	指定文本框内是显示文字还是占位符	*	如果设置为空白则显示文本,如果指定字符,则文本框中的内容被该字符代替
InputMask	设置为文本框中可以输入的值		例如,将该属性设置为 99999.99,则可限制用户输入具有两位小数并小于 100000 的数值
Format	设置在文本框中值的显示方式		

（3）编写代码。在 TEXT 控件的 KeyPress 事件中加入以下代码：

```
*显示所按下键的 ASCII 码值
LPARAMETERS nKeyCode nShiftAltCtrl
=messagebox(chr(nkeycode))
return
```

（4）程序运行以后，在表单上显示一个供输入密码的文本框，输入的文字以"*"形式显示，如同常见的密码验证框，同时每输入一个字母时，会弹出相应消息提示框，显示刚才输入的文本。程序运行后界面如图 6-15 所示。

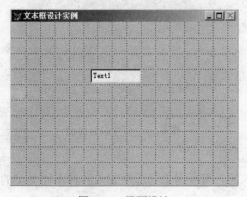 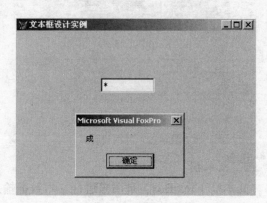

图 6-14　界面设计　　　　　　　图 6-15　运行界面

3. 命令按钮

使用命令按钮（Command）可以完成通过单击事件来执行相应的操作功能。

每个表单都应该有一个退出操作，这可以使用命令按钮来实现。

【例 6-3】命令按钮控件设计实例。

（1）窗体界面的建立。新建一个名为 COMMAND1.SCX 的空白表单，从表单工具栏中选择命令按钮控件，放到表单中，按表 6-6 中所设置的值设置命令按钮的属性，完成后界面如图 6-16 所示。

表 6-6　命令按钮控件属性

属性	功能说明	在本例中设置的值	说明
AutoSize	可随字符串长度与字型尺寸自动调整命令按钮对象大小	.T.	
FontSize	字形尺寸	15	
FontName	命令按钮字体	黑体	
Caption	命令按钮要显示的内容	退出	

（2）设置控件属性。命令按钮控件重要属性说明如表 6-6 所示。

（3）编写代码。在命令按钮控件的 Click 事件中加入以下代码：

```
thisform.release
```

（4）程序运行以后，单击命令按钮则退出程序。程序运行后界面如图 6-17 所示。

【例 6-4】计算圆的面积设计实例。

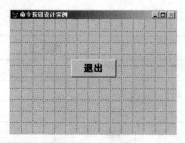 

图 6-16　界面设计　　　　　　　　　　　　图 6-17　运行界面

（1）窗体界面的建立。新建一个名为 JSYMJ.SCX 的空白表单，从表单工具栏中选择两个标签按钮、两个文本框按钮、两个命令按钮控件放到表单中，按表 6-7 中所设置的值设置相应按钮的属性。设置对象属性后运行界面如图 6-18 所示。

表 6-7　控件属性

对象	属性名	属性值
Label1	Caption	圆的半径
Label2	Caption	圆的面积
Text1	Value	0.0
Command1	Caption	计算
Command2	Caption	退出
Form1	Caption	圆的面积

（2）设置控件属性。控件属性说明如表 6-7 所示。

（3）编写代码。

① "计算"命令按钮 Command1 的 Click 事件输入：

r=thisform.text1.value

thisform.text2.value=3.14159*r*r

② "退出"命令按钮 Command2 的 Click 事件输入：

thisform.release

图 6-18　运行界面

（4）程序运行以后，在"Text1"文本框中输入数值，单击"计算"按钮，观察"Text2"框显示值，单击"退出"按钮则退出程序。

【例 6-5】创建表单登录密码设计实例。

（1）窗体界面的建立。新建一个名为 DLMA.SCX 的空白表单，从表单工具栏中选择两个标签按钮、两个文本框按钮、两个命令按钮控件放到表单中，按表 6-8 中所设置的值设置相应按钮的属性。设置对象属性后运行界面如图 6-19 所示。

表 6-8　控件属性

对象	属性名	属性值
Label1	Caption	管理员
Label2	Caption	密码
Text1	PasswordChar	*

续表

对象	属性名	属性值
Text2	PasswordChar	*
Command1	Caption	确定
Command2	Caption	退出
Form1	Caption	请输入密码

（2）设置控件属性。控件属性如表 6-8 所示。

（3）编写代码

1）"确定"命令按钮 Command1 的 Click 事件输入：

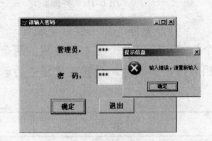

图 6-19　运行界面

```
if thisform.text1.value=thisform.text2.value
    thisform.release
else
    messagebox（"输入错误,请重新输入",6+16+0,"提
示信息")
endif
```

2）"退出"命令按钮 Command2 的 Click 事件输入：

```
thisform.release
```

（4）程序运行以后，在"Text1"和"Text2"文本框中输入用户名和密码（用户名和密码相同为正确，否则错误），单击"确定"按钮，观察其显示值，单击"退出"按钮则退出程序。

6.5.2　线条、形状和图像控件

"表单控件"工具栏中的线条控件和形状控件是为用户在设计表单时，提供简单的画图工具。

1. 线条控件

线条（Line）控件是提供在表单画简单图形工具的控件。其重要属性说明如表 6-9 所示。

表 6-9　控件属性

属性	功能说明	在本例中设置的值	说明
BorderWidth	线宽为多少像素点	1	
LineSlant	当线条不为水平或垂直时，线条倾斜的方向。这个属性的有效值为斜杠（/）和反斜杠（\）	\	

【例 6-6】线条控件设计实例。

（1）窗体界面的建立。新建一个名为 LINE.SCX 的空白表单，从表单工具栏中选择线条和命令按钮控件放到表单中，完成后界面如图 6-20 所示。

（2）设置控件属性。线条用于显示直线和斜线。

（3）编写代码。在命令按钮的 Click 事件中添加以下代码：

```
do while thisform.line1.height>0
thisform.line1.height=thisform.line1.height-1
    i=0
    for i=0 to 100000        &&延时
```

```
    endf
  endd
```

（4）表单运行后，单击"移动线条"按钮，线条以一个端点为圆心移动。程序运行后界面如图 6-21 所示。

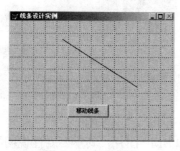

图 6-20 界面设计

图 6-21 运行界面

2. 使用形状控件

形状（Shape）控件可以在表单中产生圆、椭圆以及圆角或方角的矩形。

【例 6-7】形状控件设计实例

（1）窗体界面的建立。新建一个名为 SHAPE.SCX 的空白表单，从表单工具栏中选择 3 个形状控件放到表单中，默认形状控件是一个矩形，可以通过鼠标操作改变其大小和位置，完成后界面如图 6-22 所示。

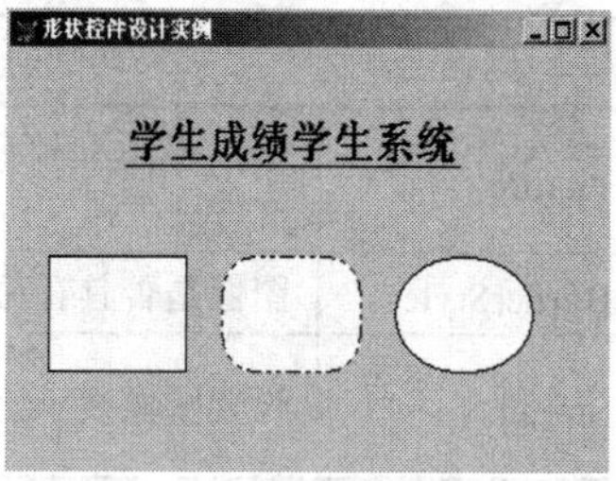

（2）设置控件属性。形状用于方形、矩形、圆角矩形、圆形、椭圆形等，其重要属性说明如表 6-10 所示。

图 6-22 界面设计

表 6-10 控件属性

属性	功能说明	在本例中设置的值	说明
Curvature	从 0（直角）到 99（圆或椭圆）的一个值	0、40、80	
BorderStyle	线形。0 透明，1 实线，2 虚线，3 点线，4 点画线，5 双点画线，6 内实线	1 实线、5 双点画线	
SpecialEffect	确定形状是平面的还是三维的，仅当 Curvature 属性设置为 0 时才有效		
BackColour	背景色	250，0，0	

（3）程序运行后界面如图 6-23 所示。

3. 图像控件

图像（Image）控件允许在表单中添加图片（.BMP、.ICO 文件）。图像控件和其他控件一样，具有一整套的属性、事件和方法程序。

使用图像控件，就是把一幅图像或者图形放置在表单上。图像放在表单上，可以增加表单的感染力，吸引读者，有的图像还可作为表单的背景。

【例 6-8】图像控件设计实例。

（1）窗体界面的建立。新建一个名为 IMAGE.SCX 的空白表单，从表单工具栏中选择图像和命令按钮控件放到表单中，界面如图 6-24 所示。

图 6-23　运行界面

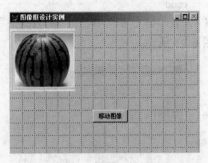

图 6-24　界面设计

（2）设置控件属性。图像控制允许在表单中添加.BMP 图片，其重要属性说明如表 6-11 所示。

表 6-11　控件属性

属性	功能说明	在本例中设置的值	说明
Picture	指定显示在控件上的图形文件或字段	D:\学生管理\	确定图像是否在指定路径位置
BorderStyle	图像是否具有可见边框		
Stretch	设置图像显示比例		可以剪裁图形、等比填充或变比填充图形

（3）编写代码。在命令按钮的 Click 事件中添加以下代码：

```
    j=thisform.left
*设置图像移动的左边界
do while j<=thisform.left+thisform.width
    do while thisform.image1.left<250
    *延时
        i=1
        do while i<100000
            i=i+1
        endd
        thisform.image1.left=thisform.image1.left+1
    endd
    j=j+1
endd
```

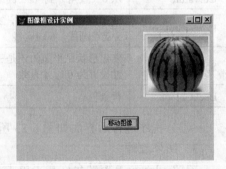

（4）表单运行后，单击"移动图像"按钮，图像框移动显示图像。程序运行后界面如图 6-25 所示。

图 6-25　运行界面

6.5.3　列表框

使用"列表框"可以把相关的信息以列表的形式显示出来，列表框（ListBox）的右侧有垂直滚动条。列表框的重要属性说明如表 6-12 所示。

表 6-12 控件属性

属性	功能说明	在本例中设置的值	说明
ColumnCount	列表框的列数	2	
ControlSource	指定与对象建立联系的数据源		
RowSource	列表中显示的值的来源		
RowSourceType	确定 RowSource 是下列哪种类型：值、表、字段、SQL 语句、查询、数组、文件列表或者字段列表		
ListIndex	在组合框或列表框控件中选定数据项的索引值		
AddItem	在组合框或列表框控件中添加新的数据项		
RemoveItem	在组合框或列表框中移去一个数据项		

【例 6-9】列表框控件设计实例

（1）窗体界面的建立。新建一个名为 LISTBOX.SCX 的空白表单，从表单工具栏中选择组合框控件、标签控件、文本框、命令按钮控件放到表单中，界面如图 6-26 所示。

（2）设置控件属性。列表框为用户提供了包含一些选项和信息的可滚动列表，用户任何时候都能看到多个项目。

（3）编写代码。在命令按钮的 Click 事件中添加以下代码：

```
thisform.list1.additem(thisform.text1.text)
```

（4）表单运行后，在右侧文本框中填写要加入列表框中的内容后，单击"增加项目"按钮，该内容会增加到左侧的列表框中。程序运行后界面如图 6-27 所示。

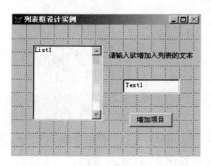

图 6-26 界面设计

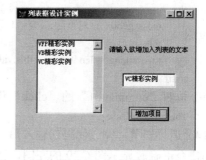

图 6-27 运行界面

6.5.4 容器控件

容器（Container）控件和表单一样，具有封装性，这是指在容器里可以添加一些其他控件。当容器移动时，它所包含的控件随着窗口的移动而移动。容器外表具有立体感，因此，可用容器来为程序的界面进行修饰。

【例 6-10】容器控件设计实例。

（1）窗体界面的建立。新建一个名为 CONTAINER1.SCX 的空白表单，在表单设计器中按图 6-28 所示的内容添加表单控件，分别为两个标签 Label1、Label2、一个文本框 Text1、一个命令按钮 Command1 和一个容器控件 Container1。

要在容器中添加控件，必须先右击选择容器，在弹出的快捷菜单中选择"编辑"命令，选中容器控件 Container1 后，才能在其中加入两个标签 Label1、Label2 和 1 个文本框 Text1。

（2）在"属性"窗口为控件设置以下属性：

将标签 Label1 的 Caption 初始值设置为空字符串、FontSize 为 20、FontBold 为.T.。

把命令按钮 Command1 的 Caption 值设置为"关闭"。

图 6-28　界面设计器

把 Container1.Text1 的 PasswordChar 设置为"*"、Value 的初始值设置为空字符串、FontSize 为 18、FontBold 为.T.。

把 Container1.Label2 的 Caption 值设置为"请输入你的口令："、FontSize 设置为 20、FontBold 设置为.T.。

（3）编写代码。容器控件 Container1.Text1 的 Valid 的代码：

```
thisform.command1.tabstop=.f.
a=lower（this.value）
if a="abcd"
      thisform.container1.label2.top=this.top
      thisform.container1.label2.caption="欢迎使用本系统！"
      thisform.command1.tabstop=.t.
      thisform.container1.label2.visible=.f.
      this.visible=.f.
else
      messagebox（"对不起,口令错！请重新输入！",48,"口令"）
      this.selstart=0
      this.sellength=len（rtrim（this.value））
endif
```

命令按钮"command1"的"click"代码：

```
Thisform.Release
```

（4）运行表单。完成代码的输入后，保存文件，就可运行这个表单，输入口令后按回车键，当口令正确时显示图 6-29 的左图，当口令错误时显示图 6-29 的右图。

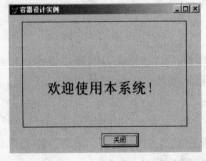

图 6-29　运行界面

6.5.5 选项按钮组

选项按钮（OptionButton）组里可以有若干个按钮，但运行时只能选其中的一个按钮。选项按钮组是一个容器类控件，设计时，用鼠标右键单击选项按钮组，从弹出的快捷菜单中选择"编辑"命令。此时，选项按钮组的周围出现浅色边界，即可对选项按钮组内的选项按钮进行编辑。

【例 6-11】选项按钮组控件设计实例。

（1）窗体界面的建立。新建一个名为 OPTION.SCX 的空白表单，从表单工具栏中选择选项按钮组控件、命令按钮和标签控件放到表单中，设置选项按钮组控件的 ButtonCount 属性为 3。关于选项按钮组中各个按钮的设置，这里采用了生成器进行设计。方法是用鼠标右键单击选项按钮组即出现快捷菜单，选择"生成器"命令，出现生成器窗口，如图 6-30 所示，设置完成的界面如图 6-31 所示。

图 6-30 生成器窗口

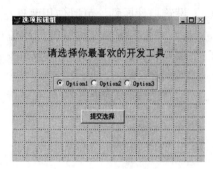

图 6-31 界面设计

（2）设置控件属性。用户只能选择选项按钮组中的一个选项，通常用于进行唯一性选择，其重要属性说明如表 6-13 所示。

表 6-13 控件属性

属性	功能说明	在本例中设置的值	说明
ButtonCount	选项按钮组中选项按钮的数目	3	
Buttons	用于存取一个按钮组中每一个按钮的数组		
Value	返回当前选定按钮的序号		

（3）编写代码。在命令按钮的 Click 事件中添加以下代码：

```
messagebox(
" 你 选 择 的 开 发 工 是 ： "+thisform.optiongroup1.
buttons[thisform.optiongroup1.value].caption)
```

（4）选项按钮组是包含选项按钮的容器，选项按钮组允许用户指定对话框中几个选项中的一个，当选中一个按钮后，会弹出提示框，显示当前被选中的选项的名称。程序运行后界面如图 6-32 所示。

6.5.6 复选框

复选框（CheckBox）是从多个选项中选择任意个

图 6-32 运行界面

选项，可以选择一个，也可以选择多个或者全部选项。其重要属性说明如表 6-14 所示。下面以一个具体的实例说明复选框的使用。

表 6-14　控件属性

属性	功能说明	在本例中设置的值	说明
Caption	复选框文本显示的内容	党员否	
Value	设置复选框的状态		.F.表示复选框为未选中，.T.表示复选框为选中，Null 表示复选框不能选中

【例 6-12】复选框控件设计实例。

（1）窗体界面的建立。新建一个名为 CHECKBOX.SCX 的空白表单，从表单工具栏中选择复选框控件、命令按钮控件放到表单中，界面如图 6-33 所示。

（2）设置控件属性。可以使用复选框让用户指定一个布尔状态，如"真"、"假"、"开"、"关"，"是"、"否"等。在进行数据库编程时，通常复选框用于编辑和显示逻辑字段。

（3）编写代码。在命令按钮的 Click 事件中添加以下代码：

```
if thisform.check1.value=1
        messagebox ("是党员")
endif
if thisform.check1.value=0
        messagebox ("不是党员")
endif
```

（4）设置复选框后，单击"提交"按钮，程序根据用户选择状态出现相应提示。程序运行后界面如图 6-34 所示。

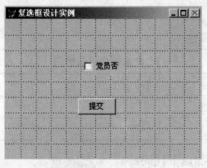

图 6-33　界面设计

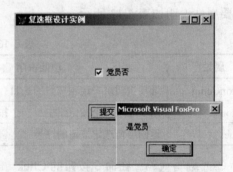

图 6-34　运行界面

6.5.7　命令按钮组

命令按钮组（CommandGroup）是容器类控件，它可以包括若干个命令按钮。使用命令按钮组可以使代码更为简洁，界面更加整齐。其重要属性说明如表 6-15 所示。

【例 6-13】命令按钮组控件设计实例。

（1）窗体界面的建立。新建一个名为 COMMANDGROUP.SCX 的空白表单，从表单工具栏中选择命令按钮组控件放入到表单中，设置命令按钮组控件的 ButtonCount 属性，完成后界面如图 6-35 所示。

表 6-15   控件属性

属性	功能说明	在本例中设置的值	说明
ButtonCount	组中命令按钮的数目	3	
Value	返回当前选定按钮的序号		
Buttons	用于存取组中每一个按钮的数组		

（2）设置控件属性。将命令按钮组成一组，即为命令按钮组，这样既可单独操作，也可作为一个组统一操作。

（3）编写代码。

1）在表单的 Init 事件中添加以下代码：

```
*初始化命令按钮的显示文本
thisform.commandgroup1.buttons[1].caption="命令按钮 1"
thisform.commandgroup1.buttons[2].caption="命令按钮 2"
thisform.commandgroup1.buttons[3].caption="命令按钮 3"
```

2）在命令按钮组的 Click 事件中添加以下代码：

```
do case
    case   this.value=1
        messagebox（"你点击了第一个按钮"+this.command1.caption）
    case   this.value=2
        messagebox（"你点击了第二个按钮"+this.command2.caption）
    case   this.value=3
        messagebox（"你点击了第三个按钮"+this.command3.caption）
endc
```

（4）程序运行，单击组中的一个按钮，会弹出提示框，显示当前被点击的按钮名称（显示文本）。程序运行后界面如图 6-36 所示。

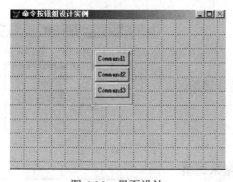

图 6-35   界面设计

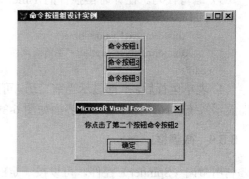

图 6-36   运行界面

6.5.8   计时器控件

计时器（Timer）控件由系统时钟控制，可以在指定时间内执行某个操作或检查数据，计时器控件与用户的操作彼此独立，它是后台任务，当指定时间一到，后台计时器就会启动，执行相应的任务。计时器在表单中是以图标的方式存在，不会受其大小和位置的影响，在运行时该图标不可见。其重要属性说明如表 6-16 所示。

表 6-16　控件属性

属性	功能说明	在本例中设置的值	说明
Enabled	设置计时器是否工作	.T.	真值允许计时器工作，假值挂起计时器的运行
Interval	计时器事件之间的毫秒数	500	是计时器控件的重要属性

【例 6-14】计时器控件设计实例。

（1）窗体界面的建立。

1）新建一个名为 TIME.SCX 的空白表单，从表单工具栏中选择计时器和标签控件、文本框控件放到表单中，再选择 OLE 控件放到表单中，在随后弹出的"插入对象"对话框中选择"创建控件"单选按钮，从"对象类型"列表框中选择"日历控件 8.0"选项，如图 6-37 所示。

2）单击"确定"按钮，完成后界面如图 6-38 所示。

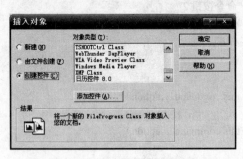

图 6-37　"插入对象"对话框

图 6-38　界面设计

（2）设置控件属性。日历显示采用了 ActiveX OLE 控件，计时利用计时器控件，计时器允许按照指定的时间间隔执行操作和检查值。

（3）编写代码。在计时器控件的 Timer 事件中添加以下代码：

```
if thisform.text1.value<>time()
    thisform.text1.value=time()
    thisform.label1.caption="当前时间"
endif
```

（4）表单运行后，上部显示当前日历，可以随意调整，下部显示系统时钟。程序运行后界面如图 6-39 所示。

6.5.9　微调框

利用微调（Spinner）控件，可以按一定的增量来调整数据，微调控件也可以反映相应字段或变量的数值变化，并可以将值写回到相应字段或变量中。其重要属性说明如表 6-17 所示。

图 6-39　运行界面

【例 6-15】微调框控件设计实例。

（1）窗体界面的建立。新建一个名为 SPINNER.SCX 空白表单，从表单工具栏中选择微调和标签控件放到表单中，设置界面如图 6-40 所示。

（2）设置控件属性。微调控件用于对有最大值、最小值范围要求的数据进行调整。

表 6-17　控件属性

属性	功能说明	在本例中设置的值	说明
Increment	用户每次单击向上或向下按钮时增加或者减少的数值	1	
KeyboardHighValue	用户能输入到微调框中的最大值	20	
KeyboardLowValue	用户能输入到微调框中的最小值	1	
SpinnerHighValue	用户单击向上按钮,微调框控制能显示的最大值		
SpinnerLowValue	用户单击向下按钮,微调框控制能显示的最小值		

（3）编写代码。

1）在表单的 Spinner 控件的 DownClick 事件中添加以下代码：

```
UpDownFlag=.f.
```

2）在表单的 Spinner 控件的 UpClick 事件中添加以下代码：

```
UpDownFlag=.t.
```

3）在表单的 Spinner 控件的 InterActiveChange 事件中添加以下代码：

```
*点击向上按钮则标签右移
public UpDownFlag
if UpDownFlag
    thisform.label1.left=thisform.label1.left+thisform.spinner1.value
 endi
*点击向上按钮则标签左移
if not UpDownFlag
    thisform.label1.left=thisform.label1.left+thisform.spinner1.value*(-1)
 endi
```

（4）表单运行后，通过单击微调按钮的上下按钮，可以控制标签的移动方向。程序运行后界面如图 6-41 所示。

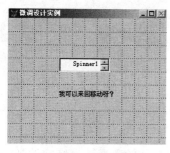

图 6-40　界面设计

图 6-41　运行界面

6.5.10　组合框

组合框是文本框和列表框的组合，也就是说既可输入并显示数据，又可以通过列表框显示数据。Visual FoxPro 中有两种形式的组合框，即下拉组合框和下拉列表框，通过更改控件的 Style 属性可选择所需要的形式。使用"组合框"可以把相关的信息以列表框的形式显示出来，组合框的右侧有下拉列表按钮。其重要属性说明如表 6-18 所示。

表 6-18　控件属性

属性	功能说明	在本例中设置的值	说明
ColumnCount	列表框的列数	2	
ControlSource	指定与对象建立联系的数据源		
RowSource	列表中显示的值的来源	Xsdb.dbf	选表 xsdb.dbf
RowSourceType	确定 RowSource 是下列哪种类型：值、表、字段、SQL 语句、查询、数组、文件列表或者字段列表		
BoundColunm	指定包含多列的列表框控件或组合框控件中，哪一列绑定到该控件的 Value 属性上	1	用学号字段绑定

【例 6-16】组合框控件设计实例。

（1）窗体界面的建立。新建一个名为 COMBOX.SCX 的空白表单，从表单工具栏中选择一个组合框控件和一个命令按钮控件放到表单中，界面如图 6-42 所示。

（2）设置控件属性。组合框为用户提供了包含一些选项和信息的可滚动列表。用户通过单击向下按钮来显示可滚动的下拉列表框。

（3）编写代码。在命令按钮的 Click 事件中添加以下代码：

```
messagebox（"你所选的学号是"+thisform.combol.value）
return
```

（4）组合框选定后，单击"提交"按钮，会弹出消息框显示用户所选择的组合框的内容。程序运行后界面如图 6-43 所示。

图 6-42　界面设计

图 6-43　运行界面

6.5.11　表格控件

表格（Grid）控件是在表单中以表格的形式来显示有关的数据。表格控件是一个容器类控件。其重要属性说明如表 6-19 所示。

【例 6-17】表格控件设计实例。

（1）窗体界面的建立。新建一个名为 GRID.SCX 的空白表单，从表单工具栏中选择表格放到表单中，在表格上右击，在弹出的快捷菜单中选择"生成器"命令，可以较快地设置表格的属性，界面如图 6-44 所示。

表 6-19　控件属性

属性	功能说明	在本例中设置的值	说明
ColumnCount	设置表格列数	6	
ChildOrder	和父表主关键字相连的子表中的外部关键字		
LinkMaster	显示在表格中的子记录的父表		
RecordSource	和表格关联的数据源		
RecordSourceType	表格中显示数据来源于何处：表、别名、查询	1-别名	

（2）设置控件属性。表格是一个容器对象，表格中包含列，这些列除了包含表头和控制外，每一个列还拥有自己的属性、时间、方法，从而提供对表格单元的大量控制。

（3）编写代码

在表格的 Init 事件中添加以下代码：

```
**动态将微调按钮控件加入到表格的列中
this.column6.addobject（"英语","spinner"）&&"英语"第六列字段，类型为数值型。
this.column6.currentcontrol="英语"
this.column6.英语.visible=.t.
return
```

（4）表格是 Visual FoxPro 主要的数据库显示形式，其功能强大，可以设置多种数据格式，可以通过嵌入式或链接显示语音、图形等多媒体数据，可以设置简单、易用的微调改变数据。本例演示了表格设置、关联数据源设置等表格的基本应用，以及在表格的列中动态加控件等高级应用。程序运行后界面如图 6-45 所示。

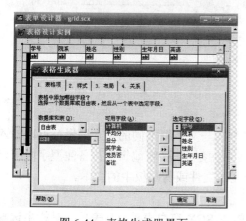

图 6-44　表格生成器界面

图 6-45　运行界面

6.5.12　页框

页框（Pageframe）是包含页面的窗口对象，而页面又可包含控件，所以也是容器对象。可以在页框、页面或控件级上设置属性。其重要属性说明如表 6-20 所示。表单上一个页框可有多个页面。表单中可以包含一个或多个页框。

表 6-20 控件属性

属性	功能说明	在本例中设置的值	说明
PageCount	页框的页面数	2	
Tabs	确定页面的选项卡是否可见	.T.	

页框定义了页面的位置和页面的数目。

【例 6-18】页框控件设计实例。

（1）窗体界面的建立。新建一个名为 PAGEFRAME1.SCX 的空白表单，从表单工具栏中选择页框和命令按钮控件放到表单中，界面如图 6-46 所示。

（2）设置控件属性。页框是包含页面的容器对象，页面又可包含控制，可以在页框、页面、控制级上设置属性。

（3）编写代码。在命令按钮的 Click 事件中添加以下代码：

```
*设置当前活动页面为页面2
thisform.pageframe1.activepage=2
```

（4）单击页框（选项卡）按钮，可以改变当前活动页面，单击"选择页面 2"按钮，也可以使页面 2 成为当前活动页面。程序运行后界面如图 6-47 所示。

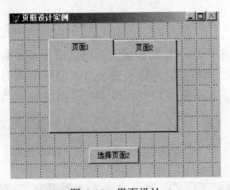

图 6-46 界面设计

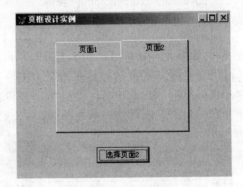

图 6-47 运行界面

6.5.13 编辑框

编辑框（Editbox）用于输入或更改文本的内容，与文本框不同的是，编辑框可以输入多段文字。编辑框一般用来显示长的字符型字段或者备注型字段（将编辑框与备注型字段绑定），并且允许用户编辑文本。编辑框也可以显示一个文本文件或剪贴板中的文本。

【例 6-19】编辑框控件设计实例。

（1）窗体界面的建立。新建一个名为 EDITBOX.SCX 空白表单，从表单工具栏中选择编辑框控件放到表单中，按表 6-21 中所设置的值设置编辑框的属性，完成后界面如图 6-48 所示。

（2）设置控件属性。在编辑框中允许用户编辑长字段或者备注型字段文本，允许自动换行并且能用方向键 PageUp、PageDown 键以及滚动条来浏览文本。编辑框重要属性说明如表6-21 所示。

（3）程序运行以后，在表单上显示一个编辑框，在编辑框中可以对其中的文字进行编辑。程序运行后界面如图 6-49 所示。

表 6-21 编辑框控件属性

属性	功能说明	说明
AllowTabs	确定用户在编辑框中是否能插入 Tab 键，而不是移动到下一个控件，如果允许插入 Tab 键，则按 Ctrl+Tab 组合键	
HideSelection	确定编辑框中选定的文本在编辑框没有焦点时是否仍然显示为被选定	
ReadOnly	用户能否修改编辑框中的文本	设为真值时，不允许修改
ScrollBar	是否具有垂直滚动条	设为 1 时，具有垂直滚动条

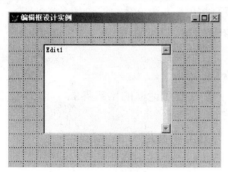

图 6-48 界面设计

图 6-49 运行界面

本章小结

表单是 Visual FoxPro 最常见的界面，各种对话框和窗口都是表单的不同表现形式。在表单或应用程序中可以添加各种控件，以提高人机交互能力。

本章内容要点：

● 操作表单，包括创建、维护、保存与运行表单。

● 数据与基本控件，包括数据环境类、标签、线条与形状、文本框。

● 按钮类控件，包括命令按钮和按钮组、单选按钮、复选框和微调按钮。

● 框类控件，包括列表框、组合框、编辑框、页框和表格。

● 其他控件，包括图像控件、计时器控件。

习题 6

一、选择题

1. 下列文件的类型中，表单文件是（   ）。

A．.DBC   B．.DBF   C．.PRG   D．.SCX

2. 在创建表单时，用（   ）控件创建的对象用于保存不希望用户改动的文本。

A．标签   B．文本框   C．编辑框   D．组合框

3. Visual FoxPro 的表单对象可以包括（　　）。

    A．任意控件
                 B．所有的容器对象

    C．页框或任意控件
             D．页框、任意控件、容器或自定义对象

4. 在 Visual FoxPro 控件中，标签的默认名字为（　　）。

    A．List
        B．Label
        C．Edit
        D．Text

5. 以下所述的有关表单中"文本框"与"编辑框"的区别，错误的是（　　）。

    A．文本框只能用于输入数据，而编辑框只能用于编辑数据

    B．文本框内容可以是文本、数值等多种数据，而编辑框内容只能是文本数据

    C．文本框只能用于输入一段文本，而编辑框则能输入多段文本

    D．文本框不允许输入多段文本，而编辑框能输入一段文本

6. 以下有关 Visual FoxPro 表单的叙述中，错误的是（　　）。

    A．所谓表单就是数据表清单。

    B．Visual FoxPro 的表单是一个容器类的对象

    C．Visual FoxPro 的表单可用来设计类似于窗口或对话框的用户界面

    D．在表单上可以设置各种控件对象

7. 列表框控件中，控制将选择的选项存储在何处的属性是（　　）。

    A．ControlSource
               B．RowSource

    C．RowSourceType
             D．ColumnCount

8. 计时器控件的主要属性是（　　）。

    A．Enabled
        B．Caption
        C．Interval
        D．Value

9. 下列关于列表框和下拉列表框的叙述中，（　　）是正确的。

    A．列表框与下拉列表框都可设置成多重选择

    B．列表框可设置成多重选择，而下拉列表框不能

    C．下拉列表框可以设置成多重选择，而列表框不能

    D．列表框与下拉列表框都不能设置成多重选择

10. 如果"表单设计器"窗口已打开，下面给出的 4 种方法中，不能打开"属性"对话框的方法是（　　）。

    A．直接单击工具栏"表单设计器"中的"属性对话框"按钮

    B．选择菜单"显示"→"属性"命令

    C．右击"表单设计器"窗口，在弹出的快捷菜单中选择"属性"命令

    D．右击"命令"窗口，在弹出的快捷菜单中选择"属性"命令

11. 线条控件中，控制线条倾斜方向的属性是（　　）。

    A．BorderWidth
    B．Lineslant
    C．Borderstyle
    D．DrawMode

12. 在表单内可以包含的各种控件中，下拉列表框的默认名称为（　　）。

    A．Combo
        B．Command
        C．Check
        D．Caption

13. Visible 属性的作用是（　　）。

    A．设置对象是否可用
             B．设置对象是否可视

    C．设置对象是否可改变大小
        D．设置对象是否可移动

14. 在当前目录下有 A.PRG 和 A.SCX 两个文件，在执行命令 DO FORM A 后，实际运

行的文件是（　　）。

    A．A.PRG   B．A.SCX   C．随机运行   D．都运行

15．在一个表单容器中，不同控件的属性必须设置为不同的是（　　）。

    A．Forecoler   B．Name   C．Visible   D．Enabled

16．以下属于非容器控件的是（　　）。

    A．Form   B．Label   C．Page   D．Containe

17．有关控件对象的 Click 事件的正确叙述是（　　）。

    A．用鼠标双击对象时引发   B．用鼠标单击对象时引发

    C．用鼠标右键单击对象时引发   D．用鼠标右键双击对象时引发

18．在下列对象中，不属于控件类的为（　　）。

    A．文本框   B．组合框   C．表格   D．命令按钮

19．在命令按钮组中，通过修改（　　）属性，可把按钮个数设置为 5 个。

    A．Caption   B．PageCount   C．ButtonCount   D．Value

20．要使表单中某个控件不可用（变为灰色），则将该控件的（　　）属性设为.F.。

    A．Caption   B．Name   C．Visible   D．Eanbled

21．在引用对象时，下面（　　）格式是正确的。

    A．Text1.value="中国"   B．Thisform.Text1.value="中国"

    C．Text.value="中国"   D．Thisform.Text.value="中国"

22．在表单运行时，要求单击某一对象时释放表单，应（　　）。

    A．在该对象的 Click 事件中输入 Thisform.Release 代码

    B．在该对象的 Destory 事件中输入 Thisform.Refresh 代码

    C．在该对象的 Click 事件中输入 Thisform.Refresh 代码

    D．在该对象的 DblClick 事件中输入 Thisform.Release 代码

23．Caption 是对象的（　　）属性。

    A．标题   B．名称   C．背景是否透明   D．字体尺寸

24．关闭当前表单的程序代码是 ThisForm.Release，其中的 Release 是表单对象的（　　）。

    A．标题   B．属性   C．事件   D．方法

25．在 Visual FoxPro 中，运行表单 T1.SCX 的命令是（　　）。

    A．DO T1   B．RUN FORM1 T1

    C．DO FORM T1   D．DO FROM T1

26．新创建的表单默认标题为 Form1，为了修改表单的标题，应设置表单的（　　）。

    A．Name 属性   B．Caption 属性

    C．Closable 属性   D．AlwaysOnTop 属性

27．以下叙述与表单数据环境有关，其中正确的是（　　）。

    A．当表单运行时，数据环境中的表处于只读状态，只能显示不能修改

    B．当表单关闭时，不能自动关闭数据环境中的表

    C．当表单运行时，自动打开数据环境中的表

    D．当表单运行时，与数据环境中的表无关

28．在 Visual FoxPro 中，通常以窗口形式出现，用以创建和修改表、表单、数据库等应

用程序组件的可视化工具称为（　　）。

　　　A．向导　　　　　B．设计器　　　　　C．生成器　　　　　D．项目管理器

29．在 Visual FoxPro 中，Unload 事件的触发时机是（　　）。

　　　A．释放表单　　　B．打开表单　　　C．创建表单　　　D．运行表单

30．在表单设计中，经常会用到一些特定的关键字、属性和事件。下列各项中属于属性的是（　　）。

　　　A．This　　　　　B．ThisForm　　　C．Caption　　　D．Click

31．假设表单上有一选项组：○男●女，如果选择第二个按钮"女"，则该选项组 Value 属性的值为（　　）。

　　　A．.F.　　　　　B．女　　　　　C．2　　　　　D．女 或 2

32．假设表单 My Form 隐藏着，让该表单在屏幕上显示的命令是（　　）。

　　　A．MyForm.List　　　　　　B．MyForm.Display

　　　C．MyForm.Show　　　　　　D．MyForm.ShowForm

33．如果运行一个表单，以下事件首先被触发的是（　　）。

　　　A．Load　　　　　B．Error　　　　　C．Init　　　　　D．Click

34．表格控件的数据源可以是（　　）。

　　　A．视图　　　　　　　　　　B．表

　　　C．SQL SELECT 语句　　　　D．以上三种都可以

35．在 Visual FoxPro 中释放和关闭表单的方法是（　　）。

　　　A．RELEASE　　　B．CLOSE　　　C．DELETE　　　D．DROP

36．在表单中为表格控件指定数据源的属性是（　　）。

　　　A．DataSouce　　　　　　　B．RecordSource

　　　C．DataForm　　　　　　　D．RecordForm

二、填空题

1．在表单中添加控件后，除了通过属性窗口为其设置各种属性外，也可以通过相应的_____对话框为其设置常用属性。

2．要编辑容器中的对象，必须首先激活容器。激活容器的方法是：右击容器，在弹出的快捷菜单中选定_____命令。

3．在命令窗口中执行_____命令，即可以打开表单设计器窗口。

4．利用_____工具栏中的按钮可以对选定的控件进行居中、对齐等多种操作。

5．数据环境是一个对象，泛指定义表单时使用的_____，包括表、视图和关系。

6．将设计好的表单存盘时，会产生扩展名为_____和_____的两个文件。

7．利用_____可以接收、查看和编辑数据，方便、直观地完成数据管理工作。

8．编辑框控件与文本框控件最大的区别是，在编辑框中可以输入或编辑_____段文本，而在文本框中只能输入或编辑_____段文本。

9．向表单中添加控件的方法是，选定表单控件工具栏中某一控件，然后再_____，便可添加一个选定的控件。

10．如果想在表单上添加多个同类型的控件，可在选定控件按钮后，单击_____按钮，

然后在表单的不同位置单击，就可以添加多个同类型的控件。

11．控件的数据绑定是指将控件与某个_____联系起来。

12．在程序中为了隐藏已显示的 Myforml 表单对象，应当使用的命令是_____。

13．在表单中确定控件是否可见的属性是_____。

14．用当前窗体的 Label1 控件显示系统时间的语句是_____。

THISFORM.LABEL1_____=TIME()

15．在 Visual FoxPro 中，运行当前文件夹下的表单 T1.SCX 的命令是_____。

16．为使表单运行时在主窗口中居中显示，应设置表单的 AutoCenter 属性值为_____。

17．在表单设计器中可以通过_____工具栏中的工具快速对齐表单中的控件。

18．在 Visual FoxPro 中，如果要改变表单上表格对象中当前显示的列数，应设置表格的_____属性值。

19．在 Visual FoxPro 表单中，用来确定复选框是否被选中的属性是_____。

20．在 Visual FoxPro 中，假设表单上有一选项组：●男○女，该选项组的 Value 属性值赋为 0。当其中的第一个选项按钮"男"被选中，该选项组的 Value 属性值为_____。

三、简答题

1．什么是数据环境？

2．命令按钮组是容器类控件吗？容器类控件有什么特点？

3．文本框与编辑框有什么异同？

4．列表框和组合框有什么异同？

5．选项按钮组和复选框有什么异同？

四、上机操作题

1．使用 xsdb.DBF 通过表单向导建立学生成绩管理系统表单，如图 6-50 所示。

2．创建一个如图 6-51 所示的表单，表单上有 3 个标签："数据表文件的扩展名是："、"供选择答案"和"对"或"错"，一个选项组包括 4 个按钮选项，只有一个是正确的，当回答正确时，显示"对"，回答错误时，显示"错"。

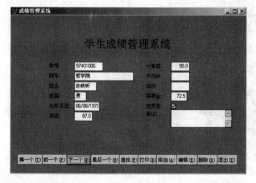

图 6-50　表单运行结果

图 6-51　表单运行结果

3．创建一个如图 6-52 所示的表单，表单中包含一个形状、微调控件和标签控件，通过微调控件对形状曲率进行调整，产生相应的图形。图中是曲率最大值的情况。

4．利用复选框来控制文字的格式，如图 6-53 所示。

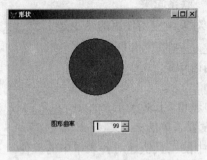

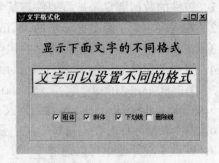

图 6-52　表单运行结果　　　　　　　　　图 6-53　运行界面

5．在表单中创建一个如图 6-54 所示有选项卡的页框，该页框有 3 个页面，页面中各有一个文本框和形状控件，另在第三个页面加一个计时器控件。在页面 1 显示今天是星期几；在页面 2 显示今天的日期；在页面 3 显示今天的时间。

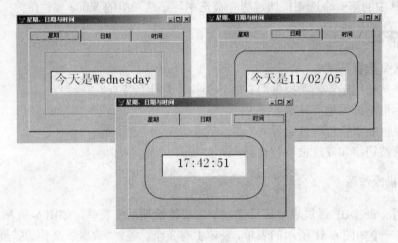

图 6-54　表单运行结果

6．用表格控件来显示 xsdb.DBF 表文件，如图 6-55 所示。

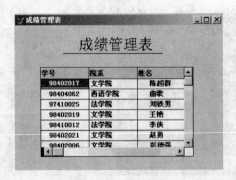

图 6-55　运行结果

7．设计一个包含页框的表单。页框共两页，第一页以表格形式显示学生单表记录，第二页以表格形式显示计算机表记录，并分别给这两页添加图形作背景，如图 6-56 所示。

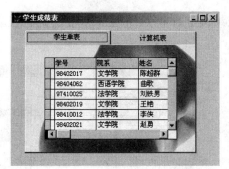

图 6-56 运行结果

8．用列表框控件来显示九九乘法表，如图 6-57 所示。

9．创建表单登录密码，如图 6-58 所示。

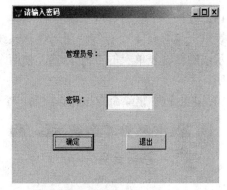

图 6-57 九九乘法表   图 6-58 运行结果

10．用表单设计器创建如图 6-59 所示的学生成绩管理系统（XSCJGL.SCX）表单，并运行表单。

11．用表单设计器创建表单，为上题创建的表单 XSCJGL.SCX 添加计时器控件 Timer，并给该控件和表单添加代码，如图 6-60、图 6-61 所示。

图 6-59 "系统界面"   图 6-60 系统界面

（1）设置 Timer 控件的属性 Interval 值为 5000，当表单运行到 Interval 属性规定的时间间隔后触发 Timer 事件：关闭该表单，调用"系统登录"表单（XTDL.SCX）。

（2）当按任意键时触发事件：关闭该表单，调用"系统登录"表单（XTDL.SCX）。

（3）当单击鼠标左键时触发事件：关闭该表单，调用"系统登录"表单（XTDL.SCX）。

12．用表单设计器创建表单。创建学生成绩浏览表单（CJLL.SCX），并运行表单，如图 6-62 所示。

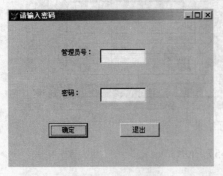

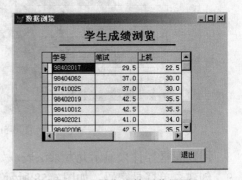

图 6-61　登录界面　　　　　　　　　　　图 6-62　学生成绩浏览界面

13．设计一个教材管理系统封面表单，如图 6-63 所示。

表单上包含有 4 个标签，用于显示系统程序说明，两个命令按钮：显示和隐藏，分别用于显示或隐藏该表单上的 3 个标签，使两个命令互斥。一个计时器控件，用于动态显示该系统说明。

14．在上题中删除命令按钮，添加一个命令按钮组，包含 3 个命令按钮，如图 6-64 所示。

图 6-63　系统登录界面　　　　　　　　　图 6-64　运行结果

15．用"表单设计器"设计表单，创建"退出系统"表单（TCXT.SCX），如图 6-65 所示。

16．创建表单修改密码，如图 6-66 所示。

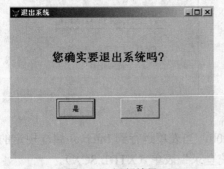

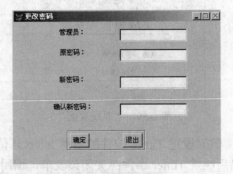

图 6-65　运行结果　　　　　　　　　　　图 6-66　运行结果

17．用表单向导创建一个"通用通讯录管理系统"，如图 6-67 所示。

图 6-67　通信录设计界面

18．利用表单设计器创建一个"大学学生信息管理系统"表单，如图 6-68 所示。

图 6-68　信息管理系统设计界面

19．使用标签处理多行信息输出，运行时通过代码来改变输出的内容，如图 6-69 所示。

图 6-69　界面及运行结果

20．在文本框中输入长、宽、高，求长方体的表面积并输出，如图 6-70 所示。

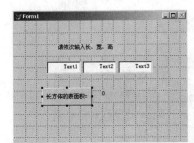

图 6-70　界面及运行结果

21. 编程序输出在指定范围内的 3 个随机数，范围在文本框中输入，如图 6-71 所示。

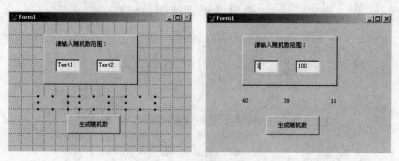

图 6-71 界面及运行结果

22. 输入 3 个不同的数，将它们从大到小排序，如图 6-72 所示。

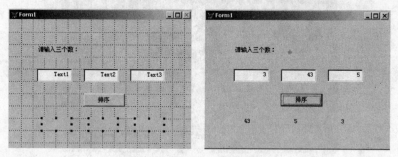

图 6-72 界面及运行结果

23. 编写程序，任意输入一个整数，判定该整数的奇偶性，如图 6-73 所示。

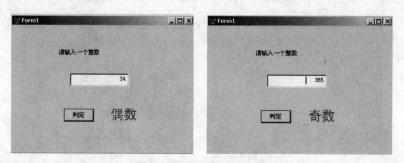

图 6-73 运行结果

24. 使用命令按钮组的程序，如图 6-74 所示，利用命令按钮组，设计模拟摸奖机游戏。

图 6-74 运行结果

25．如图 6-75 所示，输入圆的半径 r，利用选项按钮选择运算：计算面积、计算周长。

图 6-75　运行结果

26．为小学生编写加减法算术练习程序。计算机连续地随机给出两位数的加减法算术题，要求学生回答，答对的打"√"，答错的打"×"。将做过的题目存放在列表框中备查，并随时给出答题的正确率，如图 6-76 所示。

27．使用表单设计器设计一个表单，如图 6-77 所示。设计的表单中有 4 个命令按钮，每个命令按钮显示孟浩然"春晓"诗的一句，其背景用一幅山水画作衬托。

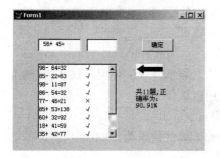

图 6-76　算术练习

图 6-77　运行结果

28．使用表单向导选择 SCORE 表生成一个文件名为 GOOD_FORM 的表单。要求选择 SCORE 表中的所有字段，表单样式为阴影式；按钮类型为图片按钮；排序字段选择学号（升序）；表单标题为"学生数据"。

29．建立表单，表单文件名和表单控件名均为 formtest，表单标题为"考试系统"，表单背景为灰色，其他要求如下：

① 表单上有"欢迎使用考试系统"（Label1）8 个字，其背景颜色为灰色（BackColor= 192,192,192），字体为楷体，字号为 24，字的颜色为桔红色（ForeColor=255,128,0）；当表单运行时，"欢迎使用考试系统"8 个字向表单左侧移动，移动由计时器控件 Timer1 控制，间隔（interval 属性）是每 200 毫秒左移 10 个点（提示：在 Timer1 控件的 Timer 事件中写语句 THISFORM.Label1.Left=THISFORM.Label1.Left-10）。当完全移出表单后，又会从表单右侧移入。

② 表单有一命令按钮（Command1），按钮标题为"关闭"，表单运行时单击此按钮关闭并释放表单。

30．设计一个名称为 FORM2 的表单，表单上设计一个页框，页框（PageFrame1）有"学生"（Page1）和"成绩"（Page2）两个选项卡，在表单的右下角有一个"退出"命令按钮。

要求如下：

① 表单的标题名称为"学生数据输入"。

② 单击"成绩"选项卡时，在选项卡"成绩"中使用"表格方式显示 SCORE 表中的记录（表格名称为 grdScore）。

③ 单击"学生"选项卡时，在"学生"选项卡中使用"表格"方式显示"STUDENT"表中的记录（表格名称为 grdStudent）。

④ 单击"退出"命令按钮时，关闭表单。

要求：将表"student"和表"score"添加到数据环境，并将表"STUDENT"和表"SCORE"从数据环境直接拖拽到相应的选项卡自动生成表格。

31．建立表单 TWO（表单名和表单文件名均为 TWO），然后完成以下操作：

① 在表单中添加表格控件 Grid1。

② 在表单中添加命令按钮 Command1（标题为"退出"）。

③ 将表 student 添加到表单的数据环境中。

④ 在表单的 Init 事件中写两条语句，第一条语句将 Grid1 的 RecordSourceType 属性设置为 0（即数据源的类型为表），第二条语句将 Grid1 的 RecordSource 属性设置为 student，使得在表单运行时表格控件中显示表 student 的内容（注：不可以写多余的语句）。

32．建立一个表单 FORMTEST.SCX，完成下列要求：

① 表单标题设置为"考试系统"。

② 在表单上添加一个标签控件（Label1），标签上显示"欢迎使用考试系统"8 个字，字的颜色为红色（ForeColor=255,0,0），其他属性使用默认值。

③ 向表单内添加一个计时器控件，控件名为 Timerfor。

④ 将计时器控件 Timerfor 的时间时隔（Interval）属性值设为 2000。

⑤ Timer 事件：thisform.release。

33．创建一个表单 one，完成以下操作：

① 向其中添加一个组合框（Combo1），并将其设置为下拉列表框。

② 在表单 one 中，通过 RowSource 和 RowSourceType 属性手工指定组合框 Combo1 的显示条目为"上海"、"北京"（不要使用命令指定这两个属性），显示情况如图 6-78 所示。

③ 向表单 one 中添加两个命令按钮 Command1 和 Command2，其标题分别为"统计"和"退出"，为"退出"命令按钮的 Click 事件写一条命令，执行该命令时关闭和释放表单。

34．设计一个如图 6-79 所示的时钟应用程序，具体描述如下：

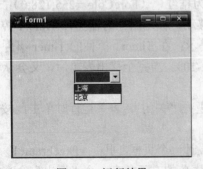

图 6-78　运行结果

图 6-79　运行结果

　　表单名和表单文件名均为 timer，表单标题为"时钟"，表单运行时自动显示系统的当前时间。

　　① 显示时间的为标签控件 label1（要求在表单中居中，标签文本对齐方式为居中）。

　　② 单击"暂停"命令按钮（Command1）时，时钟停止。

　　③ 单击"继续"命令按钮（Command2）时，时钟继续显示系统的当前时间。

　　④ 单击"退出"命令按钮（Command3）时，关闭表单。

　　提示：使用计时器控件，将该控件的 interval 属性设置为 500，即每 500 毫秒触发一次计时器控件的 timer 事件（显示一次系统时间）；将计时器控件的 interval 属性设置为 0 将停止触发 timer 事件；在设计表单时将 timer 控件的 interval 属性设置为 500。

第 7 章　程序设计基础

本章要点：

　　介绍 Visual FoxPro 程序设计的基础知识，包括常用命令、3 种基本的程序结构、多模块程序设计以及程序的调试等基本知识。

在前面的章节中，学习了各种命令、函数，可以用交互的方式使用这些命令和函数，即在命令窗口中输入命令或在 Visual FoxPro 集成环境中选择相应的菜单来执行 Visual FoxPro 命令。在本章将学习怎样编制程序来完成更为复杂的任务。

本章首先讲解程序文件的建立及使用，以及用于程序中的常用命令；其次介绍程序的 3 种基本控制结构：顺序结构、选择结构和循环结构；然后介绍多模块程序设计相关的子程序、过程、自定义函数及变量作用域、参数传递等内容，使大家初步掌握基本的程序设计方法，逐步提高利用计算机解决实际问题的能力。

程序的 3 种基本结构是本章的核心。

7.1　程序概述

本节首先介绍程序的概念，然后介绍如何建立程序和执行程序以及一些相关的知识。

前面的章节中已经介绍了 Visual FoxPro 变量的命名、函数、命令以及如何创建表和处理表中的数据，可以在命令窗口中写入命令来完成要达到的目的，但是很多时候，很多任务是要重复进行的，而且很多任务不是一条命令就能完成的，而是要执行很多相关的命令，如果每次都在命令窗口中逐条输入命令的话，不仅繁琐，而且很容易出错。尤其面临任务比较复杂的情况，就更增加了这种方式的不可能性，那么如何解决呢？下面就来学习如何采用编制程序的方式来解决问题。

程序=数据+算法，即使用一种语言对相关的数据进行相应的运算或处理，来获得最终的结果。采用程序方式的好处如下：

（1）可以根据不同的情况采用多种方式来进行程序的运行。

（2）可以进行一次编码，多次调用。

（3）内部实现透明化，程序的使用者不必知道实现的机制，就可以使用该程序完成相应的任务。

（4）本章例子中要用到数据表 XSDB.DBF、JSJ.DBF 和 YY.DBF。

（5）XSDB.DBF 数据表

　　学号 C(8)，姓名 C(6)，院系 C(10)，性别 C(2)，出生年月日 D，英语 N(5,1)，计算机 N(5,1)，奖学金 N(4,1)，党员否 L，备注 M

　　JSJ.DBF

学号 C(8)，笔试 N(5,1)，上机 N(5,1)

YY.DBF

学号 C(8)，写作 N(5,1)，听力 N(5,1)，口语 N(5,1)

【例 7-1】假定在 XSDB.DBF 表中的前两位为入学年份（如 99 代表 1999 年），第 3、4 位为专业代码。要求编写程序文件 DEMO.PRG，分别统计所有学生和 1999 年入学，专业代码为 40 的学生的英语平均成绩。

```
*分别统计所有学生和指定学生的英语学科的平均成绩。
CLEAR                              &&清屏
USE XSDB.DBF IN 0                  &&在空闲工作区中打开 XSDB 表
SELECT AVG(英语) FROM XSDB INTO ARRAY m1
SELECT AVG(英语) FROM XSDB WHERE LEFT(学号,2) = "99" .and. SUBSTR(学号,3,2)= "40"
INTO ARRAY   m2
? "所有学生的英语平均分：",m1(1,1)
? "指定学生的英语平均分：",m2(1,1)
RETURN
```

在命令窗口中输入：

```
DO DEMO.PRG
```

程序运行结果如下：

```
所有学生的英语平均分：   78.13
指定学生的英语平均分：   77.46
```

下面是程序中的儿点说明：

（1）注释。在程序中应该适当地添加注释，以提高程序的可读性。

行注释：以 Note 或*开头，该行的后面的部分均为注释。

其他注释：以 && 符号开头。

功能：注释是不可以执行的程序命令，不会影响程序的功能，然而可以为程序增强可读性。

（2）命令分行。有时一条命令很长，为了阅读的方便，可以将一条命令分成多行来写。

程序中每条命令都以回车键结束；一行只能写一条命令。若命令需要分行书写，在行尾输入续行符"；"，那么下一行将作为本行的延续。

7.1.1 程序的建立、编辑

在项目管理器章节中了解到程序可以分成以下两类：

（1）程序文件（.PRG）。默认扩展名为.PRG。该文件为项目中的代码选项卡所包含的程序文件，文件格式为纯文本，所以可以在任何文本编辑器中进行创建或编辑，如果指定其他扩展名，执行时要指定扩展名。

（2）表单文件（.SCX）。默认扩展名为.SCX。该文件为项目中的表单，亦即窗体。

程序文件的建立和修改：

对于第二种类型的程序在表单章节中已经讲过，在这里主要讲解如何进行程序文件的建立和运行。

程序文件的文件格式为纯文本，那么可以采用任何的文本编辑器进行创建或修改。下面来讲解如何使用 Visual FoxPro 集成环境中内置的文本编辑器来进行程序文件的创建和修改。

1. 菜单方式

操作步骤如下：

（1）打开文本编辑窗口。选择菜单"文件"→"新建"命令，在弹出的"新建"对话框中选择"程序"单选按钮，并单击"新建文件"按钮。

（2）在打开的文本编辑窗口中输入程序代码。

说明：这里的编辑操作与文本文件的编辑操作没有区别，但是要注意输入的应该是程序代码，也就是说在这里输入的每一行应该是一条命令语句。与命令窗口不同，输入完成一行后，不会被立即执行。

（3）保存命令文件。选择菜单"文件"→"保存"命令或按下 Ctrl+W 组合键，然后在弹出的"另存为"对话框中指定程序文件存放位置和文件名，单击"保存"按钮进行保存。

要打开、修改程序文件，与新建类似，只是选择菜单"文件"→"打开"命令，然后在"文件类型"下拉列表框中选择"程序"选项，其他的都一样。

2. 使用命令方式

命令格式：MODIFY COMMAND <文件名>

功能：文件名是要创建或修改的命令文件的文件名，可以包含路径。如果没有指定扩展名，系统在第一次保存时会自动加上默认扩展名.PRG。

说明：

（1）该处的文件名可以只是不带路径的文件名，那么该程序文件被保存到 Visual FoxPro 的当前目录下；如果要保存到指定的路径下，应该在此输入包含路径的文件名。

（2）如果指定的文件存在，则打开修改；否则，系统认为是要建立一个指定了名字的文件。如果不指定文件名，那么系统会给定一个默认的文件名，当保存时需要用户给定文件名。

7.1.2 程序的运行

建立好程序文件后，就可以一多种方式多次执行它。常用的执行方式如下。

1. 菜单方式

（1）选择菜单"程序"→"运行"命令，打开了"运行"对话框。

（2）从"文件"列表框中选择要运行的程序文件，单击"运行"按钮。

用此方式运行程序文件时，系统会自动将默认的盘符和目录设置为程序文件所在的盘符和目录。

2. 命令方式

DO <文件名>

该种方式既然是使用命令，那么就可以在命令窗口中执行，也可以在其他的程序中发出，这就为一个程序调用另外一个程序提供了可行性。

程序执行时，程序文件中的命令被依次执行，直到所有的命令被执行完毕，或执行到程序转向语句。

（1）CANCEL：终止程序的执行，清除所有的私有变量，返回到命令窗口。

（2）DO：执行另外的程序。

（3）RETURN：结束当前程序的执行，返回到调用它的程序。

（4）QUIT：退出 Visual FoxPro 系统，返回到操作系统。

Visual FoxPro 程序代码文件通过编译、连编，可以产生不同的目标文件，具有不同的文件扩展名。当使用 DO 命令执行程序文件时，如果没有指定扩展名，系统按照以下的顺序进行查找并运行：.EXE（Visual FoxPro 可执行文件）→.APP（Visual FoxPro 应用程序文件）→.FXP（编译文件）→.PRG（源程序文件）。

如果要用 DO 命令执行查询文件、菜单文件，那么<文件名>中必须要包括扩展名（.QPR、.MPR）。

7.1.3　程序中常用的命令

1. INPUT 命令

命令格式：INPUT [<字符表达式>] TO <内存变量>

功能：该命令等待用户输入数据，用户可以输入任意合法的表达式。当用户以回车符结束输入时，系统将表达式的值存入指定的内存变量中，程序继续向下运行。

说明：

（1）如果选用了<字符表达式>，系统会首先显示该表达式的值，作为提示信息。

（2）输入的数据可以是常量、变量，也可以是表达式。如果不输入任何内容直接按回车键，将要求重新输入。

（3）输入字符型常量时要求有定界符。

2. ACCEPT 命令

命令格式：ACCEPT [<字符表达式>] TO <内存变量>

功能：该命令等待用户从键盘输入字符串。当用户按回车键结束输入时，系统将该字符串存入指定的内存变量中，然后继续执行。

注意：如果选用<字符表达式>，那么系统会首先显示该字符串的值，作为提示信息。

该命令只能接收字符串。用户输入的任何字符都将作为字符串的构成部分。不用加定界符。

如果不输入任何内容而直接按回车键，内存变量接收空串。

3. WAIT 命令

命令格式：WAIT [<字符表达式>] [TO <内存变量>] [WINDOW [AT <行>,<列>]] [NOWAIT] [CLEAR | NOCLEAR] [TIMEOUT <数值表达式>]

功能：该命令显示字符表达式的值作为提示信息，暂停程序的执行，直到用户输入单个字符或按任意键或单击鼠标时程序继续执行。

说明：

（1）若定义了<字符表达式>，则显示；否则显示系统默认提示信息"按任意键继续"。

（2）若选择了"TO <内存变量>"子句，则键盘输入的单个字符存入这个内存变量中，类型为字符型。

（3）若选用了 WINDOW 子句，则在主窗口的右上角，或在 AT 短语指定的位置上出现一个 WAIT 提示窗口，在其中显示提示信息；否则，在 Visual FoxPro 主窗口或当前用户自定义的窗口中显示提示信息。

（4）若选用了 NOWAIT 子句，系统将不等待用户按键，继续往下执行程序。

（5）若选用了 NOCLEAR 子句，则不关闭提示信息窗口，直到执行下一条 WAIT WINDOW 命令或 WAIT CLEAR 命令。

（6）若选用了 TIMEOUT 子句，则按数字表达式的值设定等待时间（秒数）；一旦超时，系统将不等待用户按键继续往下执行程序。

4. CANCEL 命令

命令格式：CANCEL [<任意字符>]

功能：终止命令文件的执行，关闭所有打开的文件，返回 Visual FoxPro 主窗口。

<任意字符>可用于书写注释。

5. RETURN 命令

命令格式：RETURN [<TO MASTER>]

功能：返回调用命令文件的上一级程序的调用处。若无程序调用则返回圆点提示符。若选择<TO MASTER>项时，直接返回主程序。

6. QUIT 命令

命令格式：QUIT

功能：关闭所有打开的文件，退出 Visual FoxPro 系统，将控制交还操作系统。

说明：这是 Visual FoxPro 系统运行期间，安全地退出和返回操作系统的方法。如果通过复位、关机或热启动等方式退出 Visual FoxPro 系统，将有可能导致打开的数据库文件损失和数据丢失。

7. CLEAR 命令

命令格式：CLEAR [ALL/FIELDS/GETS/MEMORY/PROGRAM/TYPEAHEAD]

功能：按给定的命令格式来清除屏幕或系统的状态信息。

（1）不带选择项的 CLEAR 命令将清除整个屏幕。

（2）CLEAR ALL 命令释放所有内存变量，关闭当前工作区中打开的数据库文件及与之相关的索引文件、屏幕格式文件和备注文件，恢复第一工作区为当前工作区。

（3）CLEAR FIELD 命令清除由 SET FIELDS TO 命令建立的字段名表，然后自动执行一条 SET FIELDS OFF 命令。

（4）CLEAR GETS 命令清除所有的未执行的 GET 语句所定义的 GET 变量。该命令不释放其他变量。

（5）CLEAR MEMORY 命令释放所有内存变量。

（6）CLEAR PROGRAM 命令清除内存缓冲区中的程序文件。

在用 RUN 命令执行操作系统改变当前目录命令或用 PATH 改变路径命令等特定情况下，可能需要用该命令清除内存缓冲区中的程序文件。

在调用编辑命令修改某命令文件后，应先执行该命令以清除内存中保留的旧文件，再执行该文件。

（7）CLEAR TYPEAHEAD 命令用于清除键盘缓冲区。

8. CLOSE 命令

命令格式：CLOSE [ALL/ALTERNATE/DATABASE/INDEX/PROCEDURE]

（1）CLOSE ALL 命令关闭所有打开的各类文件，对内存变量不产生影响。

（2）CLOSE ALTERNATE 命令关闭所有打开的文本文件。

（3）CLOSE DATABASE 命令关闭所有打开的数据库文件、索引文件和格式文件。

（4）CLOSE INDEX 命令关闭当前工作区中打开的所有索引文件。

（5）CLOSE PROCEDURE 命令关闭当前打开的过程文件。

7.2　顺序结构程序设计

程序结构是指程序中的命令或语句的流程结构。顺序结构、选择结构和循环结构是程序的 3 种结构。

顺序结构是 3 种结构中最基本的程序结构，按照命令在程序中的先后次序依次执行。其执行过程如图 7-1 所示。

【例 7-2】"鸡兔同笼"问题。鸡有 2 只脚，兔有 4 只脚，如果已知鸡和兔共 h 只，脚的个数为 f。问笼中鸡和兔子各有多少只？

分析：设笼中鸡 x 只，兔子 y 只，可得方程组：

$$\begin{cases} x + y = h \\ 2x + 4y = f \end{cases}$$

解方程组得：$x = (4h-f)/2$；$y = (f-2h)/2$

操作步骤如下：

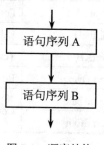

图 7-1　顺序结构

（1）建立表单并设置各对象属性。选择"新建"表单，进入表单设计器，添加 3 个标签控件、两个文本框控件和一个命令按钮。设置各对象属性如表 7-1 所示，界面如图 7-2 所示。

表 7-1　各控件属性设置

控件名	控件类型	属性	取值
frmCalc	form	Caption	鸡兔同笼
Label1	Label	Caption	鸡有两只脚，兔子有四只脚，鸡兔同笼。
Label2			设笼中鸡和兔子的总数为：　　　，总脚数为：
labResult			问笼中鸡和兔子各为几只？
Text1	TextBox		
Text2			
cmdCalc	Command	Caption	计算(&C)

（2）编写代码。Text1 和 Text2 的 InteractiveChange 事件代码：

```
thisform.labresult.caption ="问笼中鸡有多少只？兔子有多少只？"
```

命令按钮 cmdCalc 的 Click 事件代码：

```
h=val(thisform.txtH.value)
f=val(thisform.txtF.value)
x=(4*h-f)/2
y=(f-2*h)/2
thisform.labResult.caption = "则笼中鸡有" + alltrim(str(x))
+ "只，兔有" + alltrim(str(y)) + "只。"
```

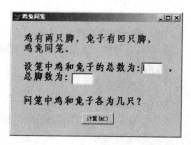

图 7-2　"鸡兔同笼"问题

【例 7-3】 查找指定学号的学生信息。

分析：要求在表单上输入要查询的学号，然后将找到的学生信息显示在表单的编辑框中。

操作步骤如下：

（1）新建表单并向表单中添加相应的控件。选择"新建"表单，进入表单设计器，向表单中添加一个 Form 控件、一个 Label 控件、一个 TextBox 控件、一个 EditBox 控件、两个 CommandButton 控件。查询表单上的各控件的属性设置如表 7-2 所示，界面设计如图 7-3 所示。

表 7-2　查询表单上的各控件的属性设置

控件名	控件类型	属性	取值
Form1	Form	Caption	查询指定学号的学生信息
Label1	Label	Caption	请输入学号：
txtXH	TextBox		
edtDisp	EditBox		
cmdCalc	CommandButton	Caption	查询
cmdExit			退出

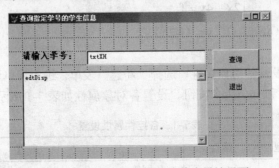

图 7-3　查询指定学号的学生信息设计界面

（2）编写代码。在"查询"按钮的 Click 中编写代码：

```
THISFORM.edtDisp.Value = ""                 &&清空编辑框中的内容
XH = ALLTRIM(THISFORM.txtXH.VALUE)          &&返回去掉前导和后导空格的文本框中的内容
IF XH == "" THEN
    MESSAGEBOX("请输入学号！",0,"提示")
    RETURN
ENDIF
LOCATE FOR  学号 = XH
IF EOF() THEN                               &&判断是否有匹配的记录
    MESSAGEBOX("没有该学号的学生信息！",0,"提示")
    RETURN
ENDIF
THISFORM.edtDisp.Value = 学号 + CHR(9) + ALLT(院系) + CHR(9) + 姓名 + CHR(9) +
ALLTRIM(STR(英语)) + CHR(9) + ALLTRIM(STR(计算机))
RETURN
```

注意：在程序中 ALLTRIM 是去掉字符串中前导和后导空格的函数。CHR(9)函数表示 Tab 字符。

7.3　选择结构程序设计

程序结构中不应该只能够按照指令的次序依次执行，还应该具有逻辑判断能力。分支结构用于控制程序判断指定条件的逻辑真、假来控制程序的转向。

7.3.1　简单分支结构 IF…ENDIF

命令格式：IF<条件表达式>

　　　　　　　<语句序列>

　　　　　ENDIF

功能：<条件表达式>可以是各种表达式的组合。当其值为.T.时，就顺序执行<语句序列>，然后再执行 ENDIF 后面的语句；当其值为.F.时，直接执行 ENDIF 后面的语句。

说明：在写这种程序结构时，应该注意程序的缩进，这样能够提高程序的可读性，并且为程序的调试带来方便。

【例 7-4】在 XSDB.DBF 表文件中，查询一个学生入学成绩是否在 120 分以上。

操作步骤如下：

（1）建立表单并设置各对象属性。选择"新建"表单，进入表单设计器，添加一个 Form 控件、一个 Label 控件、一个文本框控件和两个命令按钮。各控件属性设置如表 7-3 所示，界面如图 7-4 所示。

表 7-3　各控件属性设置

控件名	控件类型	属性	取值
frmQry	form	Caption	成绩查询
Label1	Label	Caption	输入查询的学号
txtXH	TextBox		
cmdQry	CommandButton	Caption	查询
cmdCancel			退出

（2）在 cmdQry 命令按钮的 Click 事件中编写代码来响应按钮的鼠标单击。

```
XH = TRIM(Thisform.txtxh.text)
        &&获得文本框中输入的字符串
LOCATE FOR  学号=XH
CJ="考试成绩低于 120 分"
IF  总分>=120
        &&判断总分是否大于等于 120 分
        CJ="考试成绩 120 分以上"
ENDIF
Messagebox(cj)
```

图 7-4　入学成绩查询设计界面

7.3.2　选择分支结构 IF…ELSE…ENDIF

命令格式：IF<条件表达式>

　　　　　　　　<语句序列 1>
　　　　　ELSE
　　　　　　　　<语句序列 2>
　　　　　ENDIF

　　功能：根据<条件表达式>的逻辑值，选择两个语句序列中的一个执行。当条件表达式值为.T.时，先执行<语句序列 1>，然后转去执行 ENDIF 后面的语句；当条件表达式值为.F.时，执行<语句行序列 2>，然后转去执行 ENDIF 后面的语句。

　　说明：

　　（1）IF、ELSE、ENDIF 必须各占一行。每一个 IF 都必须与一个 ENDIF 匹配，即 IF 和 ENDIF 必须成对出现。

　　（2）ELSE 是可选的。

　　（3）根据<条件表达式>的逻辑值进行判断。

　　（4）<语句序列 1>和<语句序列 2>可以是任何语句，所以也可以包含 IF 语句结构，这样使用时称为 IF 语句的嵌套。

　　该语句的执行过程如图 7-5 所示。

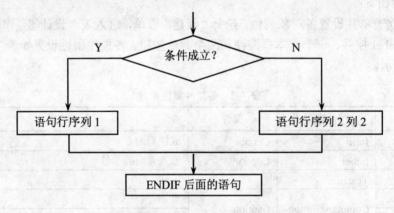

图 7-5　选择分支语句的执行过程

【例 7-5】用选择分支语句，重新编写例【7-4】程序来显示输入学号的学生的总分情况。窗体上的各控件属性设置相同，cmdQry 的 Click 事件代码如下：

```
XH = ALLTRIM(Thisform.txtxh.text)          &&获得文本框中输入的字符串
LOCATE FOR  学号=XH
CJ="考试成绩低于 120 分"
IF  总分>=120                               &&判断总分是否大于等于 120 分
    CJ="考试成绩 120 分以上"
ELSE
    CJ="考试成绩低于 120 分"
ENDIF
Messagebox(CJ)
```

　　分支语句嵌套。在解决许多复杂问题时，需要将多个分支语句相互结合起来使用，形成了分支语句的嵌套形式。

【例 7-6】求 X、Y、Z 3 个数中的最大值。
```
INPUT "请输入第一个数值: " TO X
INPUT "请输入第二个数值: " TO Y
INPUT "请输入第三个数值: " TO Z
IF X>=Y.AND .X>=Z
    MAX=X
ELSE
    IF Y>=X.AND.Y>=Z
        MAX=Y
    ELSE
        MAX=Z
    ENDIF
ENDIF
? MAX
RETURN
```

7.3.3　多分支结构 DO CASE…ENDCASE

在处理多分支的问题时，虽然可以用分支语句嵌套的办法来解决，但是编写程序时容易出错。而结构分支语句各种情况之间的关系是并列的，各种分支处于相同的级别，缩进的层次一致，使程序的结构层次清晰、简明，从而减少了编写程序的错误，增加了程序的可读性。

命令格式：DO CASE
```
            CASE<条件表达式 1>
                <语句行序列 1>
            CASE<条件表达式 2>
                <语句行序列 2>
            ……
            CASE<条件表达式 N>
                <语句行序列 N>
            [OTHERWISE
                <语句行序列 N+1>]
        ENDCASE
```

功能：根据 N 个条件表达式的逻辑值，选择执行 N+1 个语句序列中的一个。系统执行 DO CASE…ENDCASE 语句时，首先逐个检查每个 CASE 项中的条件表达式，只要遇到某个条件表达式的值为.T.时，就去执行这一 CASE 项下的语句行序列，然后结束整个 DO CASE…ENDCASE 语句，接着执行 ENDCASE 后面的语句。若所有的 CASE 项下的条件表达式都为.F.时，则执行 OTHERWISE 项下的语句行序列，然后去执行 ENDCASE 后面的语句。

在整个 DO CASE…ENDCASE 语句中，每次最多只有一个语句行序列被执行。在多个 CASE 项的条件表达式都为.T.时，系统只能执行位置在最前面的 CASE 项下的那个语句行序列。

【例 7-7】根据输入的学号，判断该学生的英语成绩的范围，0～59 为不及格，60～79 为及格，80～89 为良好，90～100 优秀。

（1）建立表单并设置各对象属性。选择"新建"表单，进入表单设计器，添加一个 Form 控件、一个 Label 控件、一个文本框控件和两个命令按钮。各控件设置属性如表 7-4 所示，界面如图 7-6 所示。

表 7-4　各控件属性设置

控件对象名	控件类型	属性	取值
frmQry	form	Caption	成绩查询
Label1	Label	Caption	输入查询的学号
LabResult			
txtXH	TextBox		
cmdQry	Command	Caption	查询
cmdCancel			退出

（2）在 cmdQry 命令按钮的 Click 事件中编写代码，来响应按钮的鼠标单击。

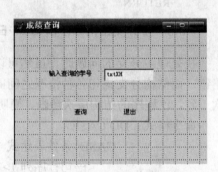

图 7-6　成绩查询设计界面

```
XH = TRIM(Thisform.txtxh.text)
        &&获得文本框中输入的字符串
LOCATE FOR 学号 = XH
IF FOUND( ) = .F. Then
    RETURN
ENDIF
CJ="英语考试成绩"
DO CASE
    CASE 英语 < 60
        CJ = CJ + "不及格！"
    CASE 英语 >= 60 and 英语 < 80
        CJ = CJ + "及格！"
    CASE 英语 >= 80 and 英语 < 90
        CJ = CJ + "良好！"
    OTHERWISE
        CJ = CJ + "优秀！"
ENDCASE
THISFORM.labResult.Caption = CJ
```

7.4　循环结构程序设计

循环结构用于执行一些重复性的操作。Visual FoxPro 6.0 提供了 3 种基本类型的循环：SCAN…ENDSCAN、FOR…ENDFOR 和 DO WHILE…ENDDO，有两个命令可以改变循环体内语句的执行顺序，即 EXIT（退出循环体命令）和 LOOP（重新开始循环体命令）。

7.4.1　条件循环语句　DO WHILE…ENDDO

命令格式：DO WHILE <条件表达式>

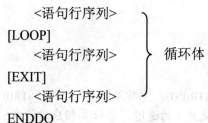

　　　　　　　　<语句行序列>

　　　　　　　[LOOP]

　　　　　　　　<语句行序列>　　　}循环体

　　　　　　　[EXIT]

　　　　　　　　<语句行序列>

　　　　　　　ENDDO

　　功能：重复判断<条件表达式>的逻辑值，当其值为.T.时，反复执行 DO WHILE 与 ENDDO 之间的语句；当其值为.F.时，退出循环，并执行 ENDDO 后面的语句。

　　循环语句的执行过程：

　　（1）当程序执行到 DO WHILE 时，计算条件表达式的值。

　　（2）若条件表达式的值为"假"时，则结束循环，执行 ENDDO 后面的语句。

　　（3）若条件表达式的值为"真"时，则执行 DO WHILE 后面的语句。

　　（4）当遇到 LOOP 或 ENDDO 时，返回到 DO WHILE，重复执行步骤（1）～（3）。

　　（5）当遇到 EXIT 时，则结束循环，转移到 ENDDO 后面的语句去执行。

　　【例 7-8】写出程序，计算 N 的阶乘，即 N!=1×2×3×…×（N-1）×N

　　操作步骤如下：

　　（1）建立表单并设置各控件对象属性。选择"新建"表单，添加一个 Form 控件、两个 Label 控件，两个 CommandButton 控件和一个文本框控件。各控件属性设置如表 7-5 所示，运行界面如图 7-7 所示。

表 7-5　阶乘计算表单个控件的属性列表

控件对象名	控件类型	属性	取值
frmDoWhileDemo	Form	Caption	阶乘计算
Label1	Label	Caption	请输入数值
LabResult			
txtN	TextBox		
cmdFact	Command	Caption	计算
cmdReturn			退出

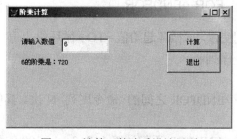

图 7-7　计算 n 的阶乘设计界面

　　（2）在"计算"按钮的 Click 事件中进行编码。

```
iN = val(Thisform.txtN.text)
i =1
```

```
iF = 1
DO WHILE i<= iN
    iF = iF * i
    i= i+1
ENDDO
Thisform.labResult.Caption   = LTRIM(STR(iN)) + "的阶乘是：" + LTRIM(STR(iF))
```

注意：在该事件中，使用循环结构，完成 i 的递增，并计算相应的阶乘。

【例 7-9】对 XSDB.DBF 表中所有的学生计算总分（这里学习循环结构，不采用 Replace All 语句）。

操作步骤如下：

（1）建立表单并设置各对象属性。选择"新建"表单，进入表单设计器，添加一个 Label 控件、两个 CommandButton 控件。将表单的数据环境设置为 XSDB.DBF。各控件属性设置如表 7-6 所示，界面如图 7-8 所示。

表 7-6　各控件属性设置

控件对象名	控件类型	属性	取值
Form1	Form	Caption	计算学生总分
LabTips	Label	Caption	
cmdCalc	Command	Caption	计算
CmdExit			退出

（2）在"计算"按钮的 Click 事件中进行编码如下：

```
GO TOP
DO WHILE .NOT. EOF()
    REPLACE 总分 WITH 英语+计算机
    THISFORM.LABTips.CAPTION = 学号 + "的总
    分是：" + ltrim(str(总分))
    THISFORM.REFRESH
    SKIP
ENDDO
```

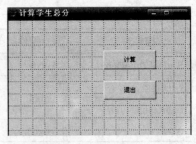

图 7-8　计算各学生的总分设计界面

注意：在该事件中，使用 Replace 语句对当前记录的总分字段进行更改。

7.4.2　计数循环语句　FOR…ENDFOR

命令格式：FOR<控制变量>=<循环起始值> TO <循环终止值>[STEP <step>]

　　　　　　　<命令序列>

　　　　　　ENDFOR

功能：重复执行 FOR…ENDFOR 之间的<命令序列>N 次。其中 N=循环终止值-循环起始值+1。

【例 7-10】使用 FOR…ENDFOR 语句计算 1+2+3+…+100 的和。

操作步骤如下：

（1）建立表单并设置控件属性。选择"新建"表单，进入表单设计器，添加一个 Form 控件、3 个 Label 控件、一个 TextBox 控件和两个 CommandButton 控件。各控件属性设置如

表 7-7 所示，界面设计如图 7-9 所示。

表 7-7　表单上各控件的属性设置

控件对象名	控件类型	属性	取值
Form1	Form	Caption	计算 1 到 N 之和
Label1	Label	Caption	计算从 1 到 N 之和
Label2			请输入数字 N：
LabResult	Label	Caption	
cmdCalc	CommandButton	Caption	计算
cmdExit	CommandButton	Caption	退出

（2）在"计算"按钮的 Click 事件中编码如下：

```
iN = Val(THISFORM.txtN.Text)
iSum = 0
FOR iStep = 1 TO iN
    iSum = iSum + iStep
ENDFOR
THISFORM.labResult.Caption="1                    到
"+LTRIM(STR(iN))+"之和是："+ LTRIM(STR(iSum))
```

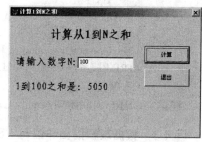

图 7-9　计算 1 到 N 之和设计界面

【例 7-11】逐条显示 XSDB 表中前 N 个学生的学号、院系、姓名字段信息。

操作步骤如下：

（1）建立表单并设置控件属性。选择"新建"表单，进入表单设计器，添加一个 Form 控件、3 个 Label 控件、一个文本框控件、一个编辑框控件和两个命令按钮控件。各控件属性设置如表 7-8 所示，界面设计如图 7-10 所示。

表 7-8　表单上控件的属性

控件对象名	控件类型	属性	取值
Form1	Form	Caption	显示前 N 个学生的信息
Label1	Label	Caption	显示前 N 个学生的信息
Label2			请输入数值 N：
Label3		Caption	前 N 个学生信息
		WordWrap	True
txtN	textBox		
edtDisp	EditBox		
cmdCalc	CommandButton	Caption	显示
cmdExit	CommandButton	Caption	退出

（2）在"显示"按钮的 Click 事件中编码如下：

```
iN = val(THISFORM.txtN.Text)
Thisform.edtDisp.value = ""
```

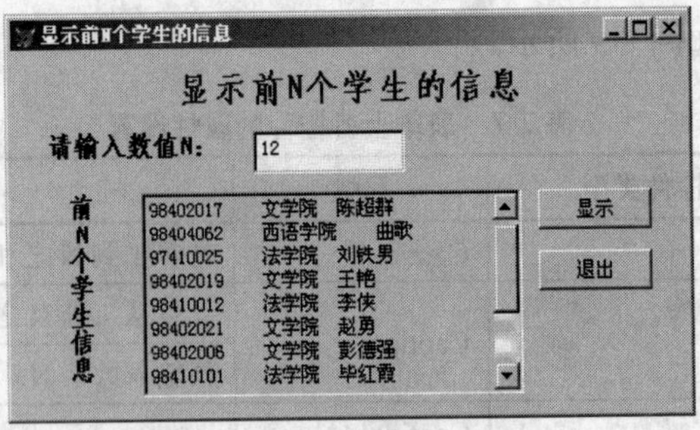

图 7-10　显示前 N 个学生的信息设计界面

```
FOR I = 1 TO iN
    IF I > RECCOUNT() THEN
        EXIT
    ENDIF
    GO i
    Thisform.edtDisp.value = Thisform.edtDisp.Value + CHR(13) + ALLTRIM(学号) + CHR(9) +
ALLTRIM(院系) + CHR(9) + ALLTRIM(姓名)
ENDFOR
```

注意：CHR(13)表示回车符，CHR(9)表示制表符。

7.4.3　数据表扫描循环语句　SCAN…ENDSCAN

SCAN 循环语句用于处理数据表中的记录。针对表中满足条件的记录执行循环体中的命令序列。

命令格式：SCAN [范围] [FOR<条件 1>] [WHILE<条件 2>]
　　　　　　<命令序列>
　　　　[LOOP]
　　　　　　<命令序列>
　　　　[EXIT]
　　　　　　<命令序列>
　　　　ENDSCAN

功能：在当前数据表中，针对每个符合指定条件的记录，执行循环体中的程序代码。在当前表中移动当前记录的指针，直到条件为.F.或到文件尾。该命令用于对当前表中满足条件的每个记录执行一组指定的操作，当记录指针从头到尾移动通过整个表时，SCAN 循环将记录指针指向每个满足的记录，执行一遍 SCAN 与 ENDSCAN 之间的命令。

（1）[范围]的默认值是 ALL。取值可以是 ALL、NEXT nRecords、RECORD nRecordNumber、REST。

（2）FOR<条件 1>用来指定只有符合条件的记录才进入循环体。

（3）WHILE<条件 2>用来指定终止循环的条件。

（4）当遇到 LOOP 时，返回到 SCAN 进行条件的判断。

（5）当遇到 EXIT 时，则结束循环，执行 ENDSCAN 后面的语句。

【例 7-12】使用 SCAN…ENDSCAN 循环语句来显示 XSDB 表中指定院系的所有学生的

学号和姓名信息。

（1）建立表单并设置控件属性。选择"新建"表单，进入表单设计器，添加一个 Form 控件、3 个 Label 控件、一个 TextBox 控件、一个 EditBox 控件和两个 CommandButton 控件。在文本框中输入要查找的院系名称，当单击"查询"按钮时，在 EditBox 控件中逐条显示符合条件的学生记录。各控件属性设置如表 7-9 所示，界面设计如图 7-11 所示。

表 7-9 控件属性设置

控件对象名	控件类型	属性	取值
Form1	Form	Caption	查询指定院系学生的信息
Label1		Caption	查询指定院系学生的信息
Label2	Label		请输入院系：
Label3		Caption	学生信息
		WordWrap	True
txtDept	TextBox		
edtDisp	EditBox		
cmdQry	CommandButton	Caption	查询
cmdExit	CommandButton	Caption	退出

图 7-11 查询指定院系学生的信息设计界面

（2）在"查询"按钮的 Click 事件中编写代码如下：

```
sDept = ALLTRIM(THISFORM.txtDept.Text)
Thisform.edtDisp.value = ""
SCAN FOR 院系 = sDept
Thisform.edtDisp.value = Thisform.edtDisp.Value + CHR(13) + ALLTRIM(学号) + CHR(9) +
ALLTRIM(院系) + chr(9) + ALLTRIM(姓名)
ENDSCAN
```

7.5 多重循环

如果在一个循环程序的循环体内又包含着另一些循环，就构成多重循环，或称循环嵌套。循环嵌套的层次不限。

下面是循环嵌套的一般命令格式：

循环头 1
    <语句行序列 1>
  循环头 2
    <语句行序列 2>
    ...
    循环头 N
      <语句行序列 N>
    循环结束 N
    ...
  循环结束 2
循环结束 1

【例 7-13】求 1! +2! + … +N!。

解题思路：要求用户输入 N 的数值，然后采用循环嵌套的方式来解决该问题，内层循环负责计算每一个数的阶乘，外层循环负责将阶乘求和。

（1）建立表单并设置控件属性。选择"新建"表单，进入表单设计器，在表单上添加一个 Form 控件、一个 Label 控件，一个 TextBox 控件和两个 CommandButton 控件。各控件属性设置如表 7-10 所示，界面设计如图 7-12 所示。

表 7-10 控件属性设置

控件对象名	控件类型	属性	取值
Form1	Form	Caption	计算 1 到 N 阶乘之和
Label1	Label	Caption	请输入数值 N：
LabResult			
cmdCalc	CommandButton	Caption	计算
cmdExit	CommandButton	Caption	退出

（2）在"计算"按钮的 Click 事件中编写代码如下：

```
N=val(Thisform.txtN.text)
I=1
T=0
FOR I=1 TO N
    P=1
    FOR J=1 TO I
        P=P*J
    ENDFOR
    T=T+P
ENDFOR
Thisform.labResult.Caption= "1 到" + LTRIM(Str(N)) + "的阶乘之和是：" + LTRIM(Str(T))
```

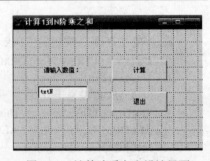

图 7-12 计算阶乘之和设计界面

从上面的代码中可以看到，使用了两重 For 循环，其实根据不同的情况也可以使用其他的循环结构，这样就构成了循环的嵌套。

【例 7-14】打印九九表。

解题思路：经过对九九表的分析可以发现，这是一个典型的双重循环的案例。九九表的乘数从 1 递增到 9，而对于九九表中的每一行，被乘数从 1 递增到乘数。那么可以使用多重循环，外层循环负责完成乘数的递增和输出换行，内层循环负责输出九九表的每一行。

（1）建立表单并设置控件属性。选择"新建"表单，进入表单设计器，向表单中添加一个 Form 控件、一个 Label 控件、一个 EditBox 控件和两个 CommandButton 控件。各控件属性设置如表 7-11 所示，界面设计如图 7-13 所示。

表 7-11　控件属性设置

控件对象名	控件类型	属性	取值
Form1	Form	Caption	打印九九表
Label1	Label	Caption	显示九九表
edtDisp	EditBox	ReadOnly	True
cmdDisp	CommandButton	Caption	显示
cmdExit	CommandButton	Caption	退出

图 7-13　打印九九表设计界面

（2）在"显示"按钮中编写 Click 事件的代码如下：

```
THISFORM.edtDisp.VALUE = ""
FOR I = 1 TO 9
    FOR J=1 TO I
        IF J=1 THEN
            THISFORM.edtDisp.VALUE=THISFORM.edtDisp.VALUE + ;
                ALLTRIM(Str(J)) + "*" + ALLTRIM(STR(I)) + ;
                "=" + ALLTRIM(STR(I*J))
        ELSE
            THISFORM.edtDisp.VALUE=THISFORM.edtDisp.VALUE + ;
                CHR(9) + AlLTRIM(Str(J)) + "*" + ALLTRIM(STR(I)) + ;
                "=" + ALLTRIM(STR(I*J))
        ENDIF
    ENDFOR
    THISFORM.edtDisp.VALUE=THISFORM.edtDisp.VALUE + CHR(13)
ENDFOR
```

综上可以看出，在循环结构的循环体中可以使用任何合法的 Visual FoxPro 命令，既然某种循环结构是 Visual FoxPro 的合法命令，那么自然可以出现在循环体中，这就构成了循环嵌套。

7.6 多模块程序设计

1. 子程序

设计程序时常常有些运算和处理程序是相同的，或者可能不同的是以不同的参数参与程序运行。如果在一个程序中重复写入一些相同的程序段，会使程序变得很长，不仅繁琐、容易出错，不符合结构化程序设计的思想，并且调试也不方便。而且在一个程序中是一种时间和空间的浪费。

解决方法是将上述重复的或能单独使用的程序设计成能够完成一定功能的、可供其他程序调用的独立程序段。这种程序段称为子程序，它形式独立，可以被其他程序调用，这样就可以按照功能的划分将一个程序分成多个子程序，最终将一个复杂的问题划分为多个简单的子问题并实现它。

既然子程序是一个相对独立的程序段，就可以仍然用顺序、选择、循环这 3 种基本结构来构造它，与主程序一样来进行程序的编写。

2. 过程、函数与方法

子程序按照存在的方式不同，可以分为过程、函数和方法。过程和函数存在于程序文件或过程文件中，它们的区别是函数可以返回值而过程不返回值，而方法是 Visual FoxPro 作为面向对象程序语言的一种新的程序方式——它是作为对象的一种成员存在于对象中的子程序。

此外，日常生活中要编制的应用系统都不会是一个简单的软件系统。在软件工程中，将一个系统按照功能的分工划分成若干个相对独立的大模块，大模块又可以细分为小模块，使用一个较小的模块完成一个基本功能。模块间存在着调用关系，这就是结构化程序设计方法。程序的模块化使得程序的独立性强、耦合性较小，并且程序易读性高，并为以后的完善和扩充提供了基础。在 Visual FoxPro 6.0 中，每一个模块可以作为一个独立的程序，也可以由若干功能模块（称为子程序或过程）构成一个过程文件。每次执行应用系统时，第一个被运行的程序称为主控程序，也称为主程序。而对象的每一个事件、方法其实也是一个子程序。

过程与过程文件的设计方法是 Visual FoxPro 6.0 应用程序设计的基本内容之一。

7.6.1 过程及其过程调用

1. 过程及过程调用

在 Visual FoxPro 6.0 中，一个过程就是一个程序，它的建立、运行与主程序相同，并以同样的文件格式（.PRG 文件）存放在磁盘上。但是，一个过程中至少要有一条返回语句。

命令格式：RETURN[TO MASTER]

功能：结束过程运行，返回调用它的程序或最高一级主程序中。

TO MASTER 选择项在过程嵌套中使用。无此项时，过程返回到调用它的原程序处，否则回到最高一级主程序。

在某一个程序中安排一条 DO 命令来运行一个程序，就是过程调用，又称外部过程调用。被调用的程序中必须有一条 RETURN 语句，以返回调用它的主程序。

【例 7-15】现有主程序 MAIN.PRG 与被调用的两个过程 SUB1.PRG、SUB2.PRG。表示

主程序调用过程的命令行如下：

```
主程序（MAIN.PRG）代码：
?"主程序 第 1 次输出"
DO SUB1
?" 主程序 第 2 次输出"
DO SUB2
?"主程序 第 3 次输出"

过程 1（SUB1.PRG）代码：
?"过程 1：输出"
RETURN

过程 2（SUB2.PRG）代码：
?"过程 2：输出"
RETURN
运行主程序：
DO MAIN
程序运行结果为：
主程序 第 1 次输出
过程 1：输出
主程序 第 2 次输出
过程 2：输出
主程序 第 3 次输出
```

过程及过程调用可以使程序结构清晰。对于比较复杂的应用，可以将各个功能模块作为过程独立出来，如同搭积木一样简便。各种过程模块的不同组合可以构成功能各异的应用系统。因此，过程和过程调用体现了结构化程序设计的特征，充分发挥了结构化程序设计的优点。

【例 7-16】用过程调用语句编写学生管理系统。

```
*主程序：M2.PRG*
SET TALK OFF
USE XSDB
DO WHILE.T.
    CLEAR
    TEXT
                    学生管理系统
                ==================
            1----录入             2----修改
            3----查询             4----删除
                    0----退出
    ENDTEXT
WAIT "请输入您的选择（0—4）:" TO XC
DO CASE
    CASE XC="1"
        DO SU_1
    CASE XC="2"
        DO SU_2
    CASE XC="3"
        DO SU_3
```

```
                    CASE XC="4"
                            DO SU_4
                    CASE XC="0"
                            CANCEL
                    OTHERWISE
                            WAIT "选择错，按任意键重新选择！"
            ENDCASE
    ENDDO

    *过程：SU_1.PRG（追加记录）*
    APPEND
    RETURN

    *过程：SU_2.PRG（修改记录）*
    BROWSE
    RETURN

    *过程：SU_3.PRG（查询记录）*
    INPUT "请输入查询的学号："TO NM
    LOCATE FOR  学号=NM
    DISPLAY
    RETURN

    *过程：SU_4.PRG（删除记录）*
    INPUT "请输入要删除的记录号："TO NM
    GO NM
    DELETE
    PACK
    RETURN
```

注意：

（1）主程序中 TEXT…ENDTEXT 命令，功能是将 TEXT 和 ENDTEXT 之间的文本或内存变量按照指定的格式进行输出。

（2）应该将子过程存成一个单独的程序文件，或者将各子过程写成过程的形式。这种方式见下节。

2. 过程文件中的过程调用

在外部过程调用中，过程作为一个文件独立存放在磁盘上，因此每调用一次过程，都要打开一个磁盘文件，影响程序运行的速度。从减少磁盘访问时间、提高程序运行速度出发，Visual FoxPro 6.0 提供了过程文件。过程文件是一种包含有过程的程序，可以容纳 128 个过程。过程文件被打开以后一次调入内存，在调用过程文件中的过程时，不需要频繁地进行磁盘操作，从而大大地提高了过程的调用速度。过程文件中的过程不能作为一个程序来独立运行，因而被称为内部过程。

过程文件的建立及使用方法与程序相同，且都使用相同的扩展名（.PRG）。但是当一个过程文件较大时，最好不要用 MODIFY COMMAND 命令来建立，以免文件丢失，而需要用其他文字编辑软件来建立和编辑。

过程文件由若干各自独立的过程组成，这些过程的名字为 1～8 个字符，每个过程都以 PROCEDURE <过程名>语句开始。

过程定义的命令格式如下：

PROCEDURE|FUNCTION<过程名>

　　　<命令序列>

　　　　[RETURN[<表达式>]]]

[ENDPROC|ENDFUNC]

功能：PROCEDURE|FUNCTION 命令表示一个过程的开始，并命名过程名。过程名的定义与变量的定义规则相同，以字母或下划线开头，可以包含字母、数字和下划线。

ENDPROC|ENDFUNC 用来表示一个过程的结束。如果是 ENDPROC|ENDFUNC 命令，那么过程结束于下一条 PROCEDURE|FUNCTION 命令或文件结尾。

当程序执行到 RETURN 命令时，控制将转回到调用程序（或命令窗口），并返回表达式的值。如果是RETURN命令，则在过程结束处自动执行一条隐含的RETURN命令。若RETURN命令不带<表达式>，则返回逻辑值.T.。

过程文件与内部过程是两个不同的概念。过程文件的一般语法格式如下：

PROCEDURE<过程名 1>

　　　<过程 1 的全部语句>

PROCEDURE<过程名 2>

　　　<过程 2 的全部语句>

　　……

PROCEDURE<过程名 N>

　　　<过程 N 的全部语句>

Visual FoxPro 6.0 规定，在调用内部过程之前，必须先打开过程文件。打开过程文件的语句格式及功能如下。

命令格式：SET PROCEDURE TO [<过程文件 1>[,<过程文件 2>[,…]]][ADDITIVE]

功能：打开一个或多个指定的过程文件，一旦一个过程文件被打开，那么该过程文件中的过程都可以被调用。如果选用 ADDITIVE，那么在打开过程文件时，并不关闭已打开的过程文件，然后通过 DO 命令调用内部过程。

如果使用不带任何文件名的 SET PROCEDURE TO 命令，将关闭所有打开的过程文件。

在主程序执行结束之前应先关闭打开的过程文件。关闭过程文件的命令格式如下。

命令格式：CLOSE PROCEDURE <过程文件名 1>[,<过程文件名 2>,…]或者 RELEASE PROCEDURE<过程文件名 1>[,<过程文件名 2>,…]

功能：关闭已经打开的过程文件。

【例 7-17】用过程文件形式编写学生档案管理系统。

```
* 主程序：M3.PRG *
SET TALK OFF
USE XSDB
DO WHILE.T.
    CLEAR
    TEXT
```

```
                        学生档案管理系统
                      ================
            1----录入              2----修改
            3----查询              4----删除
                      0----退出
        ENDTEXT
        WAIT "请输入您的选择（0—4）: " TO XC
        SET PROCEDURE TO SUB
        DO CASE
            CASE XC="1"
                DO SU_1
            CASE XC="2"
                DO SU_2
            CASE XC="3"
                DO SU_3
            CASE XC="4"
                DO SU_4
            CASE XC="0"
                CLOSE PROCEDURE           &&关闭打开的过程文件
                CANCEL
            OTHERWISE
                WAIT "选择错，按任意键重新选择！"
        ENDCASE
    ENDDO

* * * 过程文件: SUB.PRG* * *
PROCEDURE SU1
    APPEND
    RETURN
PROCEDURE SU2
    BROWSE
    RETURN
PROCEDURE SU3
    CLEAR
    INPUT "请输入查询的学号: " TO NM
    LOCATE FOR  学号=NM
    DISPLAY
    RETURN
PROCEDURE SU4
    CLEAR
    INPUT "请输入要删除的记录号: " TO NM
    GO NM
    DELETE
    PACK
    RETURN
```

3. 带参数的过程调用

在程序设计中，有时需要将不同的参数分别传递给同一过程，执行同一功能的操作后返回不同的执行结果。为了达到这个目的，必须在过程声明后紧跟着一条参数声明的语句，过程中接收参数的命令有 PARAMETERS 和 LPARAMETERS，它们的命令格式如下：

PARAMETERS<形参变量 1> [,形参变量 2] ,…]

LPARAMETERS<形参变量 1> [,形参变量 2] ,…]

PARAMETERS 命令表明的形参变量可以认为是过程中建立的私有变量，LPARAMETERS 命令表明的形参变量可以认为是过程中建立的局部变量，只是作用域不同。相应地，调用带参数的过程的语句格式如下：

（1）格式 1。

DO <过程文件名> WITH <实参 1>[,<实参 2>,…]

（2）格式 2。

<文件名>|<过程名>(<实参 1>[,<实参 2>,…])

参数传递的过程为：在调用过程时，DO 语句中的参数值传递给 PARAMETERS 语句中的参数；调用终止时，返回对应参数的计算值。通常 PARAMETERS 语句中的参数是内存变量，为形式参数（形参），DO 语句中的参数为实际参数（实参）。

4.　按值传递和按地址传递

采用格式 1 调用程序时，如果实参是常量或一般的表达式，系统会计算出实参的值，并把它们赋值给相应的形参变量。这种方式称为按值传递。如果实参是变量，那么传递的将不是变量的值，而是变量的地址。实际上形参和实参使用的内在地址是相同的，在过程中对形参变量进行了值的改变，同样会反映到实参变量中。这种方式称为按引用传递或按地址传递。

采用格式 2 调用过程程序时，默认情况下都是以按值方式传递参数。如果实参是变量，可以通过 SET UDFPARMS 命令设置参数传递的方式。该命令的格式如下：

SET UDFPARMS TO VALUE|REFERENCE

功能：TO VALUE：按值传递。形参变量值的改变不会影响实参变量的取值。

　　　　TO REFERENCE：按引用传递。形参变量值的变化影响实参变量值的变化。

【例 7-18】计算半径为 10 的圆面积。

过程文件 M4.PRG 为：

```
*建立计算圆面积功能的程序：M4..PRG*
PROCEDURE M4
    PARAMETERS X,Y
    Y=3.1416*X*X
    RETURN
ENDPROC
```

程序例 7-18 为：

```
S=0
SET PROC TO M4
DO M4 WITH 10，S
    ?"圆面积="，S
    RETURN
```

执行结果为：

```
圆面积=314.16
```

7.6.2　用户自定义函数

在 Visual FoxPro 中，函数与过程相似，但函数除了执行一组操作进行计算外，还返回一个值。函数有两大类：内部函数和用户自定义函数。

用户自定义的函数格式如下：

FUNCTION <数名>

　　[PARAMETERS <表>]

　　<语句序列>

　　[RETURN expr>]

ENDFUNC

【例 7-19】更改上面的例子，计算半径为 10 的圆面积。

在过程文件中 M4.PRG 中建立函数：

```
*建立计算圆面积功能的程序：M4.PRG*
FUNCTION Area
    PARAMETERS X
    RETURN 3.1416*X*X
ENDFUNC
```

程序例 7-19 为：

```
S=0
SET PROCEDURE TO M4.PRG
S=Area(10)
? "圆面积=",S
RETURN
```

执行结果为：

　　圆面积=314.16

7.6.3　自定义方法

Visual FoxPro 子程序中的结构分为过程、函数及方法 3 类。方法是 Visual FoxPro 中的一个新式的编程方式——它是在一个对象中的子程序。

Visual FoxPro 是面向对象程序设计系统，使用 Visual FoxPro 来设计的程序一般来说都是可视化的程序，即采用控件进行编程，所以方法是 Visual FoxPro 中比较重要的一种子程序。

方法与过程和函数一样可以以值或地址方式传递参数，并且还可以具有返回值，具备了过程和函数的所有功能和优点。与过程、函数不同的是，方法是对象的一个成员，与对象是密不可分的，即当对象存在并使用时方法才能被访问。

Visual FoxPro 的方法分为两类：内部方法和用户自定义方法。内部方法是 Visual FoxPro 针对对象预定义的子程序，用户可以直接调用或修改后使用。

1. 用户自定义方法的建立和使用

自定义方法的建立范围有两个步骤：方法的定义和编写方法的代码。

方法的命名遵循变量命名的规则。

（1）使用字母、汉字或下划线作为方法名称开头。

（2）只能使用字母、汉字、下划线和数字。

（3）名称的长度可以是 1~128 个字符。

（4）避免使用 Visual FoxPro 的保留字。

另外还应注意，方法命名不能与变量、数组名称相同，并且最好与方法实现的功能相对应。

2. 参数的传递

自定义方法的参数与过程中的语法格式一样，如想要使方法能够接收参数，只需在方法代码的开始增加以下命令格式：

      PARAMETERS <形参表>

或

      LPARAMETERS <形参表>

调用时使用括号将实参括起来：

      对象名.方法名（<实参表>）

下面就举例说明自定义方法的建立和调用。

【例 7-20】使用自定义方法来计算 1 到 N 的阶乘之和。

解题思路：在窗体对象上添加一个方法 uf_Fact，用来计算。

（1）建立表单并设置控件属性。选择"新建"表单，进入表单设计器，在表单上添加一个 Form 控件、两个 Label 控件、一个 TextBox 控件和两个 CommandButton 控件。各控件属性设置如表 7-12 所示，界面设计如图 7-14 所示。

表 7-12　计算阶乘之和

对象名	控件类型	属性	取值
Forml	Form	Caption	计算 1 到 N 阶乘之和
Labell	Label	Caption	请输入数值 N：
LabResult			
Text1	TextBox		
cmdCalc	CommandButton	Caption	计算
cmdExit	CommandButton	Caption	退出

（2）添加新方法。单击系统主菜单中"表单"→"新建方法程序"命令，打开"新建方法程序"对话框，如图 7-15 所示。在"名称"文本框中输入自定义方法的名称：uf_Fact，然后在"说明"框中输入新方法的简单描述。描述内容不是必需的，只是为了增强程序的易读性。

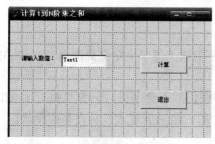

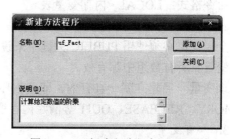

图 7-14　计算阶乘之和设计界面　　　　图 7-15　"新建方法程序"对话框

单击"添加"按钮后再单击"关闭"按钮，退出"新建方法程序"对话框。此时，在"属性"窗口的"方法程序"选项卡中可以看到新建的方法及其说明，如图 7-16 所示。

（3）编写自定义方法的代码。编写自定义方法的方式与编写对象的其他方法的方式一样，可以通过双击属性窗口中的新方法 uf_Fact，或直接在代码窗口中从"过程"下拉列表中选择方法 uf_Fact，即可开始编写新的方法代码：

```
LPARAMETERS N
M=1
FOR J =1  TO  N
    M=M*J
ENDFOR
RETURN M
```

图 7-16　自定义的新方法

（4）编写命令按钮 cmdCalc 的 Click 事件：

```
n=VAL(ALLTRIM(THISFORM.txtN.Value))
s=0
FOR I =1 TO N
    S=S+THISFORM.uf_Fact(I)
ENDFOR
ThisForm.labResult.caption="1 到"+ALLTRIM(STR(N)+ "的阶乘之和是："+
ALLTRIM(STR(S))
```

7.6.4　变量作用域

回顾以上章节中的例子会发现，有些变量或对象可以在整个项目的任何模块中都可以被访问，而有些变量只能在某些模块中才可以被访问，这就是变量作用域的不同。

当程序使用函数或过程作为子程序来设计时，弄清楚作用域尤其重要。必须确切地声明变量、定界变量的作用范围，否则在子程序中修改某些变量的值时，可能很难找到出错的地方。在 Visual FoxPro 中，如果以变量的作用域来区分，内存变量可以分为公共变量、私有变量和局部变量 3 类。

1．局部变量

局部变量必须使用 LOCAL 关键字来说明，可使用该关键字定义局部内部变量和数组。局部变量只在当前定义的程序中有效，一旦该程序执行完成将自动释放局部变量，而且局部变量必须先建立再使用，否则系统会认为创建的是私有变量。

命令格式：LOCAL <内存变量表>

2．全局变量（公共变量）

全局变量必须使用 PUBLIC 关键字来说明，可使用该关键字来定义局部内部变量和数组。全局变量在所有数组中都有效。

该变量一旦建立就一直有效，即使程序运行结束仍然不会消失，只有当执行了 CLEAR MEMORY、RELEASE、QUIT 等清除内存变量命令后，全局变量才被从内存中释放。

3．私有变量

自由创建的内存变量称为私有变量，也就是说，在程序中直接使用的（没有使用 PUBLIC、

LOCAL 命令事先声明）而由系统自动隐含建立的变量都是私有变量。其作用域是建立它的模块及其下属的各层模块。一旦建立它的模块程序运行结束，这些私有变量将自动清除。

【例 7-21】全局变量、私有变量、局部变量及其作用域示例。

```
*Main.prg 主程序
RELEASE ALL
PUBLIC X1
LOCAL X2
X3="第三个变量"
DO SUB1
? "主程序中"
? "x1=",x1
? "x2=",x2
? "x3=",x3
RETURN


*过程  subl.prg
PROCEDURE subl
? "子程序中…"
? "x1=",x1
? "x3=",x3
RETURN
```

执行 main.prg 程序，程序执行结果如下：

```
子程序中…
x1=.F.
x3="第三个变量"
主程序中…
x1=.F.
x2=.F.
x3=第三个变量
```

接着在命令窗口中输入? "x1=",x1，命令执行结果如下：

```
x1=.F.
```

这说明当程序结束后，全局变量仍然存在着。

上面的例子很好 f 说明了 3 类变量的作用域的问题，在今后的学习中一定要恰当地运用变量的作用域来进行程序的相关设计。

7.7 程序的调试

程序调试是指在发现程序有错误的情况下，确定出错的位置并纠正错误，其中关键是要确定出错的位置。有些错误（如语法错误）系统是能够发现的，当系统编译、执行到这类错误代码时，不仅能给出出错信息，还能指出出错的位置；而有些错误（如计算或处理逻辑上的错误）系统是无法确定的，只能由用户自己来查错。Visual FoxPro 提供的功能强大的调试工具——调试器，可以帮助我们进行这项工作。这一节主要介绍调试器的使用。

7.7.1　调试器环境

调用调试器的方法一般有两种：

- 选择菜单中的"工具"→"调试器"命令。
- 在命令窗口输入命令：DEBUG。

系统打开"调试器"窗口，如图 7-17 所示，进入调试器环境。

在"调试器"窗口中可有选择地打开 5 个子窗口：跟踪、监视、局部、调用堆栈和调试输出。要打开子窗口，可选择"调试器"窗口的"窗口"菜单中的相应命令或单击相应的工具栏按钮；要关闭子窗口，只需单击窗口右上方的"关闭"按钮。

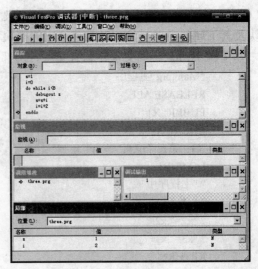

图 7-17　"调试器"窗口

1. 跟踪窗口

用于显示正在调试执行的程序文件。要打开一个需要调试的程序，可选择"调试器"窗口中的菜单"文件"→"打开"命令，然后在打开的对话框中选定所需的程序文件。被选中的程序文件将显示在跟踪窗口里，以便调试和观察。

2. 局部窗口

从当前的程序、过程或方法中显示可见的变量、数组、对象或对象成员。

3. 监视窗口

用于监视指定表达式在程序调试执行过程中的取值变化情况。

4. 调用堆栈窗口

用于显示正在被执行的过程、程序和方法。若正在执行的程序是一个子程序，那么主程序和子程序的名称都会显示在该窗口中。

5. 调试输出窗口

显示从程序中输出的"调试细节"。

7.7.2　设置断点

可以设置以下 4 种类型的断点。

类型 1：在定位处中断。可以指定一代码行。当程序调试执行到该行代码时中断程序运行。

类型 2：如果表达式值为真则在定位处中断。指定一代码行及一个表达式，当程序调试执行到该行代码时如果表达式的值为真，就中断程序运行。

类型 3：当表达式值为真时中断。可以指定一个表达式，在程序调试执行过程中，当该表达式值改成逻辑真.T.时中断程序运行。

类型 4：当表达式值改变时中断。指定一个表达式，在程序调试执行过程中，当该表达式值改变时中断程序运行。

下面简要介绍断点的设置方法。

1. 设置类型 1 断点

在跟踪窗口中找到要设置断点的那行代码，然后双击该行代码左端的灰色区域，或先将光标定位于该行代码中，然后按 F9 键。设置断点后，该代码行左端的灰色区域会显示一个红色实心点。用同样的方法可以取消已经设置的断点。

也可以在"断点"对话框中设置该类断点，方法与设置其他类型断点的方法类似。

2. 设置其他类型断点

操作步骤如下：

（1）在"调试器"窗口中选择菜单"工具"→"断点"命令，打开"断点"对话框，如图 7-18 所示。

（2）从"类型"下拉列表框中选择相应的断点类型。

（3）在"定位"框中输入适当的断点位置。

（4）在"文件"框中指定模块程序所在的文件。文件可以是程序文件、过程文件、表单文件等。

（5）在"表达式"框中输入相应的表达式。

（6）单击"添加"按钮，将该断点添加到"断点"列表框里。

（7）单击"确定"按钮。

图 7-18　"断点"对话框

与类型 1 断点相同，类型 2 断点在跟踪窗口的指定位置上也会有一个实心点。要取消类型 2 断点，可以采用与取消类型 1 断点相同的方法，也可以先在"断点"对话框的"断点"列表框中选择断点，然后单击"删除"按钮。后者适合于所有类型断点的删除。

7.7.3　调试菜单

"调试"菜单包含执行程序、选择执行方式、终止程序执行、修改程序及调整程序执行速度等命令。下面是各命令的具体功能。

（1）运行：执行在跟踪窗口中打开的程序。如果在跟踪窗口里还没有打开程序，那么选择该命令将会打开"运行"对话框。当用户从对话框中指定一个程序后，调试器随即执行此程序，并中断于程序的第一条可执行代码上。

（2）继续执行：当程序执行被中断时，该命令出现在菜单中。选择该命令可使程序在中断处继续往下执行。

（3）取消：终止程序的调试执行，并关闭程序。

（4）定位修改：终止程序的调试执行，然后在文本编辑窗口打开调试程序。

（5）跳出：以连续方式而非单步方式继续执行被调用模块程序中的代码，然后在调用程序的调用语句的下一行处中断。

（6）单步：单步执行下一行代码。如果下一行代码调用了过程或者方法程序，那么该过程或者方法程序在后台执行。

（7）单步跟踪：单步执行下一行代码。

（8）运行到光标处：从当前位置执行代码直至光标处中断。光标位置可以在开始时设置，也可以在程序中断时设置。

（9）调速：打开"调整运行速度"对话框，设置两代码行执行之间的延迟秒数。

（10）设置下一条语句：程序中断时选择该命令，可使光标所在行成为恢复执行后要执行的语句。

本章小结

本章比较完整地介绍了 Visual FoxPro 中程序设计用到的 3 大结构，以及多模块编程中的一些知识，在面向对象编程技术高速发展的今天，还学习了如何在对象中添加自定义方法，以及变量的作用域、程序调试的相关知识。

习题 7

一、选择题

1. 在 Visual FoxPro 中，用于建立或修改过程文件的命令是（　　）。
   A．MODIFY　PROCEDURE <文件名>
   B．MODIFY　COMMAND <文件名>
   C．MODIFY <文件名>
   D．CREATE <文件名>

2. 在 Visual FoxPro 中，DO CASE…ENDCASE 语句属于（　　）。
   A．顺序结构　　　　B．循环结构　　　　C．分支结构　　　　D．模块结构

3. 在 Visual FoxPro 中，创建过程文件 PROG1 的命令为（　　）。
   A．CREATE PROG1
   B．MODIFY PROCEDURE PROG1
   C．MODIFY PROG1
   D．MODIFY COMMAND PROG1

4. 结构化程序设计规定的 3 种基本结构是（　　）。
   A．输入、处理、输出　　　　　　B．树型、网型、环型
   C．顺序、选择、循环　　　　　　D．主程序、子程序、函数

5. 在 Visual FoxPro 中，命令文件的扩展名是（　　）。
   A．.TXT　　　　　　B．.PRG　　　　　　C．.DBT　　　　　　D．.FMT

6. 以下有关 Visual FoxPro 中过程文件的叙述，正确的是（　　）。
   A．先用 SET PROCEDURE TO 命令关闭原来已打开的过程文件，然后用 DO <过程名>执行
   B．可直接用 DO <过程名>执行
   C．先用 SET　PROCEDURE　TO <过程文件名>命令打开过程文件，然后用 USE <过程名>执行
   D．先用 SET　PROCEDURE　TO <过程文件名>命令打开过程文件，然后用 DO <过程名>执行。

7．在 DO WHILE/ENDDO 循环中，若循环条件设置.T.，则下列说法中正确的是（　　）。

    A．程序无法跳出循环　　　　　　　　B．程序不会出现死循环

    C．用 EXIT 可以跳出循环　　　　　　D．用 LOOP 可以跳出循环

8．用户自定义函数或过程中接收参数，应使用（　　）。

    A．PROCEDURE　B．FUNCTION　　C．WHILE　　　　　D．PARAMETERS

9．用户自定义函数或过程可以定义在（　　）。

    A．独立的程序文件中　　　　　　　　B．对象的事件代码、方法代码中

    C．数据库的存储过程中　　　　　　　D．过程文件中

10．在程序代码中，调用另一个过程文件中的过程命令是（　　）。

    A．CALL <过程名>　　　　　　　　　B．LOAD <过程名>

    C．DO PEOCEDURE <过程名>　　　　D．DO <过程名>

11．将内存变量定义为全局变量的 Visual FoxPro 命令是（　　）。

    A．LOCAL　　　　　B．PRIVATE　　　C．PUBLIC　　　　D．GLOBAL

12．在 Visual FoxPro 中，过程的返回语句是（　　）。

    A．GOBACK　　　　　　　　　　　　B．COMEBACK

    C．RETURN　　　　　　　　　　　　D．BACK

13．下列程序段的输出结果是（　　）。

```
ACCEPT TO A
IF A=[123456]
    S=0
ENDIF
S=1
?S
RETURN
```

    A．0　　　　　　　　B．1　　　　　　　　C．由 A 的值决定　　D．程序出错

14．在 Visual FoxPro 中，如果希望跳出 SCAN…ENDSCAN 循环体，执行 ENDSCAN 后面的语句，应使用（　　）。

    A．LOOP 语句　　　　　　　　　　　B．EXIT 语句

    C．BREAK 语句　　　　　　　　　　D．RETURN 语句

15．在 DO WHILE … ENDDO 循环结构中，EXIT 命令的作用是（　　）。

    A．退出过程，返回程序开始处

    B．转移到 DO WHILE 语句行，开始下一个判断和循环

    C．终止循环，将控制转移到本循环结构 ENDDO 后面的第一条语句继续执行

    D．终止程序执行

16．给出以下程序的运行结果：

```
SET  TALK  OFF
X=0
Y=0
DO   WHILE   X<100
    x=x+1
    IF   INT(X/2)=X/2
```

```
            LOOP
        ELES
            Y=Y+X
        ENDIF
    ENDDO
    ? "Y=",Y
    RETURUN
```

运行结果为（   ）。

    A．Y=500   B．Y=1500   C．Y=2000   D．Y=2500

17．在 Visual FoxPro 中有以下程序：

```
*程序名：TEST.PRG
*调用方法：DO TEST
SET TALK OFF
CLOSE ALL
CLEAR ALL
mX="Visual FoxPro"
mY="二级"
DO SUB1 WITH mX
?mY+mX
RETURN


*子程序：SUB1.PRG
PROCEDURE SUB1
PARAMETERS mX1
LOCAL mX
mX="Visual FoxPro DBMS 考试"
mY="计算机等级"+mY
RETURN
```

执行命令 DO TEST 后，屏幕的显示结果为（   ）。

    A．二级 Visual FoxPro

    B．计算机等级二级 Visual FoxPro   DBMS 考试

    C．二级 Visual FoxPro DBMS 考试

    D．计算机等级二级 Visual FoxPro

18．在 Visual FoxPro 程序中使用的内存变量分为两大类，它们是（   ）。

    A．字符变量和数组变量   B．简单变量和数值变量

    C．全局变量和局部变量   D．一般变量和下标变量

19．在 Visual FoxPro 中，如果希望内存变量只能在本模块（过程）中使用，不能在上层或下层模块中使用，声明该内存变量的命令是（   ）。

    A．PRIVATE   B．LOCAL

    C．PUBLIC   D．不用声明，在程序中直接使用

20．下列程序段执行以后，内存变量 A 和 B 的值是（   ）。

```
CLEAR
A=10
```

```
B=20
SET UDFPARMS TO REFERENCE
DO SQ WITH (A),B          &&参数是值传送，B 是引用传送
?A,B

PROCEDURE SQ
PARAMETERS X1,Y1
X1=X1*X1
Y1=2*X1
ENDPROC
```
A. 10 200   B. 100 200   C. 100 20   D. 10 20

21. 下列程序段执行以后，内存变量 X 和 Y 的值是（   ）。
```
CLEAR
STORE 3 TO X
STORE 5 TO Y
PLUS((X),Y)
?X,Y
PROCEDURE PLUS
    PARAMETERS A1,A2
    A1=A1+A2
    A2=A1+A2
ENDPROC
```
A. 8 13   B. 3 13   C. 3 5   D. 8 5

22. 下列程序段执行以后，内存标量 y 的值是（   ）。
```
CLEAR
X=12345
Y=0
DO WHILE X>0
    y=y+x%10
    x=int(x/10)
ENDDO
?y
```
A. 54321   B. 12345   C. 51   D. 15

23. 下列程序段执行后，内存变量 s1 的值是（   ）。
```
s1="network"
s1=stuff(s1,4,4,"BIOS")
```
A. network   B. netBIOS   C. net   D. BIOS

二、填空题

1. 说明公共变量的命令关键字是_____（关键字必须拼写完整）。
2. 执行下列程序，显示的结果是_____。
```
one="WORK"
two=""
a=LEN(one)
```

```
    i=a
    DO WHILE i>=1
        two=two+SUBSTR(one,i,1)
        i=i-1
    ENDDO
    ?two
```

3. 以下程序显示的结果是_____。

```
    s=1
    i=0
    do while i<8
    s=s+i
    i=i+2
    enddo
    ?s
```

4. 有以下程序：

```
    STORE 0 TO N, S
    DO WHILE .T.
        N=N+1
        S=S+N
        IF S>10
            EXIT
        ENDIF
    ENDDO
    ?"S="+STR(S,2)
```

本程序运行结果是_____。

5. 有程序段如下：

```
    X=0
    Y=0
    DO WHILE .T.
        X=X+1
        Y=Y+X
        IF X >=100
            EXIT
        ENDIF
    ENDDO
    ? "Y=",Y
```

这个程序执行后的结果是_____。

6. 运行程序后，将在屏幕上显示以下乘法表：

```
    1
    2    4
    3    6    9
    4    8    12   16
    5    10   15   20   25
    6    12   18   24   30   36
    7    14   21   28   35   42   49
    8    16   24   32   40   48   56   64
    9    18   27   36   45   54   63   72   81
```

请对下面的程序填空：

```
*计算乘法表  JJ.PRG***
SET TALK OFF
CLEAR
FOR J=1 TO 9
    FOR  _____
      ??  _____
    ENDFOR
      ?
ENDFOR
RENURN
```

7．对表 XSDB.DBF 找出英语成绩最高记录，并显示其学号、姓名、英语。请在空白位置填入正确内容。

```
UES XSDB
N=1
MAX=英语
DO WHILE  _____
    IF  英语>MAX
        MAX=英语
        N=RECNO()
    ENDIF
    _____
ENDDO
_____
?"最高成绩：学号="+学号", 姓名="+姓名+", 成绩="+ALLT(STR(MAX))
USE
```

三、上机操作题

1．对 XSDB.DBF 表编写并运行符合下列要求的程序。

设计一个名为 frm_Count 的表单，表单中有两个命令按钮，按钮的名称分别为 cmdCnt 和 CmdExit，标题分别为"统计"和"关闭"。程序运行时，单击"统计"按钮应完成下列操作：

计算每一个学生的平均分并存入平均分字段。

如果平均分大于等于 85 分，则奖学金加 50 元；大于等于 90，则奖学金加 100 元。

单击"关闭"按钮，程序终止运行。

2．求一元二次方程 $ax^2+bx+c=0$ 的根。对任意系数 a、b、c，要求：

设计一个表单，表单上要求输入一元二次方程的各系数，然后根据输入的各系数求方程的根。

3．编写程序实现：以 XSDB.DBF 表为例，对指定院系不同英语成绩段（60 分以下、60~85 分、85 分以上）统计学生人数。

4．在文本框中给定数值，求给定数值以内的素数之和。要求：使用自定义方法，来判断一个数是不是素数。

5．在文本框中输入两个数值，求最大公约数和最小公倍数。

6．设计一个简单的表单。其中有 4 个控件分别是：时钟控件、标签控件、复选框控件和命令按钮控件。当选中复选框时，设置时钟控件功能；在时钟控件的 Timer 事件中编程，使标签控件在表单上水平循环滚动。

7．编制程序，在表单上显示由"*"组成的三角形（图形如下）。

```
        *
       ***
      *****
     *********
```

8．给定一个表单，输入一个字符串，编写程序完成字符串的逆序存放，如输入 abcd，得到 dcba。

9．给定一个年份（从文本框中输入），判断它是否是闰年。是闰年的条件是：能被 4 整除但不能被 100 整除，或能被 400 整除。

10．在编辑框中输出给定范围的奇数，并计算奇数之和。

11．设计程序，求 s=1+(1+2)+(1+2+3)+…+(1+2+3+…+n)的值。

12．对 XSDB.DBF 表编写并运行符合下列要求的程序：

统计英语成绩不及格（0~59）、及格（60~84）、良好（85~89）、优秀（90~100]的人数，显示在编辑框中。

13．有以下程序，其功能是根据输入的成绩显示相应的成绩等级：

```
SET TALK OFF
CLEAR
INPUT "请输入考试成绩：" TO CJ
DJ=IIF(CJ<60, "不合格",IIF(CJ>90, "优秀","通过"))
?"成绩等级："+DJ
SET TALK ON
```

要求编写程序，使用 DO CASE 结构实现该程序的功能。

14．文本框中输入 a、b、c 的值，判断是否能够构成三角形，如能够构成三角形，计算输出三角形的面积。

15．利用随机函数，模拟投币结果。输入投币次数，求"两个正面"、"两个反面"、"一正一反"3 种情况各出现多少次。

16．输入初始值，输出 50 个能被 37 整除的数。

第 8 章　结构化查询语言——SQL

本章要点：

  本章讲授结构化查询语言 SQL，它是关系数据库的标准语言，具有强大的功能。
在它的四大功能中，重点介绍数据查询功能。

  SQL（Structured Query Language，结构化查询语言），是广泛使用的数据库标准语言，是
一个综合的、通用的、功能极强、简洁易学的语言。

  结构化查询语言既可以用于大型数据库系统，也可以用于微型机数据库系统，是关系数
据库的标准语言。Visual FoxPro 数据库管理系统，除了具有 Visual FoxPro 命令，也支持结构
查询语言命令。SQL 功能强大、简单易学、使用方便，已经成为数据库操作的基础，几乎所
有的关系数据库系统中都支持它。

8.1　SQL 语言概述

SQL 语言具有以下特点。

1. 一体化语言

  SQL 是一种一体化的语言，它包括了数据定义、数据操纵和数据控制等方面的功能，它
可以完成数据库活动的全部工作。

  数据定义语言（Data Definition Language，DDL）：定义数据库的逻辑结构，包括定义数
据库、数据库表、视图和索引。

  数据操纵语言（Data Manipulation Language，DML）：包括数据查询、数据更新两大类操
作，其中数据更新又包括插入、删除和修改。

  数据控制语言（Data Control Language，DCL）：对用户访问数据的控制有数据库表和视
图的授权、完整性规则的描述、事务控制语句等。

2. 非过程化语言

  用 SQL 语言进行数据操作时，用户只需提出做什么，而不必指明怎么做。这不但大大减
轻了用户的负担，而且还有利于提高数据独立性。

3. 语言简洁、易学易用

  SQL 语言功能极强，它只用了 9 个动词：CREATE、DROP、ALTER、SELECT、INSERT、
UPDATE、DELETE、GRANT 和 REVOKE；SQL 的语法也非常简单，它很接近英语自然语
言，因此容易学习、掌握。

4. SQL 语言可以直接以命令方式使用

  SQL 语言也可以嵌入到程序设计语言（如 C、FORTRAN）中以程序方式使用。现在很多
数据库应用开发工具都将 SQL 语言直接融入到自身的语言之中，为用户设计程序提供了极大

的灵活性与方便性。

8.2　SQL 的数据查询功能

SELECT-SQL 命令用来从一个或多个表中查询数据。

8.2.1　SELECT 语句格式与功能

SELECT 命令的基本结构是 SELECT…FROM…WHERE，代表输出字段…数据来源…查询条件。在这种固定模式中，可以不要 WHERE，但是 SELECT 和 FROM 是必备的。

1. SELECT 语句格式

SELECT [ALL | DISTINCT] [[<别名>.]<选项>[AS<显示列名>]…];

FROM <表名>[JOIN <表名>][ON <连接条件>];

WHERE <过滤条件>;

ORDER BY <排序字段>[ASC/DESC];

GROUP BY <分组筛选条件>;

HAVING <分组筛选条件>;

INTO <查询去向>

功能：查询。

其中主要短语的含义如下：

SELECT　说明要查询的数据。

FROM　说明要查询的数据来自哪个或哪些表，可以对单个表或多个表进行查询。

WHERE　说明查询条件，即选择元组的条件。

GROUP BY　短语用于对查询结果进行分组，可以利用它进行分组汇总。

HAVING　短语必须跟随 GROUP BY 使用，用来限定分组必须满足的条件。

ORDER BY　短语用来对查询的结果进行排序。

INTO　输出查询结果。

2. 各子句及参数说明

（1）SELECT 子句。

ALL　表示输出所有记录，包括重复记录。

DISTINCT　表示输出无重复结果的记录。

别名　当选择多个数据库表中的字段时，可使用别名来区分不同的数据表。

显示列名　在输出结果中，如果不希望使用字段名，可以根据要求设置一个名称。

选项　字段名、表达式或函数。

在查询中，可以使用库函数，其中最基本的如下。

COUNT(*)：计算表中记录的个数。

SUM()：求某一列数据的总和（此列数据类型必须是数值型）。

AVG()：求某一列数据的平均值（此列数据类型必须是数值型）。

MAX()：求某一列数据的最大值。

MIN()：求某一列数据的最小值。

短语 AS 可以指定输出的列标题，使输出更容易被人理解。

【例 8-1】列出所有学生名单。

    SELECT * FROM xsdb.DBF

命令中的*表示输出所有字段，数据来源是"xsdb.DBF"，表中所有内容以浏览方式显示。
结果如图 8-1 所示。

【例 8-2】列出所有学生姓名，去掉重名。

    SELECT DISTINCT 姓名 AS "学生名单" FROM xsdb.DBF

结果如图 8-2 所示。

<table>
<tr><td colspan="11">查询</td></tr>
<tr><td></td><td>学号</td><td>院系</td><td>姓名</td><td>性别</td><td>生年月日</td><td>英语</td><td>计算机</td><td>平</td></tr>
<tr><td>▶</td><td>98402017</td><td>文学院</td><td>陈超群</td><td>男</td><td>12/18/79</td><td>49.0</td><td>52.0</td><td></td></tr>
<tr><td></td><td>98404062</td><td>西语学院</td><td>曲歌</td><td>男</td><td>10/01/80</td><td>61.0</td><td>67.0</td><td></td></tr>
<tr><td></td><td>97410025</td><td>法学院</td><td>刘铁男</td><td>男</td><td>12/10/78</td><td>64.0</td><td>67.0</td><td></td></tr>
<tr><td></td><td>98402019</td><td>文学院</td><td>王艳</td><td>女</td><td>01/19/80</td><td>52.0</td><td>78.0</td><td></td></tr>
<tr><td></td><td>98410012</td><td>法学院</td><td>李侠</td><td>女</td><td>07/07/80</td><td>63.0</td><td>78.0</td><td></td></tr>
<tr><td></td><td>98402021</td><td>文学院</td><td>赵勇</td><td>男</td><td>11/11/79</td><td>70.0</td><td>75.0</td><td></td></tr>
<tr><td></td><td>98402006</td><td>文学院</td><td>彭德强</td><td>男</td><td>09/01/79</td><td>70.0</td><td>78.0</td><td></td></tr>
<tr><td></td><td>98410101</td><td>法学院</td><td>毕红霞</td><td>女</td><td>11/16/79</td><td>79.0</td><td>67.0</td><td></td></tr>
<tr><td></td><td>98401012</td><td>哲学院</td><td>王维国</td><td>男</td><td>10/26/79</td><td>63.0</td><td>86.0</td><td></td></tr>
<tr><td></td><td>98404006</td><td>西语学院</td><td>刘向阳</td><td>男</td><td>02/04/80</td><td>67.0</td><td>84.0</td><td></td></tr>
</table>

图 8-1　例 8-1 的执行结果

<table>
<tr><td colspan="2">查询</td></tr>
<tr><td colspan="2">学生名单</td></tr>
<tr><td>▶</td><td>毕红霞</td></tr>
<tr><td></td><td>蔡玲</td></tr>
<tr><td></td><td>常红</td></tr>
<tr><td></td><td>陈超群</td></tr>
<tr><td></td><td>陈键</td></tr>
<tr><td></td><td>邓艳红</td></tr>
<tr><td></td><td>董宇智</td></tr>
<tr><td></td><td>范晓坤</td></tr>
</table>

图 8-2　例 8-2 的执行结果

【例 8-3】列出 xsdb.DBF 表中记录的个数。

    SELECT COUNT(*) AS "学生人数" FROM xsdb.DBF

结果如图 8-3 所示。

（2）FROM 子句。

FROM 说明要查询的数据来自哪个表或哪些表，可以对单个表或多个表进行查询。这些表不必提前打开，执行 SELECT 命令时可自动打开。当包含表的不是当前数据库时，必须加入数据库名称，并且在指定数据库名称之后、表名之前加上感叹号（!）作为分隔符。

【例 8-4】求出所有学生计算机平均分。

    SELECT AVG(计算机) AS "计算机平均分" FROM 成绩管理!xsdb.DBF

结果如图 8-4 所示。

图 8-3　例 8-3 的执行结果

图 8-4　例 8-4 的执行结果

（3）WHERE 子句。

WHERE 子句说明查询条件，即用于过滤查询结果，过滤条件是一个或几个逻辑表达式，多个表达式可用 AND、OR、NOT 等逻辑运算符组合。

逻辑表达式中的操作符的含义如表 8-1 所示，其中，在字符串表达式中可以使用百分号（%）和下划线（_）作为通配符，下划线通配一个任意字符，百分号表示任意长度的字符串。

在 WHERE 短语中，还可用到量词、谓词和子运算符，其意义如下。

表 8-1　逻辑表达式中的操作符

操作符	比较关系	举例
=	相等	xsdb.姓名="张三"
==	完全相等	xsdb.姓名=="张三"
LIKE	不精确匹配	xsdb.学号 LIKE "984%"，查询学号前 3 位为"984"的学生
>	大于	xsdb.英语>60
>=	大于等于	xsdb.计算机>=70
<	小于	xsdb.英语<60
<=	小于等于	xsdb.英语<=60
<>或!=	不等于	xsdb.计算机<>60
BETWEEN	BETWEEN…AND	xsdb.计算机 BETWEEN 60 AND 70

- 量词：ANY、ALL 和 SOME，其中 ANY 和 SOME 是同义词，在进行比较运算时只要子查询中有一行结果为真，则结果就为真；而 ALL 则要求子查询的所有行结果都为真时，结果才为真。
- 谓词：EXISTS、NOT EXISTS 是用来检查在子查询中是否有结果返回，即存在还是不存在记录。
- 子运算符：IN、NOT IN 表示是否存在于数据集合中。

【例 8-5】求出文学院学生成绩的平均分。显示学号、院系和成绩字段。

　　　SELECT 学号,院系,AVG(计算机) AS "成绩" FROM xsdb.DBF WHERE 院系="文学院"

结果：

学号	院系	成绩
99402018	文学院	73.82

【例 8-6】列出非文学院的学生学号、院系和姓名字段。

　　　SELECT 学号,院系,姓名 FROM xsdb.DBF WHERE 院系<>"文学院"

结果如图 8-5 所示。

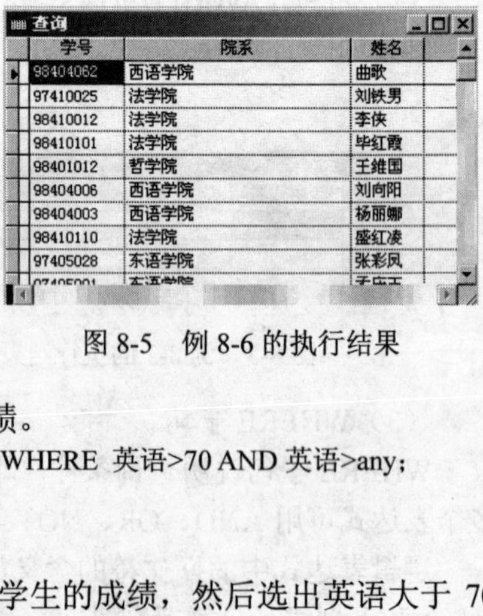

以上命令的功能等同于：

　　　SELECT 学号,院系,姓名 FROM xsdb.DBF WHERE 院系!="文学院"

或

　　　SELECT 学号,院系,姓名 FROM xsdb.DBF WHERE NOT(院系="文学院")

① ANY 谓词的用法。

图 8-5　例 8-6 的执行结果

【例 8-7】列出英语成绩大于 70 的这些学生中比计算机成绩大于 60 的最低成绩高的学生的姓名和期末成绩。

　　　SELECT 姓名,计算机 AS 期末成绩 FROM xsdb.DBF　WHERE 英语>70 AND 英语>any;
　　　(SELECT 英语 FROM xsdb.DBF WHERE 计算机>60)

结果如图 8-6 所示。

该查询必须做两件事：先找出计算机大于 60 的所有学生的成绩，然后选出英语大于 70 的成绩中高于计算机大于 60 中任何一个英语成绩的那些学生。

② ALL 谓词的用法。

【例 8-8】列出英语成绩>70 的学生，这些学生的英语成绩比计算机>60 的学生的英语最高成绩还要高。

```
SELECT 姓名,计算机 AS 期末成绩 FROM xsdb.DBF WHERE 英语>70 AND 英语>all;
(SELECT 英语 FROM xsdb.DBF WHERE 计算机>60)
```

结果如图 8-7 所示。

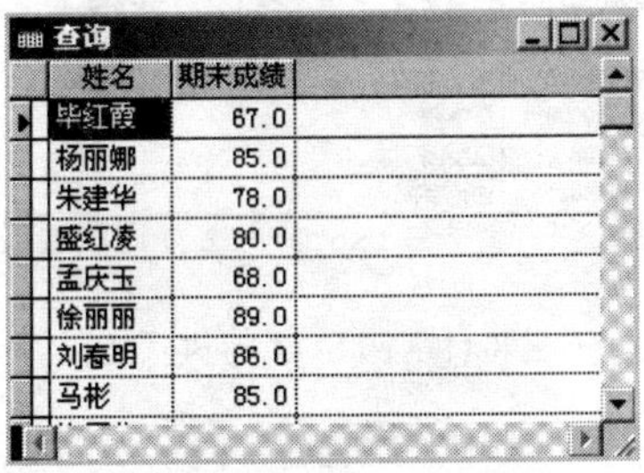

姓名	期末成绩
毕红霞	67.0
杨丽娜	85.0
朱建华	78.0
盛红凌	80.0
孟庆玉	68.0
徐丽丽	89.0
刘春明	86.0
马彬	85.0

图 8-6　例 8-7 的执行结果

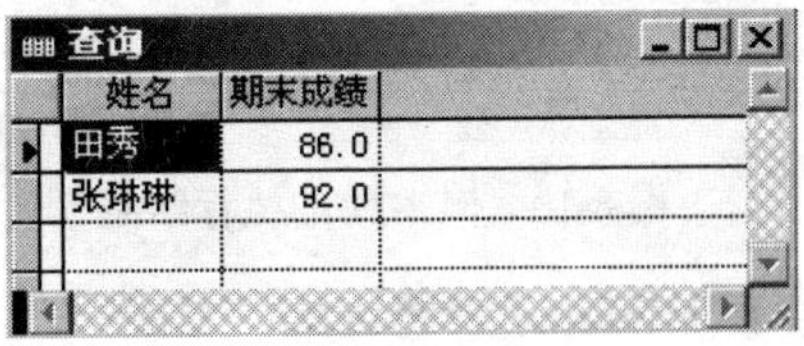

姓名	期末成绩
田秀	86.0
张琳琳	92.0

图 8-7　例 8-8 的执行结果

该查询的含义是：先找出计算机大于 60 的所有学生的成绩，然后再找英语大于 70 的英语成绩中高于计算机大于 60 中最高英语成绩的那些学生。

③ IN 谓词的用法

【例 8-9】列出计算机成绩大于 60 的学生学号、笔试字段。

```
SELECT 学号,笔试 FROM jsj.DBF WHERE 学号 IN;
(SELECT 学号 FROM xsdb.DBF WHERE 计算机>60)
```

结果如图 8-8 所示。

该查询先从 xsdb 表中找出计算机成绩大于 60 的学生，然后在 jsj 表中查找笔试属于计算机成绩大于 60 的那些记录。IN 是属于的意思，等价于“=ANY”，即等于子查询中任何一个值。

【例 8-10】列出文学院和法学院的学生学号、院系和姓名字段。

```
SELECT 学号,院系,姓名 FROM xsdb.DBF WHERE 院系 IN ("文学院","法学院")
```

结果如图 8-9 所示。

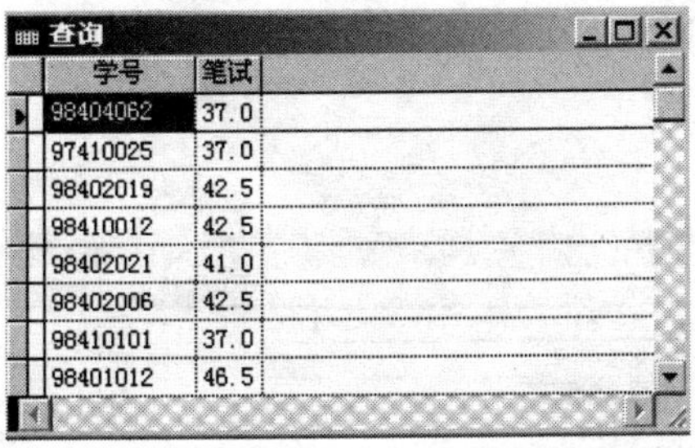

学号	笔试
98404062	37.0
97410025	37.0
98402019	42.5
98410012	42.5
98402021	41.0
98402006	42.5
98410101	37.0
98401012	46.5

图 8-8　例 8-9 的执行结果

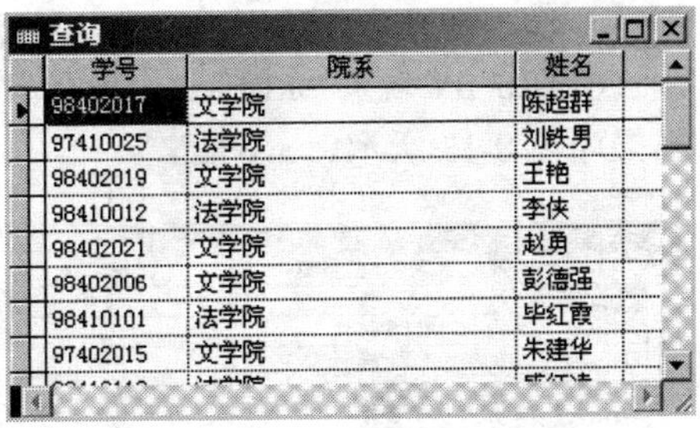

学号	院系	姓名
98402017	文学院	陈超群
97410025	法学院	刘铁男
98402019	文学院	王艳
98410012	法学院	李侠
98402021	文学院	赵勇
98402006	文学院	彭德强
98410101	法学院	毕红霞
97402015	文学院	朱建华

图 8-9　例 8-10 的执行结果

④ BETWEEN 运算符

【例 8-11】列出计算机成绩在 70 分到 80 分之间的学生学号、院系、姓名和计算机字段。

```
SELECT 学号,院系,姓名,计算机 FROM xsdb.DBF WHERE 计算机 BETWEEN 70 and 80
```

结果如图 8-10 所示。

⑤ LIKE 运算符。

【例 8-12】列出所有姓李的学生学号、院系和姓名字段。

　　　SELECT 学号,院系,姓名 FROM xsdb.DBF WHERE 姓名 LIKE "李%"

结果如图 8-11 所示。

| 图 8-10　例 8-11 的执行结果 | 图 8-11　例 8-12 的执行结果 |

⑥ IS NULL 运算符。

【例 8-13】列出所有党员否为空值的学生学号、院系和姓名。

　　　SELECT 学号,院系,姓名 FROM xsdb.DBF WHERE 党员否 IS NULL

（4）ORDER BY 子句。

　　定义查询结果的排序依据，ORDER BY 后必须对应查询结果的一个列，若加选项 ASC 则按照升序排列；若用 DESC，则按降序排列，系统默认的是 ASC，即按升序排列。当不使用 ORDER BY 子句时，查询结果将不排序。

【例 8-14】按院系顺序列出学生的学号、姓名、院系及笔试，同一院系的按笔试由高到低排序。

　　　SELECT xsdb.学号,xsdb.姓名,xsdb.院系,jsj.笔试 AS 期末成绩;

　　　FROM xsdb.DBF,jsj.DBF WHERE xsdb.学号=jsj.学号;

　　　ORDER BY xsdb.院系,jsj.笔试 DESC

结果如图 8-12 所示。

（5）GROUP BY 子句。

用于对查询结果进行分组，可以利用它进行分组汇总。

【例 8-15】列出各院系的计算机平均成绩。

　　　SELECT 院系,AVG(计算机)AS "平均成绩" FROM xsdb.DBF;

　　　GROUP BY 院系 ORDER BY 平均成绩

结果如图 8-13 所示。

| 图 8-12　例 8-14 的执行结果 | 图 8-13　例 8-15 的执行结果 |

（6）HAVING 子句。

HAVING 子句与 WHERE 子句的功能一样，只不过是与 GROUP BY 子句连用，用来指定每一分组内应满足的条件。

【例 8-16】列出各院系的计算机平均成绩大于 80 分的记录。

    SELECT 院系,AVG(计算机)AS "平均成绩" FROM xsdb.DBF;
    GROUP BY 院系 ORDER BY 平均成绩;
    HAVING AVG(计算机)>80

结果如图 8-14 所示。

（7）INTO 子句。

指定查询结果的输出方式，在默认情况下，查
询结果输出到浏览窗口中，INTO 或 TO 后可接下列
参数。

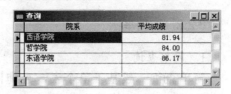

图 8-14 例 8-16 的执行结果

- INTO ARRAY 数组名：将查询结果输出到数组。
- INTO CURSOR 临时表名：将查询结果输出到临时表中，这个表是只读的。
- INTO TABLE|DBF 表名：将查询结果输出到指定表中。
- TO FILE 文件名：将查询结果输送到指定文件名，扩展名默认为.TXT 的文件中，若加 ADDITIVE 短语，将会把查询的结果追加到这个文件之后，而不会覆盖文件。
- TO PRINTER 子句：可以将查询的结果输出到打印机。
- TO SCREEN 子句：可以将查询结果输送到屏幕上，当数据不能一次显示完时，系统会在显示完一屏时自动暂停，按任意键继续显示。如果当前正处于活动窗口，则会将查询结果自动送到这个正在活动的窗口中。

【例 8-17】查询学生期末成绩，输出学号、姓名、院系和笔试，并将查询结果存入到一个 test1.txt 文件中。

    SELECT xsdb.学号,xsdb.姓名,xsdb.院系,jsj.笔试 AS 期末成绩;
    FROM xsdb.DBF,jsj.DBF WHERE xsdb.学号=jsj.学号;
    ORDER BY xsdb.院系,jsj.笔试 DESC TO FILE test1

test1.TXT 文件中的内容如图 8-15 所示。

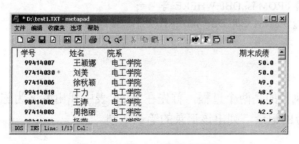

图 8-15 例 8-17 的执行结果

【例 8-18】查询学生期末成绩，输出学号、姓名、院系和笔试，并将查询结果存入 testtable 表中。

    SELECT xsdb.学号,xsdb.姓名,xsdb.院系,jsj.笔试 AS 期末成绩;
    FROM xsdb.DBF,jsj.DBF WHERE xsdb.学号=jsj.学号;
    ORDER BY xsdb.院系,jsj.笔试 DESC INTO TABLE testable

（8）其他子句。

除了上述子句外，还有其他一些子句，如 UNION 子句。

UNION 子句用于连接多个 SELECT 语句的查询结果。

【例 8-19】列出性别="男"或院系="文学院"的所有学生的学号。

```
SELECT 学号 FROM xsdb.DBF WHERE 院系="文学院" UNION;
SELECT 学号 FROM xsdb.DBF WHERE 性别="男"
```

8.2.2 应用举例

1. 简单查询

简单查询一般基于单个表，查询目标和查询条件都来自于同一个表，这样的查询由 SELECT 和 FROM 构成，或由 SELECT、FROM 和 WHERE 构成。

【例 8-20】列出所有计算机成绩大于 80，性别为女的学生情况。

```
SELECT * FROM d:\xsdb.dbf   WHERE 计算机>80 AND 性别="女"
```

结果如图 8-16 所示。

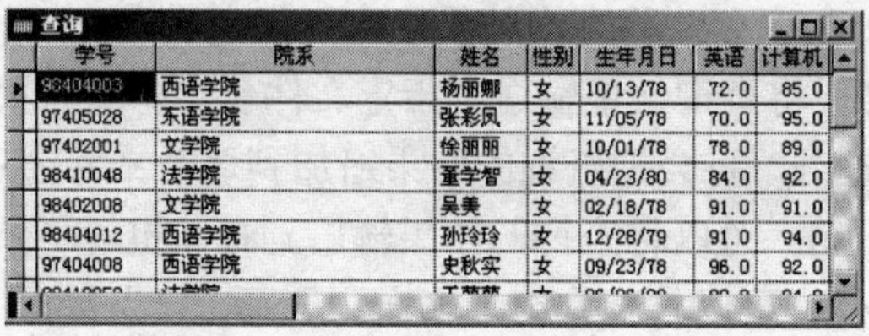

学号	院系	姓名	性别	生年月日	英语	计算机
98404003	西语学院	杨丽娜	女	10/13/78	72.0	85.0
97405028	东语学院	张彩凤	女	11/05/78	70.0	95.0
97402001	文学院	徐丽丽	女	10/01/78	78.0	89.0
98410048	法学院	董学智	女	04/23/80	84.0	92.0
98402008	文学院	吴美	女	02/18/78	91.0	91.0
98404012	西语学院	孙玲玲	女	12/28/79	91.0	94.0
97404008	西语学院	史秋实	女	09/23/78	96.0	92.0

图 8-16 例 8-20 的执行结果

2. 嵌套查询

有时一个 SELECT 命令无法完成查询任务，需要一个子 SELECT 的结果作为条件语句的条件，即需要在一个 SELECT 命令的 WHERE 子句中出现另一个 SELECT 命令，这种查询称为嵌套查询。通常把仅嵌入一层子查询的 SELECT 命令称为单层嵌套查询，把嵌入子查询多于一层的查询称为多层嵌套查询。Visual FoxPro 只支持单层嵌套查询。

【例 8-21】列出姓名="陈超群"的学生的笔试成绩。

```
SELECT 笔试 FROM jsj.DBF WHERE 学号=;
(SELECT 学号 FROM xsdb.DBF WHERE 姓名="陈超群")
```

结果：

```
笔试
29.5
```

上述 SQL 语句执行的是两个过程，首先在 xsdb 表中找出姓名为陈超群的学号，然后再在 jsj 表中找出该学号的记录，列出该记录的笔试成绩。

3. 多表查询

在一个表中进行查询，一般说来是比较简单的，而在多表之间进行查询就比较复杂，必须处理表和表间的连接关系。使用 SELECT 命令进行多表查询是很方便的。

（1）等值连接。

等值连接是按对应字段的共同值将一个表中的记录与另一个表中的记录相连接。

【例 8-22】输出所有学生的成绩单，要求给出学号、姓名、笔试、听力。

```
SELECT xsdb.学号,xsdb.姓名,jsj.笔试,yy.听力;
FROM xsdb.DBF ,jsj.DBF ,yy.DBF ;
WHERE xsdb.学号=jsj.学号 AND jsj.学号=yy.学号
```

结果如图 8-17 所示。

（2）非等值连接。

【例 8-23】列出计算机成绩大于笔试成绩的那些同学的学号及其姓名。

  SELECT xsdb.学号,xsdb.姓名　FROM xsdb.DBF,jsj.DBF;

  WHERE xsdb.计算机>jsj.笔试　AND xsdb.学号=jsj.学号

结果如图 8-18 所示。

图 8-17　例 8-22 的执行结果　　　　　图 8-18　例 8-23 的执行结果

4. 连接查询

Visual FoxPro 提供的 SELECT 命令，在 FROM 子句中提供一种称之为连接的子句。连接分为内部连接和外部连接。外部连接又分为左外连接、右外连接和全外连接。

  命令格式：SELECT… FROM…;

    [INNER| LEFT| RIGHT| FULL] JOIN　——连接方式;

    ON 左表.??? =右表.???　——连接条件;

    WHERE…

说明：

INNER JOIN（内连接）　　等价于 JOIN：两个表都要满足连接条件。

LEFT JOIN （左连接）　　（*=）：左表任意，右表满足连接条件，即受左表限制。

RIGHT JOIN （右连接）　　（=*）：右表任意，左表满足连接条件，即受右表限制。

FULL JOIN （全连接）　　左、右表都任意。

（1）内部连接。

实际上，上面例子全部都是内部连接（Inner Join）。所谓内部连接是指包括符合条件的每个表格中的记录。也就是说，所有满足连接条件的记录都包含在查询结果中。

【例 8-24】列出 98 级学生的学号、笔试及其期末成绩。

  SELECT xsdb.学号,jsj.笔试,xsdb.计算机　AS 期末成绩　FROM xsdb.DBF,jsj.DBF;

  WHERE xsdb.学号=jsj.学号　AND LEFT(xsdb.学号,2)="98"

结果如图 8-19 所示。

如果采用内部连接方式，则命令：

  SELECT xsdb.学号,jsj.笔试,xsdb.计算机　AS 期末成绩;

  FROM xsdb.DBF INNER JOIN jsj.DBF ON xsdb.学号=jsj.学号;

  WHERE LEFT(xsdb.学号,2)="98"

得到的结果完全相同。

（2）外部连接。

外部连接（Outer Join）包括左外连接、右外连接和全外连接。

1）左外连接。也叫左连接（Left Outer Join），其系统执行过程是左表的某条记录与右表的所有记录依次比较，若有满足连接条件的，则产生一个真实值记录；若都不满足，则产生一个含有 NULL 值的记录。接着，左表的下一记录与右表的所有记录依次比较字段值，重复上述过程，直到左表所有记录都比较完为止。连接结果的记录个数与左表的记录个数一致。

【例 8-25】左连接。

SELECT xsdb.学号,笔试 FROM xsdb.DBF LEFT join jsj.DBF ON xsdb.学号=jsj.学号

结果如图 8-20 所示。

图 8-19	例 8-24 的执行结果	图 8-20	例 8-25 的执行结果

2）右外连接。也叫右连接（Right Outer Join），其系统执行过程是右表的某条记录与左表的所有记录依次比较，若有满足连接条件的，则产生一个真实值记录；若都不满足，则产生一个含有 NULL 值的记录。接着，右表的下一记录与左表的所有记录依次比较字段值，重复上述过程，直到左表所有记录都比较完为止。连接结果的记录个数与右表的记录个数一致。

【例 8-26】右连接。

SELECT xsdb.学号,笔试 FROM xsdb.DBF RIGHT JOIN jsj.DBF ON xsdb.学号=jsj.学号

结果如图 8-21 所示。

3）全外连接。也叫完全连接（Full Join），其系统执行过程是先按右连接比较字段值，然后按左连接比较字段值，重复记录不列入查询结果中。

【例 8-27】全连接。

SELECT xsdb.学号,笔试 FROM xsdb.DBF FULL JOIN jsj.DBF ON xsdb.学号=jsj.学号

结果如图 8-22 所示。

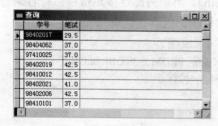

图 8-21　例 8-26 的执行结果

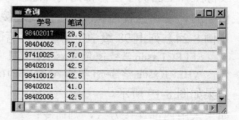

图 8-22　例 8-27 的执行结果

8.3　SQL 的数据操作功能

数据操纵语言是完成数据操作的命令，它由 INSERT（插入）、DELETE（删除）、UPDATE（更新）和 SELECT（查询）等命令组成。查询也划归为数据操纵范畴，但由于它比较特殊，

所以又以查询语言单独出现。

8.3.1　插入记录

命令格式 1：INSERT INTO <表名> [(<字段名 1>[,<字段名 2>[,…]])] VALUES (<表达式 1>[,<表达式 2>[,…]])

命令格式 2：INSERT INTO <表名> FROM ARRAY <数组名> 或 FROM MEMVAR

功能：在指定的表尾添加一条新记录，其值为 VALUES 后面表达式的值。

当需要插入表中所有字段的数据时，表名后面的字段名可以缺省，但插入数据的格式必须与表的结构完全吻合；若只需要插入表中某些字段的数据，就需要列出插入数据的字段名，当然相应表达式的数据位置应与之对应。

【例 8-28】向 xsdb 表中添加记录。

```
INSERT INTO xsdb.DBF VALUES ("98401258","文学院","张明","男",{^1979/10/12}, 67.8,89,.F.)
INSERT INTO xsdb.DBF(学号,院系,姓名)VALUES ("98401288","法学院","李丽")
```

说明：若只需要插入表中某些字段的数据，就需要列出插入数据的字段名。

【例 8-29】用数组向 xsdb 表中添加记录。

```
DIMENSION A(8)
A(1)= "98401248"
A(2)="法学院"
A(3)="张丽"
A(4)="女"
A(5)={^1979/10/12}
A(6)= 77.8
A(7)=92
A(8)=.F.
INSERT INTO xsdb.DBF FROM ARRAY A
```

【例 8-30】利用内存变量向 xsdb 表中添加记录。

```
学号= "98401148"
院系="西语学院"
姓名="李红"
性别="女"
生年月日={^1978/10/12}
计算机=87
英语=88
党员否=.T.
INSERT INTO xsdb.DBF FROM MEMVAR
```

8.3.2　更新记录

更新记录就是对存储在表中的记录进行修改，命令是 UPDATE，也可以对用 SELECT 语句选择出的记录进行数据更新。

命令格式：UPDATE [<数据库名>！]<表名> SET<字段名 1>=<exprl> [,<字段名 2>=<expr2>…]

WHERE <expL1> [AND | OR <expL2>...]

功能：用指定的新值更新记录。

【例 8-31】将 xsdb 表所有姓名为"李丽"的置为"张丽"。

    UPDATE xsdb.DBF SET 姓名="张丽" WHERE 姓名="李丽"

【例 8-32】将 xsdb 表所有 98 级学生"计算机"成绩置为 70。

    UPDATE xsdb.DBF SET 计算机=70 WHERE LEFT(学号,2)="98"

8.3.3 删除记录命令

在 Visual FoxPro 中，DELETE 要为指定的数据表中的记录加删除标记。

命令格式：DELETE FROM [<数据库名>!] <表名> [WHERE<expL1>] [AND | OR<expL2>]

功能：从指定表中，根据指定的条件逻辑删除记录。

【例 8-33】将 xsdb 表所有文学院学生的记录逻辑删除。

    DELETE FROM xsdb.DBF WHERE 院系="文学院"

8.4 SQL 的数据定义功能

数据定义语言由 CREATE、DROP 和 ALTER 命令组成。这 3 个命令关键字针对不同的数据库对象（如数据库、查询、视图等）分别有 3 个命令。例如针对表对象的 3 个命令是建表结构命令 CREATE TABLE、修改表结构命令 ALTER TABLE 和删除命令 DROP TABLE。下面就以表结构的这 3 个命令为例进行数据定义语言的讲解。

8.4.1 建立表结构命令

命令格式：CREATE TABLE <表名> [FREE] ([<字段名 1>] 类型 (长度) [,[<字段名 2>] 类型 (长度)……]) [NULL|NOT NULL][CHECK <表达式> [ERROR"提示信息"]] [DEFAULT<表达式>]

FREE：说明定义的表是自由表。

NULL：允许一个字段为空值。如果一个或多个字段允许包含空值，一个表最多可以定义 254 个字段。

NOT NULL：不允许字段为空值，即字段必须取一个具体的值。

CHECK <表达式>：定义字段级的有效性规则。<表达式>是逻辑型表达式。

ERROR "提示信息"：定义字段的错误信息。当字段中的数据违背了字段的完整性约束条件时，Visual FoxPro 就会显示"提示信息"定义的出错信息。

DEFAULT <表达式>：定义字段的默认值，<表达式>的数据类型必须和字段类型一致。

功能：创建表。

【例 8-34】使用命令建立"xsdb.DBF"自由表，其表结构及要求由表 8-2 给出。

    CREATE TABLE xsd.DBF FREE(学号 C (8),院系 C(10),姓名 C(6),性别 C(2),;
    生年月日 D,英语 N(5,1),计算机 N(5,1),奖学金 N(4, 1),党员否 L,备注 M)

【例 8-35】在数据库 xscj.DBC 中，使用命令建立"jsj.DBF"表，表结构包括(学号 C(8), 姓名 C(6),笔试 N(5,1),上机 N(5,1))，并设置学号为主索引。

    CREATE DATABASE xscj.DBC
    CREATE TABLE jsj.DBF (学号 C(8) PRIMARY KEY,姓名 C(6),笔试 N(5,1),上机 N(5,1))

表 8-2　"XSDB"表的结构

字段名	字段类型	字段宽度	小数位数
学号	C	8	
院系	C	10	
姓名	C	6	
性别	C	2	
出生年月日	D		
英语	N	5	1
计算机	N	5	1
奖学金	N	4	1
党员否	L		
备注	M		

8.4.2　修改表的结构

命令格式 1：ALTER TABLE <表名> ADD <字段名><字段类型>[(<宽度>[,<小数位数>])];

[NULL|NOT NULL][CHECK <表达式> [ERROR"提示信息"]];

[PRIMARY KEY | UNIQUE]

功能：为指定的表添加指定的字段。

【例 8-36】为 xsdb 表添加两个字段："平均分"字段 N(5,1)和"总分"字段 N(5,1)。

ALTER TABLE xsdb.DBF ADD　平均分　N(5,1) CHECK　平均分>80;

ERROR "平均分要大于 80! "

ALTER TABLE xsdb.DBF ADD 总分 N(5,1)

注意：CHECK 对非数据库表（.DBC）不可用。必须在数据库表中，只有表结构没有数据记录时才能添加含有字段信息设置的字段。

【例 8-37】将 xsdb 表的学号和姓名定义为候选索引（候选关键字），索引名是 xh_xm。

ALTER TABLE xsdb.DBF ADD UNIQUE　学号+姓名　TAG xh_xm

命令格式 2：ALTER TABLE <表名> ALTER <字段名>　类型(长度);

[NULL|NOT NULL][SET CHECK <表达式> [ERROR"提示信息"]]

功能：对指定表的指定字段进行修改。

【例 8-38】在 xsdb 表中，修改两个字段："学号"字段 C(10)和"英语"字段 N(6,1)。

ALTER TABLE xsdb.DBF　　ALTER 学号 C(10)

ALTER TABLE xsdb.DBF　　ALTER 英语 N(6,1)

【例 8-39】修改或定义上机字段的有效性规则。

ALTER TABLE jsj.DBF ALTER　上机　SET CHECK　上机>0 ERROR"上机应该大于 0!"

命令格式 3：ALTER TABLE <表名> Drop <字段名> [Drop <字段名 2>……];

[NULL|NOT NULL][CHECK <表达式> [ERROR"提示信息"]]

功能：删除指定的表中指定字段。

【例 8-40】删除 xsdb 表中的平均分、奖学金和备注字段。

```
ALTER TABLE xsdb.DBF DROP  平均分
ALTER TABLE xsdb.DBF DROP  奖学金
ALTER TABLE xsdb.DBF DROP  备注
```

【例 8-41】删除 jsj 表的候选索引 xh。

```
ALTER TABLE jsj.DBF DROP UNIQUE TAG xh
```

【例 8-42】将 jsj 表的笔试字段名改为笔试成绩。

```
ALTER TABLE jsj.DBF RENAME COLUMN  笔试  TO  笔试成绩
```

8.4.3 删除表

命令格式：DROP TABLE <表名>

功能：从数据库和磁盘上将表直接删除掉。

【例 8-43】删除 jsj 表。

```
DROP TABLE jsj.DBF
```

说明：必须在项目管理器关闭时才可执行删除表命令。

8.4.4 创建视图

在 Visual FoxPro 中，创建视图有命令方式和界面操作两种方式。前者可使用 CREATE SQL VIEW 命令，后者可用项目管理器（或数据库设计器）及视图向导来完成。

命令格式：CREATE SQL VIEW <视图名> [AS SELECT-SQL 命令]。

功能：按照 AS 子句中的 SELECT-SQL 命令提出的查询要求，创建一个本地或远程的 SQL 视图。视图的名称由命令中<视图名>指定。

说明：AS 子句中的 SELECT-SQL 命令，将用于指定视图从哪些数据库表提取数据，提取哪些字段的数据，以及提取的条件。

【例 8-44】从"成绩管理"数据库所属的 xsdb 和 jsj 两个表中抽取学号、院系和笔试 3 个字段，组成名称为"我的视图"的 SQL 视图。

```
OPEN DATABASE 成绩管理
    &&含 xsdb、jsj 等数据库表
CREATE  SQL  VIEW  我的视图  AS  SELECT
xsdb.学号,xsdb.院系,jsj.笔试;
FROM xsdb.DBF,jsj.DBF WHERE xsdb.学号=jsj.
学号
```

本例创建的视图可在项目管理器中浏览或修改。在项目管理器选定数据库及视图后，即可单击"浏览"或"修改"按钮，若单击"浏览"按钮将在视图浏览窗口显示查询结果，而单击"修改"按钮则打开视图设计器，供用户修改视图。运行结果如图 8-23 所示。

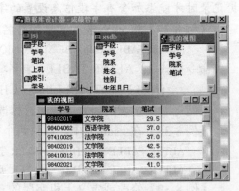

图 8-23 例 8-44 的执行结果

本章小结

本章着重介绍了 SQL 结构化查询语言及其特点。SQL 功能强大、简单易学、使用方便，已经成为数据库操作的基础，几乎所有的关系数据库系统中都支持它。读者在本章的学习过程中应重点掌握 SQL 语言的使用。

习题 8

一、选择题

1. 不属于数据定义功能的 SQL 语句是（　A　）。
   - A．CREATE TABLE
   - B．DROP TABLE
   - C．UPDATE
   - D．ALTER TABLE

2. 书写 SQL 语句时，若一行写不完，需要写在多行，在行的末尾要加续行符（　　）。
   - A．：
   - B．；
   - C．,
   - D．"

3. 从数据库中删除表的命令是（　　）。
   - A．DROP TABLE
   - B．ALTER TABLE
   - C．DELETE TABLE
   - D．USE

4. DELETE FROM xsdb.DBF WHERE 计算机>60 语句的功能是（　　）。
   - A．从 xsdb 表中彻底删除计算机大于 60 的记录
   - B．xsdb 表中计算机大于 60 的记录被加上删除标记
   - C．删除 xsdb 表
   - D．删除 xsdb 表的计算机列

5. SELECT_SQL 语句是（　　）。
   - A．选择工作区语句
   - B．数据查询语句
   - C．选择标准语句
   - D．数据修改语句

6. 关于 INSERT_SQL 语句描述，正确的是（　　）。
   - A．可以向表中插人若干条记录
   - B．在表中任何位置插入一条记录
   - C．在表尾插入一条记录
   - D．在表头插入一条记录

7. 在 SQL 语句中，SELECT 命令中 JOIN 短语用于建立表之间的联系，连接条件应出现在（　　）子句中。
   - A．WHERE
   - B．ON
   - C．HAVING
   - D．IN

8. SQL 语句中限定查询分组条件的短语是（　　）。
   - A．WHERE
   - B．ORDER BY
   - C．HAVING
   - D．GROUP BY

9. SQL 语句中将查询结果存入数组中，应该使用（　　）短语。
   - A．INTO CURSOR
   - B．TO ARRAY
   - C．INTO TABLE
   - D．INTO ARRAY

10. 只有满足连接条件的记录才包含在查询结果中，这种连接为（　　）。
   - A．左连接
   - B．右连接
   - C．内部连接
   - D．完全连接

11. 在 SQL 查询时，使用 WHERE 子句指出的是（　　）。

　　　　A．查询目标　　　　　　　　　　B．查询结果

　　　　C．查询条件　　　　　　　　　　D．查询视图

　　12．在 Visual FoxPro 中，使用 SQL 命令将学生表 STUDENT 中的学生年龄 AGE 字段的值增加 1 岁，应该使用的命令是（　　）。

　　　　A．REPLACE AGE WITH AGE+1

　　　　B．UPDATE STUDENT AGE WITH AGE+1

　　　　C．UPDATE SET AGE WITH AGE+1

　　　　D．UPDATE STUDENT SET AGE=AGE+1

　　13．在 SQL 语句中，与表达式"工资 BETWEEN 1210 AND 1240"功能相同的表达式是（　　）。

　　　　A．工资>=1210 AND 工资<=1240　　B．工资>1210 AND 工资<1240

　　　　C．工资<=1210 AND 工资>1240　　 D．工资>=1210 OR 工资<=1240 A

　　14．在 SQL SELECT 语句中，为了将查询结果存储到临时表，应该使用的短语是（　　）。

　　　　A．TO CURSOR　　　　　　　　　　B．INTO CURSOR

　　　　C．INTO DBF　　　　　　　　　　　D．TO DBF

　　15．在 SQL 的 ALTER TABLE 语句中，为了增加一个新的字段，应该使用的短语是（　　）。

　　　　A．CREATE　　　　　　　　　　　 B．APPEND

　　　　C．COLUMN　　　　　　　　　　　 D．ADD

　　16．在 Visual FoxPro 的查询设计器中，"筛选"选项卡对应的 SQL 短语是（　　）。

　　　　A．WHERE　　　　　　　　　　　　B．JOIN

　　　　C．SET　　　　　　　　　　　　　D．ORDER BY

　　17．SQL 支持集合的并运算，在 Visual FoxPro 中 SQL 并运算的运算符是（　　）。

　　　　A．PLUS　　　　B．UNION　　　　C．＋　　　　　　D．U

　　18．以下不属于 SQL 数据操作命令的是（　　）。

　　　　A．MODIFY　　　B．INSERT　　　C．UPDATE　　　D．DELETE

　　19．在 SQL 的 SELECT 语句中，"HAVING<条件表达式>"用来筛选满足条件的（　　）。

　　　　A．列　　　　　B．行　　　　　C．关系　　　　D．分组

　　20．在 SELECT 语句中，以下有关 HAVING 语句的正确叙述是（　　）。

　　　　A．HAVING 短语必须与 GROUP BY 短语同时使用

　　　　B．使用 HAVING 短语的同时不能使用 WHERE 短语

　　　　C．HAVING 短语可以在任意的一个位置出现

　　　　D．HAVING 短语与 WHERE 短语功能相同

　　21．在 SQL 的 SELECT 查询结果中，消除重复记录的方法是（　　）。

　　　　A．通过指定主索引实现　　　　　　B．通过指定唯一索引实现

　　　　C．使用 DISTINCT 短语实现　　　　D．使用 WHERE 短语实现

　　22．在 Visual FoxPro 中，如果要将学生表 S（学号,姓名,性别,年龄）中"年龄"属性删除，正确的 SQL 命令是（　　）。

　　　　A．ALTER TABLE S DROP COLUMN 年龄

　　　　B．DELETE 年龄 FROM S

    C. ALTER TABLE S DELETE COLUMN 年龄

    D. ALTEER TABLE S DELETE 年龄

23. "图书"表中有字符型字段"图书号"。要求用 SQL DELETE 命令将图书号以字母 A 开头的图书记录全部打上删除标记，正确的命令是（　　）。

    A. DELETE FROM 图书 FOR 图书号 LIKE "A%"

    B. DELETEFROM 图书 WHILE 图书号 LIKE "A%"

    C. DELETE FROM 图书 WHERE 图书号="A*"

    D. DELETE FROM 图书 WHERE 图书号 LIKE"A%"

第 24～27 题使用以下 3 个表：

学生.DBF：学号 C(8)，姓名 C(12)，性别 C(2)，出生日期 D，院系 C(8)

课程.DBF：课程编号 C(4)，课程名称 C(10)，开课院系 C(8)

学生成绩.DBF：学号 C(8)，课程编号 C(4)，成绩 I

24. 查询每门课程的最高分，要求得到的信息包括课程名称和分数。正确的命令是（　　）。

    A. SELECT 课程名称,SUM(成绩) AS 分数 FROM 课程,学生成绩;

       WHERE 课程.课程编号=学生成绩.课程编号;

       GROUP BY 课程名称

    B. SELECT 课程名称,MAX(成绩) 分数 FROM 课程,学生成绩;

       WHERE 课程.课程编号=学生成绩.课程编号;

       GROUP BY 课程名称

    C. SELECT 课程名称,SUM(成绩) 分数 FROM 课程,学生成绩;

       WHERE 课程.课程编号=学生成绩.课程编号;

       GROUP BY 课程.课程编号

    D. SELECT 课程名称,MAX(成绩) AS 分数 FROM 课程,学生成绩;

       WHERE 课程.课程编号=学生成绩.课程编号;

       GROUP BY 课程编号

25. 统计只有 2 名以下（含 2 名）学生选修的课程情况，统计结果中的信息包括课程名称、开课院系和选修人数，并按选课人数排序，正确的命令是（　　）。

    A. SELECT 课程名称,开课院系,COUNT(课程编号) AS 选修人数;

       FROM 学生成绩,课程 WHERE 课程.课程编号=学生成绩.课程编号;

       GROUP BY 学生成绩.课程编号 HAVING COUNT(*)<=2;

       ORDER BY COUNT(课程编号)

    B. SELECT 课程名称,开课院系,COUNT(学号) 选修人数;

       FROM 学生成绩,课程 WHERE 课程.课程编号=学生成绩.课程编号;

       GROUP BY 学生成绩.学号 HAVING COUNT(*)<=2;

       ORDER BY COUNT(学号)

    C. SELECT 课程名称,开课院系,COUNT(学号) AS 选修人数;

       FROM 学生成绩,课程 WHERE 课程.课程编号=学生成绩.课程编号;

       GROUP BY 课程名称 HAVING COUNT(学号)<=2;

       ORDER BY 选修人数

D. SELECT 课程名称,开课院系,COUNT(学号) AS 选修人数;

　　FROM 学生成绩,课程 HAVING COUNT(课程编号)<=2;

　　GROUP BY 课程名称 ORDER BY 选修人数

26. 查询所有目前年龄是 22 岁的学生信息：学号、姓名和年龄，正确的命令组是（　　）。

　　A. CREATE VIEW AGE_LIST AS;

　　　SELECT 学号,姓名,YEAR(DATE()) - YEAR(出生日期) 年龄 FROM 学生

　　　SELECT 学号,姓名,年龄 FROM　AGE_LIST WHERE 年龄=22

　　B. CREATE VIEW AGE_LIST AS;

　　　SELECT 学号,姓名,YEAR(出生日期) FROM 学生

　　　SELECT 学号,姓名,年龄 FROM AGE_LIST WHERE YEAR(出生日期)=22

　　C. CREATE VIEW AGE_LIST AS;

　　　SELECT 学号,姓名,YEAR(DATE()) - YEAR(出生日期) 年龄 FROM 学生

　　　SELECT 学号,姓名,年龄 FROM 学生 WHERE YEAR(出生日期)=22

　　D. CREATE VIEW AGE_LIST AS STUDENT;

　　　SELECT 学号,姓名,YEAR(DATE()) - YEAR(出生日期) 年龄 FROM 学生

　　　SELECT 学号,姓名,年龄 FROM STUDENT WHERE 年龄=22

27. 向学生表插入一条记录的正确命令是（　　）。

　　A. APPEND INTO 学生 VALUES("10359999","张三","男","会计",{^1983-10-28})

　　B. INSERT INTO 学生 VALUES("10359999","张三","男",{^1983-10-28},"会计")

　　C. APPEND INTO 学生 VALUES("10359999","张三","男",{^1983-10-28},"会计")

　　D. INSERT INTO 学生 VALUES("10359999", "张三","男",{^1983-10-28})

28～32 题使用以下数据表：

　　学生.DBF：学号 C(8)，姓名 C(6)，性别 C(2)，出生日期 D

　　选课.DBF：学号 C(8)，课程号 C(3)，成绩 N(5,1)

28. 查询所有 1982 年 3 月 20 日以后（含）出生、性别为男的学生，正确的 SQL 语句是
（　　）。

　　A. SELECT * FROM 学生 WHERE 出生日期>={^1982-03-20} AND 性别="男"

　　B. SELECT * FROM 学生 WHERE 出生日期<={^1982-03-20} AND 性别="男"

　　C. SELECT * FROM 学生 WHERE 出生日期>={^1982-03-20} OR 性别="男"

　　D. SELECT * FROM 学生 WHERE 出生日期<={^1982-03-20} OR 性别="男"

29. 计算刘明同学选修的所有课程的平均成绩，正确的 SQL 语句是（　　）。

　　A. SELECT AVG(成绩) FROM 选课 WHERE 姓名="刘明"

　　B. SELECT AVG(成绩) FROM 学生,选课 WHERE 姓名="刘明"

　　C. SELECT AVG(成绩) FROM 学生,选课 WHERE 学生.姓名="刘明"

　　D. SELECT AVG(成绩) FROM 学生,选课 WHERE 学生.学号=选课.学号 AND 姓名
　　　="刘明"

30. 查询选修课程号为"101"课程得分最高的同学，正确的 SQL 语句是（　　）。

　　A. SELECT 学生.学号,姓名 FROM 学生,选课 WHERE 学生.学号=选课.学号 AND
　　　课程号="101" AND 成绩>=ALL(SELECT 成绩 FROM 选课)

B. SELECT 学生.学号,姓名 FROM 学生,选课 WHERE 学生.学号=选课.学号 AND 成绩>=ALL(SELECT 成绩 FROM 选课 WHERE 课程号="101")

C. SELECT 学生.学号,姓名 FROM 学生,选课 WHERE 学生.学号=选课.学号 AND 成绩>=ANY(SELECT 成绩 FROM 选课 WHERE 课程号="101")

D. SELECT 学生.学号,姓名 FROM 学生,选课 WHERE 学生.学号=选课.学号 AND 课程号="101" AND 成绩>=ALL(SELECT 成绩 FROM 选课 WHERE 课程号="101")

31. 插入一条记录到"选课"表中，学号、课程号和成绩分别是"02080111"、"103"和 80，正确的 SQL 语句是（ ）。

A. INSERT INTO 选课 VALUES("02080111", "103",80)

B. INSERT VALUES("02080111","103",80) TO 选课(学号,课程号,成绩)

C. INSERT VALUES("02080111","103",80) INTO 选课(学号,课程号,成绩)

D. INSERT INTO 选课(学号,课程号,成绩) FORM VALUES("02080111","103",80)

32. 将学号为"02080110"、课程号为"102"的选课记录的成绩改为 92，正确的 SQL 语句是（ ）。

A. UPDATE 选课 SET 成绩 WITH 92 WHERE 学号="02080110" AND 课程号="102"

B. UPDATE 选课 SET 成绩=92 WHERE 学号="02080110" AND 课程号="102"

C. UPDATE FROM 选课 SET 成绩 WITH 92 WHERE 学号="02080110" AND 课程号="102"

D. UPDATE FROM 选课 SET 成绩=92 WHERE 学号="02080110" AND 课程号="102"

二、填空题

1. 在 Visual FoxPro 支持的 SQL 语句中，_____命令可以向表中输入记录，_____命令可以检查和查询表中的内容。

2. 在 ORDER BY 子句的选项中，DESC 代表_____输出；省略 DESC 时，代表_____输出。

3. 在 SELECT 语句中，字符串匹配运算符用_____，匹配符_____表示零个或多个字符，_____表示任何一个字符。

4. _____语言是关系型数据库的标准语言。

5. 用 SQL 语句实现查找"xsdb.dbf"表中"计算机"低于 80 分且大于 60 分的所有记录：
SELECT_____FROM xsdb.dbf WHERE 计算机<80_____计算机>60

6. 实现将学生表所有学生的计算机成绩提高 5%的 SQL 语句是：_____学生_____计算机=计算机*1.05。

7. 向"xsdb"表中添加一个新字段"综合成绩"的 SQL 语句是：_____TABLE xsdb.dbf _____综合成绩 N(6,2)。

8. 在 SELECT-SQL 语句中，表示条件表达式用 WHERE 子句，分组用_____子句，排序用_____子句。

9. SQL SELECT 语句为了将查询结果存放到临时表中，应该使用_____短语。

10. 为"学生"表增加一个"平均成绩"字段的正确命令是 ALTER TABLE 学生

ADD_____平均成绩 N(5,2)。

11．SQL 插入记录的命令是 INSERT，删除记录的命令是_____，修改记录的命令是_____。

12．在 SQL 的嵌套查询中，量词 ANY 和_____是同义词。在 SQL 查询时，使用_____子句指出的是查询条件。

13．以下命令查询雇员表中"部门号"字段为空值的记录。

  SELECT * FROM 雇员 WHERE 部门号_____

14．在 SQL 的 SELECT 查询中，HAVING 字句不可以单独使用，总是跟在_____子句之后一起使用。

15．在 SQL 的 SELECT 查询时，使用_____短语实现消除查询结果中的重复记录。

16．在 Visual FoxPro 中修改表结构的非 SQL 命令是_____。

17．在 SQL 中，插入、删除、更新命令依次是 INSERT、DELETE 和_____。

18．查询设计器的"排序依据"选项卡对应于 SQL SELECT 语句的_____短语。

19．"歌手"表中有"歌手号"、"姓名"和"最后得分" 3 个字段，"最后得分"越高名次越靠前，查询前 10 名歌手的 SQL 语句是：

  SELECT * _____ FROM 歌手 ORDER BY 最后得分 DESC

20．已有"歌手"表，将该表中的"歌手号"字段定义为候选索引，索引名是 temp，正确的 SQL 语句是：

  ALTER TABLE 歌手_____ CANDIDATE 歌手号 TAG temp

21．在 SQL SELECT 语句中为了将查询结果存储到永久表，应该使用_____短语。

22．在 SQL 语句中空值用_____表示。

23．SQL 是_____。

24．在 Visual FoxPro 中，使用 SQL 的 CREATE TABLE 语句建立数据库表时，使用_____子句说明主索引。

25．在 Visual FoxPro 中，使用 SQL 的 CREATE TABLE 语句建立数据库表时，使用_____子句说明有效性规则（域完整性规则或字段取值范围）。

26．在 SQL 的 SELECT 语句进行分组计算查询时，可以使用_____子句去掉不满足条件的分组。

27．为表"金牌榜"增加一个字段"奖牌总数"，同时为该字段设置有效性规则：奖牌总数>=0，应使用 SQL 语句

  ALTER TABLE 金牌榜_____奖牌总数_____奖牌总数>=0

28．使用"获奖牌情况"和"国家"两个表查询"中国"所获金牌（名次为 1）的数量，应使用 SQL 语句

  SELECT COUNT(*) FROM 国家 INNER JOIN 获奖牌情况；

  _____ 国家.国家代码 = 获奖牌情况.国家代码；

  WHERE 国家.国家名称 = "中国" AND 名次 = 1

29．将金牌榜.DBF 中新增加的字段奖牌总数设置为金牌数、银牌数、铜牌数 3 项的和，应使用 SQL 语句

  _____ 金牌榜_____奖牌总数 = 金牌数+银牌数+铜牌数

30～32 题，使用以下的"教师"表和"学院"表，如表 8-3 和表 8-4 所示。

表 8-3 "教师"表

职工号	姓名	职称	年龄	工资	系号
11020001	肖天海	副教授	35	2000.00	01
11020002	王岩盐	教授	40	3000.00	02
11020003	刘星魂	讲师	25	1500.00	01
11020004	张月新	讲师	30	1500.00	03
11020005	李明玉	教授	34	2000.00	01
11020006	孙民山	教授	47	2100.00	02
11020007	钱无名	教授	49	2200.00	03

表 8-4 "学院"表

系号	系名
01	英语
02	会计
03	工商管理

30. 使用 SQL 语句求"工商管理"系的所有职工的工资总和：

    SELECT _____（工资） FROM 教师；

    WHERE 系号 IN（SELECT 系号 FROM _____WHERE 系名="工商管理"）

31. 使用 SQL 语句完成以下操作（将所有教授的工资提高 5%）：

    _____教师 SET 工资=工资*1.05_____职称="教授"

32. 从职工数据库表中计算工资合计的 SQL 语句是：

    SELECT _____FROM 职工

三、简答题

1. 简述 SQL 语言的组成。

2. 查询去向有哪几种?

四、上机操作题

用 SQL 语言在命令窗口中完成下列操作内容。

1. 使用 SQL 命令建立数据库 cjgl.DBC, 然后在该库中建立 jsj 表(学号 C (8), 姓名 C (6), 出生日期 d, 性别 C (2), 笔试 N (5,1))和 yy 表(学号 C (8),姓名 C (6),写作 N (6),听力 N(5,1),口语 N(5,1))。

2. 为 jsj 表添加一个字段：上机 N (5,1)，在 yy 表删除一个字段：写作。

3. 向 jsj 表和 yy 表中添加记录。

4. 将 jsj 表所有男生的记录逻辑删除。

5. 将 jsj 表所有性别为女的置为男。

6. 列出学生名单。

7. 列出所有学生姓名，去掉重名。

8. 列出所有学生姓名，只显示学号、姓名。

9. 求出所有人的平均成绩。

10．列出笔试成绩在 70 分到 80 分之间的学生学号、姓名、笔试字段。

11．列出所有的姓陈的学生学号、姓名字段。

12．删除已建立的 yy 表。

13．用 UPDATE-SQL 将学号为 98402017 的上机为空值。

14．统计学生人数。

15．用 SQL 语句对数据库"成绩管理.DBC"中的表"xsdb.DBF"建立一个查询，并运行查询，查询结果为每个院学生"计算机"的成绩总和、平均分、最高分和最低分。

16．用 SQL 语句对数据库"成绩管理.DBC"中的表"xsdb.DBF"建立一个查询，并运行查询，查询结果为统计每个院学生的人数。

17．用 SQL 语句对数据库"成绩管理.DBC"中的表"xsdb.DBF"、"jsj.DBF"建立一个查询，并运行查询，查询结果为显示男同学的"xsdb.学号"、"xsdb.院系"、"xsdb.姓名"、"jsj.笔试"和"jsj.上机"共 5 个字段的数据。

18．用 SQL 语句对数据库"成绩管理.DBC"中的表"xsdb.DBF"、"jsj.DBF"建立一个查询，并运行查询，查询结果为显示"xsdb.学号"、"xsdb.姓名"、"jsj.笔试"和"jsj.上机"共 4 个字段的数据，并以学号降序排序。

19．利用 SQL SELECT 命令将表 student_sl.dbf 复制到 student_bk.dbf。

20．利用 SQL INSERT 命令插入记录（"080412","张三","男",{^1982/12/12},"计算机系"）到 student_bk.dbf 表。

21．利用 SQL UPDATE 命令将 student_bk.dbf 表中"学号"为"080412"的院系"计算机系"改为"会计系"。

22．利用 SQL DELETE 命令删除 student_bk.dbf 表中"学号"为"080412"的学生。

23．使用 SQL 语句为"student"的"学号"字段增加有效性规则：学号的最左边两位字符是 08（使用 LEFT 函数）。

24．将 student 表中学号为 080412 的学生的院系字段值修改为"经济"。

25．将 score 表的"成绩"字段的名称修改为"考试成绩"。

26．使用 SQL 命令（ALTER TABLE）为 student 表建立一个候选索引，索引名和索引表达式都是"学号"。

27．打开学生管理数据库，然后为表 student 增加一个字段，字段名为 email、类型为字符、宽度为 20。

28．为 student 表建立一个主索引，索引名和索引表达式均为"学号"。

29．建立一个名为"SELLDB"的数据库，在该数据库中创建"客户表"（客户号,客户名,销售金额），其中：客户号为字符型，宽度为 4；客户名为字符型，宽度为 20；销售金额为数值型，宽度为 9（其中小数 2 位）。

30．为"客户表"增加一个字段，字段名为"备注"，数据类型为字符型，宽度为 20。

第9章 查询与视图

本章要点：

查询与视图概述、创建查询、创建视图、运行查询及利用视图更新表。

查询帮助用户从数据中获得所需要的结果。视图能够从本地表或远程表中提取一组记录。可以使用视图来处理或更新检索到的记录，并让 Visual FoxPro 将所做的更改发回源表中。当对多个表进行查询时，无论表是存于本地还是在远程服务器上，都可以充分利用查询和视图的强大功能。

在应用程序中使用查询或视图时，实际是在使用 SELECT-SQL 语句。这里的 SELECT-SQL 语句可以由"查询设计器"中定义的查询来创建；也可以是由"视图设计器"定义的视图来创建。

9.1 查询与视图概述

9.1.1 查询的概念

查询就是预先定义好一个 SQL SELECT 语句，在不同的时候可以直接反复使用，从而提高效率。查询是从数据库的一个表、关联的多个表或视图中检索出符合条件的信息，然后按照想得到的定向输出查询的结果，查询以扩展名.QPR 的文件保存在磁盘上，可以作为表单和报表的数据来源。

9.1.2 视图的概念

创建视图时，Visual FoxPro 在当前数据库中保存一个视图定义，该定义包括视图中的表名、字段名及其属性设置。在使用视图时，Visual FoxPro 根据视图定义构造一条 SQL 语句，定义视图的数据。

可以从本地表、其他视图、存储在服务器上的表或远程数据源中创建视图，所以 Visual FoxPro 的视图又分为本地视图和远程视图。远程视图使用远程 SQL 语法从远程 ODBC 数据源表中选择信息，本地视图使用 Visual FoxPro SQL 语句从视图或表中选择信息。用户可以将一个或多个远程视图添加到本地视图中，以便能在同一个视图中同时访问 Visual FoxPro 数据和远程 ODBC 数据源中的数据。

9.1.3 视图与查询比较

视图与查询的相同点在于：它们都可以从数据源中查找满足一定筛选条件的记录和选定部分字段；它们自身都不保存数据，其查询结果随数据源内容的变化而变化。

视图与查询的不同点：

（1）视图可以更新数据源表，而查询不能。用户可以显示但不能更新由查询检索到的记录；但当编辑视图中的记录时，可以将更改发送回源表，并更新源表。

（2）视图是数据库中的一个特有功能，它只能存在于数据表中，因此只能从数据库中查找数据；而查询是一个独立的程序文件，不是数据库的组成部分，它可以从自由表、数据库表及多个数据库的表中查找数据。

（3）视图可访问远程数据，而查询不能直接访问，需要借助远程视图才能访问。

9.2 创建查询

9.2.1 通过查询向导建立查询

下面以"成绩管理"数据库中的"xsdb.DBF"表为例来说明使用向导创建简单的步骤。

（1）打开"项目管理器"，选择"数据"选项卡，选中"查询"组件，单击"新建"按钮，出现如图 9-1 所示的"新建查询"对话框。

（2）单击"查询向导"按钮，出现如图 9-2 所示的"向导选取"对话框。

（3）选择"查询向导"选项，单击"确定"按钮，进入"查询向导"对话框"步骤 1-字段选取"对话框。在"数据库和表"下拉列表框中选择"成绩管理"数据库，并选择该数据库下的"xsdb"表，如图 9-3 所示。

图 9-1　"新建查询"对话框

图 9-2　"向导选取"对话框

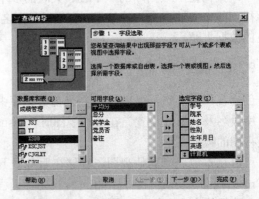

图 9-3　"步骤 1-字段选取"对话框

在"可用字段"列表框中显示了"xsdb"表中的全部可供选择的字段。利用"可用字段"列表框右边的全选按钮，将"可用字段"列表框中的全部字段移到"选定字段"列表框中，然后单击"下一步"按钮，出现如图 9-4 所示的对话框"步骤 3-筛选记录"对话框。

说明：如果在数据库中选择的不是一个表中的字段，而是两张以上表中的字段，单击"下一步"按钮，就会出现"步骤 2-为表建立关系"对话框。这里用的是一张表"xsdb"表中的字段，所以，直接进入到步骤 3。

（4）按图 9-4 所示进行记录的筛选，选出"院系"字段等于"文学院"，并且"性别"字段等于"男"的记录。这时单击"预览"按钮，可以看到如图 9-5 所示的经过筛选以后的记录。

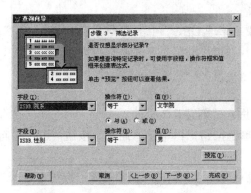

图 9-4　"步骤 3-筛选记录"对话框　　　　图 9-5　预览经过筛选后的记录

（5）单击"下一步"按钮，在如图 9-6 所示的"步骤 4-排序记录"对话框中，"可用字段"列表框中选择要按其进行排序的字段"学号"，单击"添加"按钮，然后选择"升序"单选按钮。单击"下一步"按钮，出现如图 9-7 所示的"步骤 4a-限制记录"对话框。

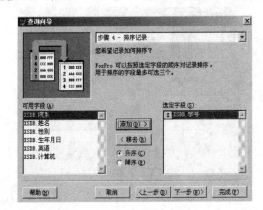 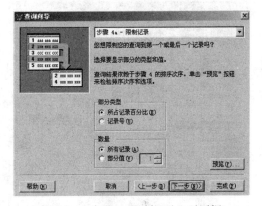

图 9-6　"步骤 4-排序记录"对话框　　　　图 9-7　"步骤 4a-限制记录"对话框

（6）单击"下一步"按钮，出现如图 9-8 所示的"步骤 5-完成"对话框，单击"预览"按钮，可以看到所建立查询的预览效果，如图 9-9 所示。

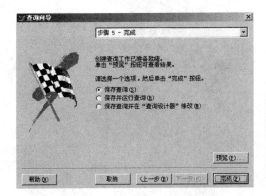

图 9-8　"步骤 5-完成"对话框　　　　　　图 9-9　查询结果

（7）单击"完成"按钮，出现"另存为"对话框，选择查询文件的保存路径：D:\，保存文件名为"成绩.QPR"。这时，在"项目管理器"的"数据"选项卡中"查询"组件下就会出现一个"成绩.QPR"。

【例9-1】利用"查询向导"，为数据库"成绩管理.DBC"中的数据库表"xsdb.DBF"建立一个"院系情况"（yxqk.QPR）单表查询文件，并以"浏览"方式运行查询，查询文件中包含的字段有学号、院系、姓名和性别。

操作步骤如下：

（1）选择菜单"文件"→"新建"命令，进入"新建"对话框。

（2）在"新建"对话框中，选中"查询"单选按钮，再单击"向导"按钮，进入"向导选取"对话框，如图9-2所示。

（3）在"向导选取"对话框中，选择"查询向导"选项，再单击"确定"按钮，进入"查询向导"对话框"步骤1-字段选取"。

（4）在步骤1中，先选择数据库"成绩管理"，再选择数据表 xsdb，将"可用字段"列表框中的"学号"、"院系"、"姓名"、"性别"添加到"选定字段"列表框中，如图9-10所示。

（5）单击"下一步"按钮，进入"步骤3-筛选记录"对话框，如图9-11所示。

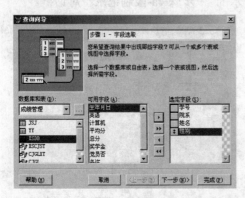

图9-10　"步骤1-字段选取"对话框

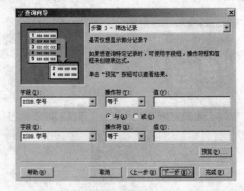

图9-11　"步骤3-筛选记录"对话框

（6）单击"下一步"按钮，进入步骤4，如图9-12所示。设置按"学号"升序排序记录。

（7）单击"下一步"按钮，进入步骤5，选择"保存并运行查询"单选按钮，如图9-13所示。

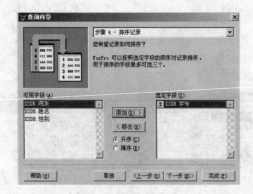

图9-12　"步骤4-排序记录"对话框

图9-13　"步骤5-完成"对话框

（8）单击"完成"按钮，进入"另存为"对话框，输入所创建的单表查询文件名"yxqk.QPR"，如图 9-14 所示。

（9）单击"保存"按钮，则创建的单表查询文件将以"浏览"方式显示出来，如图 9-15 所示。

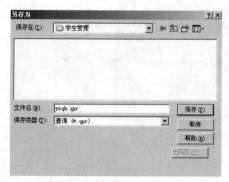

图 9-14　"另存为"对话框

图 9-15　"查询浏览"对话框

9.2.2　通过查询设计器创建查询

SELECT 命令可以在命令窗口直接执行，也可以编写在程序中，以完成相应查询任务。但编写 SELECT 语句不是件易事。为了可视化设计 SELECT 命令，系统提供了"查询设计器"。"查询设计器"实际上就是 SELECT 命令的交互式设计操作。

使用"查询设计器"建立查询没有向导规定的固定步骤，可以根据需要进行灵活的查询。使用"查询设计器"建立查询一般分为以下几步完成：启动"查询设计器"添加表；设置表间关联；选择显示字段；设置筛选记录条件；排序、分组查询结果；设置查询输出类型。

下面以"xsdb.DBF"和"jsj.DBF"文件为例，建立"xsdb.QPR"，查询其中的"学号"、"院系"、"姓名"、"性别"、"出生年月日"、"英语"、"计算机"和"笔试"字段。

1. 启动"查询设计器"添加表

（1）打开"项目管理器"，选择"数据"选项卡，选中"查询"组件，再单击"新建"按钮，出现如图 9-1 所示的"新建查询"对话框，单击"新建查询"按钮，出现如图 9-16 所示的"添加表或视图"对话框。

也可以用 CREATE QUERY 命令打开"查询设计器"建立查询。

（2）在"添加表或视图"对话框中选择需要添加的表。首先在"数据库"下拉列表框中选择添加表所在的数据库，然后在"选定"框中选择"表"单选按钮，最后在"数据库中的表"列表框中选择要添加的表，如选择"成绩管理"数据库中的"xsdb.DBF"和"jsj.DBF"。

图 9-16　"添加表或视图"对话框

（3）单击"添加"按钮，将所需的表添加到"查询设计器"中，如图 9-17 所示。此时，自动弹出连接条件对话框，如图 9-19 所示，设置表间的连接条件，单击"确定"按钮。单击

"关闭"按钮，关闭"添加表或视图"对话框。

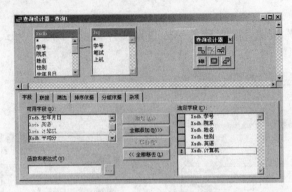

图 9-17　"查询设计器"窗口

2．设置表间关联

在图 9-17 中显示的是"xsdb.DBF"表和"jsj.DBF"表之间已建库的表间关联，属内部连接。如果添加的表之间没有建立关联，可以通过"查询设计器"建立表间关联。基本方法如下：

在"查询设计器"窗口中，单击"联接"选项卡，进行如图 9-18 所示的操作。

（1）在"类型"列中选择连接类型。

（2）在"字段名"列中选择主工作表字段。

（3）在"条件"列中选择一种操作符。

（4）在"值"列中选择相关的字段。

也可以通过如图 9-19 所示的"联接条件"对话框设置表之间的连接条件，然后单击"确定"按钮。

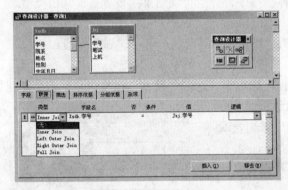

图 9-18　设置表间关联

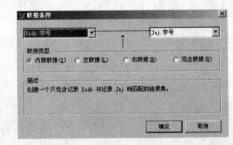

图 9-19　"联接条件"对话框

3．选择显示字段

在"字段"选项卡中选择要查询的字段，在"可用字段"列表框中列出了所添加表的全部字段。从"可用字段"列表框中选择要查询显示的字段，单击"添加"按钮，将其加入到"选定字段"列表框中。也可以采用拖动或双击"可用字段"框中显示字段的方式完成，如图 9-17 所示。添加字段后可以单击系统工具栏中的"运行"按钮，浏览查询结果。

4．设置筛选记录条件

在"查询设计器"窗口中，单击"筛选"选项卡，完成以下操作：

（1）在"字段名"列中选择用于建立筛选表达式的字段。

（2）在"条件"列选择操作符。

（3）在"实例"列中输入条件值。

这里建立的筛选表达式为：xsdb.院系="文学院"和 xsdb.性别="男"，如图 9-20 所示。

单击系统工具栏中的"运行"按钮，可以浏览满足筛选条件的查询结果。

5．排序查询结果

利用"排序依据"选项卡可以设置查询结果的记录顺序，其操作步骤如下：

（1）单击"查询设计器"中的"排序依据"选项卡。

（2）在"选定字段"列表框中选择排序记录所依据的字段，单击"添加"按钮将所选字段添加到"排序条件"列表框中。

（3）在"排序选项"框中选择"升序"或"降序"单选按钮后，在"排序条件"列表框所选字段的前面标向上或向下箭头，以示升序或降序排序。

例如，选择"xsdb.学号"作为排序条件，在"排序选项"框中选择"升序"单选按钮，如图 9-21 所示。

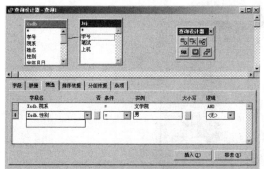 

图 9-20　设置筛选记录条件及查询结果　　　图 9-21　排序查询及查询结果

可以选择多个排序依据字段。系统首先按第一个字段进行排序，若该字段值相同，再按所选的第二个字段排序，依次类推。

在图 9-22 中设置以院系为分组依据，并设置满足院系="法学院"，并且计算机成绩大于 60 的条件记录，如图 9-23 所示。

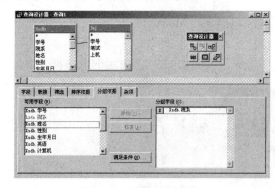 

图 9-22　设置分组依据　　　　　　　图 9-23　设置分组"筛选条件"

还可以通过如图 9-24 所示的"杂项"选项卡设置要显示记录的多少。

（4）关闭"查询设计器"窗口，弹出如图 9-25 所示的提示框，询问是否保存查询结果，单击"是"按钮，弹出"另存为"对话框。

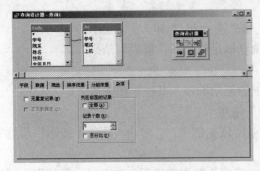

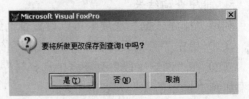

图 9-24　"杂项"选项卡设置　　　　图 9-25　"Microsoft Visual FoxPro"对话框

（5）在"另存为"对话框中，选择查询文件的保存路径：D:\，保存文件名为 xsdb.QPR。这时，在"项目管理器"的"数据"选项卡中的"查询"组件下就会出现一个"xsdb.QPR"表，如图 9-26 所示。

图 9-26　新建的"xsdb.QPR"表

（6）选中新建的"xsdb.QPR"表，单击"运行"按钮，可以看到查询的结果。单击"修改"按钮，将重新进入"查询设计器"窗口。

9.2.3　查询去向

使用查询设计器可以将输出结果以多种形式表现出来，如浏览窗口、临时表、表等。一般多选择表或报表。

单击"查询设计器"工具中的"查询去向"按钮，得到如图 9-27 所示的对话框。

图 9-27　"查询去向"对话框

从图 9-27 中可以看出，查询结果的去向可以是浏览窗口、临时表、表、图形、屏幕、报表和标签，SQL 输出去向如表 9-1 所示。

表 9-1　SQL 输出去向

输出去向	功能	对应的 SQL 语句
浏览	将查询结果显示在浏览窗口	默认
临时表	将查询结果存储在一张只读临时表中	INTO CURSOR　临时表名
表	将查询结果存储在一张表中	INTO TABLE（DBF）　表名
图形	将查询结果输出到 GRAPH 程序	
屏幕	将查询结果输出到 Visual FoxPro 主窗口或当前活动窗口中	TO SCREEN
报表	将查询结果输出到报表文件	
标签	将查询结果输出到标签文件	
文本文件	将查询结果输出到文本文件中	TO FILE　文本文件名
打印机打印	将查询结果打印输出	TO PRINT

系统默认是将查询结果输出到一个名为"查询"的内存表，并打开它的浏览窗口。

【例 9-2】利用"查询设计器"为数据库"成绩管理.DBC"中的数据库表"xsdb.DBF"、"yy.DBF"建立一个"外语成绩（wycj.QPR）多表查询文件，并以"浏览"方式运行查询，查询文件中包含的字段有学号、院系、姓名、口语和听力。

操作步骤如下：

（1）选择菜单"文件"→"新建"命令，进入"新建"对话框。

（2）在"新建"对话框中，选中"查询"单选按钮，再单击"新建文件"按钮，进入"添加表或视图"对话框，选择建立查询所依据的表"xsdb.DBF"和"yy.DBF"，再单击"关闭"按钮，进入"查询设计器"窗口，如图 9-28 所示。

（3）在"查询设计器"窗口的"可用字段"列表框中，依次将"学号"、"院系"、"姓名"、"口语"和"听力"5 个字段添加到"选定字段"列表框中，如图 9-29 所示。

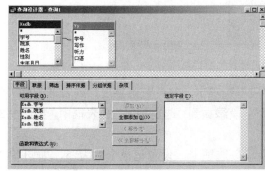

图 9-28　"查询设计器"中的"字段"选项卡

图 9-29　"查询设计器"中的字段选取

（4）单击窗口中的"退出"按钮，进入"系统"对话框。

（5）单击"是"按钮，进入"另存为"对话框，输入所创建查询的名字"wycj.QPR"，如图 9-30 所示。

（6）单击"保存"按钮，保存所创建的查询文件。

（7）打开查询文件"wycj.QPR"，再选择菜单"查询"→"运行查询"命令，则会得到所建查询文件的运行结果，如图 9-31 所示。

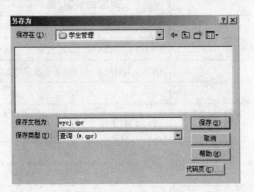
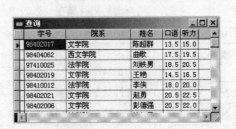

图 9-30 "另存为"对话框   图 9-31 "运行查询"结果

【例 9-3】定制查询文件输出方式，以"浏览"方式运行查询，查询文件中包含的字段有学号、院系、姓名、口语、听力共 5 个记录，记录的输出顺序是按口语成绩升序排列。

操作步骤如下：

（1）打开已建立的查询文件"wycj.QPR"，进入"查询设计器"窗口。

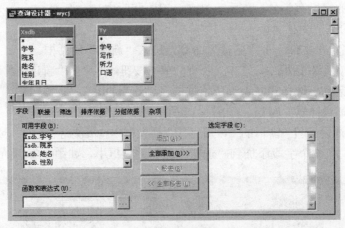

图 9-32 "查询设计器"窗口

（2）在"查询设计器"窗口中，选择"字段"选项卡，将"可用字段"列表框中的"学号"、"院系"、"姓名"、"口语"、"听力"这 5 个字段添加到"选定字段"列表框中，如图 9-33 所示（已做，略）。

（3）在"查询设计器"窗口中，选择"杂项"选项卡，设置记录个数为 5，如图 9-34 所示。

（4）在"查询设计器"窗口中，选择"排序依据"选项卡，设置为按"口语"成绩升序排序，如图 9-35 所示。

（5）单击窗口的"退出"按钮，进入"系统"对话框。单击"是"按钮，保存更改文件。

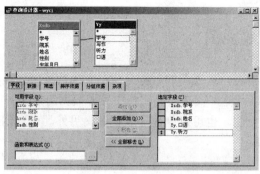

图 9-33　"查询设计器"选取字段对话框

图 9-34　"查询设计器"中的"杂项"对话框

（6）打开查询文件"wycj.QPR"，选择菜单"查询"→"运行查询"命令，则会得到所建查询文件的运行结果，如图 9-36 所示。

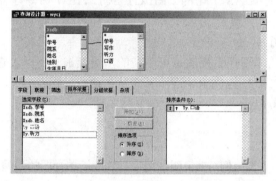

图 9-35　"查询设计器"中的"排序依据"选项卡

图 9-36　"运行查询"结果

9.3　运行查询

运行查询可以得到查询结果。方法有以下 3 种。

（1）在"查询设计器"处于打开状态时，使用菜单"查询"→"运行查询"命令。

（2）命令：DO <查询文件名>。

（3）快捷键：Ctrl+Q。

上述操作的过程实际上是创建了一条 SQL 的 SELECT 语句。可以选择菜单"查询"→"查看 SQL"命令或单击"查询设计器"工具栏上的 SQL 按钮，得到结果如图 9-37 所示。

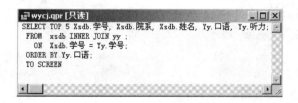

图 9-37　显示 SQL 窗口

这样产生的 SELECT 语句是一个查询程序，可以保存在以.QPR 为扩展名的文件中。查询程序将保存在磁盘上，下次进行同样的查询时可直接执行该程序。

9.4　创建视图

视图是在数据库表的基础上创建的一种虚拟表，即视图的数据是从已有的数据库表或其他视图中提取的，这些数据在数据库中并不实际存储，仅在数据词典中存储数据的定义。

创建视图与创建查询相同，可以创建单表视图，也可以创建多表视图。另外，可以创建本地视图，也可以创建远程视图。

创建本地视图可以采用以下方法：

- 使用视图设计器或 CREATE SQL VIEW 命令创建本地视图。
- 在"项目管理器"中选择一个数据库，选择"本地视图"，然后单击"新建"按钮，打开"视图设计器"。
- 如果熟悉 SQL SELECT，可以使用带有 AS 子句的 CREATE SQL VIEW 命令建立视图。

打开视图可用命令：SET VIEW TO <视图名>

创建视图和创建查询的过程类似，主要的差别在于视图是可更新的，而查询则不行。查询是一种 SQL SELECT 语句，作为文本文件以扩展名.QPR 存储。若想从本地或远程表中提取一组可以更新的数据，就需要使用视图。

9.4.1　通过视图向导建立视图

下面以"成绩管理"数据库中的"xsdb.DBF"表为例，来说明使用向导创建简单视图的步骤。

（1）打开"项目管理器"，选择"数据"选项卡，选中"本地视图"组件，单击"新建"按钮，出现如图 9-38 所示的"新建本地视图"对话框。

（2）单击"视图向导"按钮，进入"本地视图向导"对话框"步骤 1-字段选取"。在"数据库和表"下拉列表框中选择"成绩管理"数据库，并选择该数据库下的"xsdb.DBF"，如图 9-39 所示。

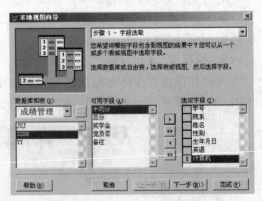

图 9-38　"新建本地视图"对话框　　　　图 9-39　"步骤 1-字段选取"对话框

在"可用字段"列表框中显示了"xsdb"表中的全部可供选择的字段。利用"可用字段"列表框右边的全选按钮，将"可用字段"列表框中的全部字段移到"选定字段"列表框中，然后单击"下一步"按钮，出现如图 9-40 所示的"步骤 3-筛选记录"对话框。

（3）按图 9-40 所示进行记录的筛选，选出"性别"字段等于"男"，并且"英语">70 的记录。单击"预览"按钮，可以看到如图 9-41 所示的经过筛选以后的记录。

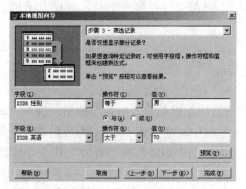

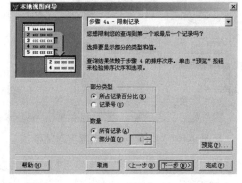

图 9-40 "步骤 3-筛选记录" 对话框　　　　图 9-41 预览经过筛选后的记录

（4）单击"下一步"按钮，在如图 9-42 所示的"步骤 4-排序记录"对话框中"可用字段"列表框中选择要按其进行排序的字段"学号"，单击"添加"按钮，然后选择"升序"单选按钮。单击"下一步"按钮，出现如图 9-43 所示的对话框"步骤 4a-限制记录"对话框。

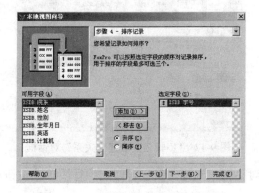

图 9-42 "步骤 4-排序记录"对话框　　　　图 9-43 "步骤 4a-限制记录"对话框

（5）单击"下一步"按钮，出现如图 9-44 所示的"步骤 5-完成"对话框，单击"预览"按钮，可以看到所建立视图的预览效果。

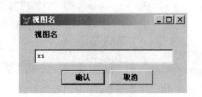

图 9-44 "步骤 5-完成"对话框　　　　图 9-45 "视图名"对话框

（6）单击"完成"按钮，出现"视图名"对话框，文件名设置为：xs。这时，在"项目管理器"的"数据"选项卡中"本地视图"组件下就会出现一个"xs"，如图 9-45 所示。

【例 9-4】使用视图向导，为数据库"成绩管理.DBC"创建一个"成绩管理"多表视图（cjgl），视图依据的表为"jsj.DBF"和"yy.DBF"，视图文件中包含学号、笔试、上机、口语、听力共 5 个字段。

操作步骤如下：

（1）打开数据库，进入"数据库设计器"窗口。

（2）选择菜单"文件"→"新建"命令，进入"新建"对话框。

（3）在"新建"对话框中，选择"视图"单选按钮，再单击"向导"按钮，进入"本地视图向导"对话框。在步骤 1 窗口的"数据库和表"框中，选择表 jsj、yy 为数据来源，并在"选定字段"框中，分别选定"学号"、"笔试"、"上机"、"口语"和"听力"共 5 个字段，如图 9-46 所示。

（4）单击"下一步"按钮，进入步骤 2 界面，添加两个数据表间的关系，如图 9-47 所示。

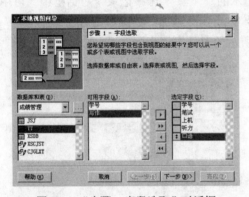
图 9-46　"步骤 1-字段选取"对话框

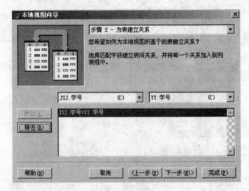
图 9-47　"步骤 2-为表建立关系"对话框

（5）单击"下一步"按钮，进入步骤 2a 对话框，选择"仅包含匹配的行"单选按钮，如图 9-48 所示。

（6）单击"下一步"按钮，进入步骤 3 对话框，如图 9-49 所示。

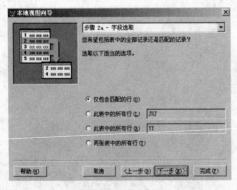
图 9-48　"步骤 2a-字段选取"对话框

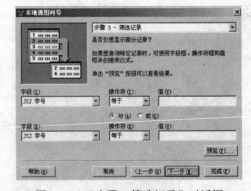
图 9-49　"步骤 3-筛选记录"对话框

（7）单击"下一步"按钮，进入步骤 4 对话框，如图 9-50 所示。选择按"学号"升序排序记录。

（8）单击"下一步"按钮，进入步骤 5，选择"保存本地视图并浏览"单选按钮，如图 9-51 所示。

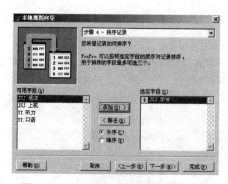

图 9-50　"步骤 4-排序记录"对话框　　　　图 9-51　"步骤 5-完成"对话框

（9）单击"完成"按钮，进入"视图名"对话框，输入创建视图的文件名 cjgl，如图 9-52 所示。

（10）单击"确认"按钮，进入视图"浏览"窗口，如图 9-53 所示。

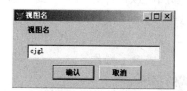

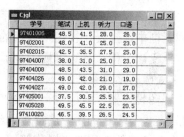

图 9-52　"视图名"对话框　　　　　　图 9-53　"运行视图"结果

9.4.2　通过视图设计器建立视图

使用"视图设计器"建立视图的步骤与使用"查询设计器"建立查询的步骤基本相似，不同之处在于视图不能设置结果的输出类型，只能将结果显示在"浏览"窗口中。

下面是使用"视图设计器"建立本地视图的步骤。

1. 启动"视图设计器"添加表

（1）打开"项目管理器"，选择"数据"选项卡，选中"本地视图"组件，再单击"新建"按钮，单击"新建视图"按钮，进入如图 9-54 所示的"添加表或视图"对话框。

（2）在"添加表或视图"对话框中选择需要添加的表。首先在"数据库"下拉列表框中选择添加表所在的数据库，然后在"选定"框中选择"表"单选按钮，最后在"数据库中的表"列表框中选择要添加的表，如选择"成绩管理"数据库中的"xsdb.DBF"和"yy.DBF"表。

（3）单击"添加"按钮。将所需的表添加到"视图设计器"，如图 9-54 所示。单击"关闭"按钮，关闭"添加表或视图"对话框。

由图 9-54 可知，"视图设计器"窗口比"查询设计器"窗口只多了"更新条件"选项卡，其他选项卡都是相同的。

2. 建立表间关联

在图 9-55 中显示的是"xsdb.DBF"表和"yy.DBF"表之间建立的表间关联，此关联属内部关联。如果添加的表之间没有建立关联，与建立查询一样，可通过"联接条件"对话框建立表间关联。

图 9-54　"添加表或视图"对话框　　　　　图 9-55　在"视图设计器"中添加的表

3. 选择字段

单击"字段"选项卡，在"可用字段"列表框中列出了所添加表的全部字段。从"可用字段"列表框中选择要在视图中显示的字段，单击"添加"按钮，将其加入到"选定字段"列表框。重复该过程，直到将视图显示字段全部添加到"选定字段"列表框中为止。

4. 设置筛选记录条件

在"视图设计器"窗口中，单击"筛选"选项卡，完成以下操作：

（1）在"字段名"列中选择用于建立筛选表达式的字段。

（2）在"条件"列选择操作符。

（3）在"实例"列中输入条件值。

这里建立的筛选表达式为：xsdb.性别="女"。

单击系统工具栏中的"运行"按钮，可以浏览满足筛选条件的结果，如图 9-56 所示。

5. 结果排序

利用"排序依据"选项卡可以设置视图结果的记录顺序。其操作步骤如下：

（1）单击"视图设计器"中的"排序依据"选项卡。

（2）在"选定字段"列表框中选择排序记录所依据的字段，单击"添加"按钮将所选字段添加到"排序条件"列表框中。

（3）在"排序选项"列表框中选择"升序"或"降序"单选按钮，在"排序条件"列表框所选字段的前面标有向上或向下箭头，以示升序或降序。

可以选择多个排序依据字段。系统首先按第 1 个字段进行排序，若该字段值相同再按所选的第 2 个字段排序，依次类推。

6. 设置更新条件

视图与查询都可以检索并显示所需信息，其主要区别在于：视图可以更新源表中字段的内容，而查询则不能。

选择"更新条件"选项卡，如图 9-57 所示，该选项卡中包括了以下几个部分。

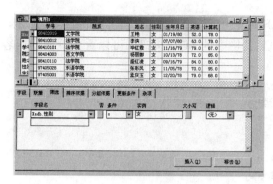 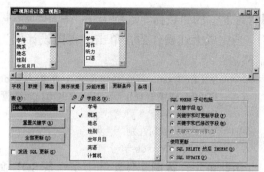

　　　图 9-56　设置筛选记录条件及结果　　　　　　　图 9-57　设置更新条件

　　（1）表：表示视图所基于的表。本例中有两个基表：xsdb 和 yy。如果需要更新所有的表，在此选择"全部表"。如果不希望更新"yy"表，只需要更新"xsdb"表，在"表"的下拉列表框中就选择"xsdb"表。

　　（2）字段名：在"字段名"框中包含了关键字和更新字段。

　　关键字表示当前视图的关键字字段，当在"视图设计器"中首次打开一个表时，"更新条件"选项卡会显示表中哪些字段被定义为关键字段。单击"关键列"（钥匙形）按钮，出现复选框按钮，单击复选框按钮，出现"√"符号，表示选中，以此可以重新设置关键字。图 9-57 中设置的关键字是"学号"。

　　"可更新列"（笔形）的操作方法与"关键列"相同，有标记的列表示可参与更新操作。参与视图的字段不一定都要参与更新，有的字段只用于显示。如果字段未标注为可更新，则该字段可以在表单中或"浏览"窗口中修改，但修改的值不会返回到源表中。

　　（3）重置关键字：单击该按钮，系统会检查源表并利用这些表中的关键字段重新设置视图的关键字段。如果已经改变了关键字段，而又想把它们恢复到源表中的初始设置，可单击"重置关键字"按钮。

　　（4）全部更新：如果要单击"全部更新"按钮，必须在表中有已定义的关键字段。"全部更新"不影响关键字段，它表示将全部字段设置为可更新字段。

　　（5）发送 SQL 更新：当用户指定更新字段，选中"发送 SQL 更新"复选框，就可以按指定的更新字段在视图中修改字段的内容，然后系统便会用修改后的内容更新源表中相应的记录内容。

　　（6）SQL WHERE 子句：在该组合框中包括了 4 个单选按钮，这些按钮帮助管理多用户访问同一数据的情况。在不同情况下应该选择的 SQL WHERE 选项如下。

　　① 关键字段：如果当源表中的关键字段被改变时，使更新失败。

　　② 关键字和可更新字段：如果当源表中的关键字段和任何标记为可更新的字段被改变时，使更新失败。

　　③ 关键字和已修改字段：如果当关键字段和在本地改变的字段在源表中已被改变时，使更新失败。

　　④ 关键字和时间戳：如果当表上记录的时间戳在首次检索之后被改变时，使更新失败。

　　当关闭"视图设计器"时，会弹出询问对话框，询问是否保存视图结果，单击"是"按钮，弹出"视图名"对话框。在"视图名"对话框中输入视图文件名"成绩"。这时，在"项目管理器"的"数据"选项卡中"视图"组件下就会出现一个"成绩"表，如图 9-58 所示。

当完成上述操作后，单击"视图设计器"工具栏中的 SQL 按钮，可以看到视图的内容如下：

```
SELECT xsdb.学号,xsdb.院系,xsdb.姓名,xsdb.性别,Xsdb.生年月日,xsdb.英语,xsdb.计算机;
FROM  成绩管理!xsdb INNER JOIN  成绩管理!yy ;
ON xsdb.学号 ＝ yy.学号;
WHERE xsdb.性别 ＝ "女";
ORDER BY xsdb.学号
```

由此可见，视图文件实际上是一条 SQL 命令。

【例 9-5】使用视图向导更新数据，依据数据库"成绩管理.dbc"中的表 xsdb.dbf 和表 jsj.dbf 建立"成绩管理系统"视图（cjglxt），更新表"xsdb.DBF"中"院系"字段中的数据，将"西语学院"更新为"西文学院"。

操作步骤如下：

（1）打开数据库，进入"数据库设计器"窗口，建立视图 cjglst，包含字段学号、院系、姓名、笔试和上机，如图 9-59 所示。

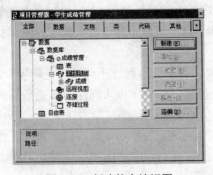

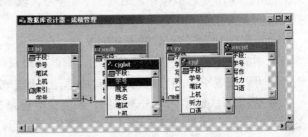

图 9-58 新建的本地视图   图 9-59 "数据库设计器"窗口

（2）选择菜单"数据库"→"修改"命令，进入"视图设计器"窗口，如图 9-60 所示。

（3）选择"更新条件"选项卡，设置更新条件，如图 9-61 所示。

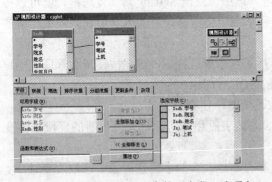

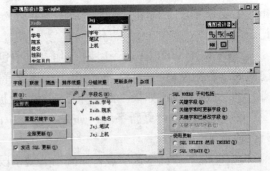

图 9-60 "视图设计器"中的"字段"选项卡   图 9-61 "视图设计器"中的"更新条件"选项卡

（4）单击"退出"按钮，结束更新条件的设置。

（5）在"数据库设计器"窗口中，双击表 xsdb，如图 9-62 所示。

（6）在"数据库设计器"窗口中，双击视图 cjglxt，并修改其"院系"字段值，将所有的“西语学院”均改为“西文学院”，如图 9-63 所示。

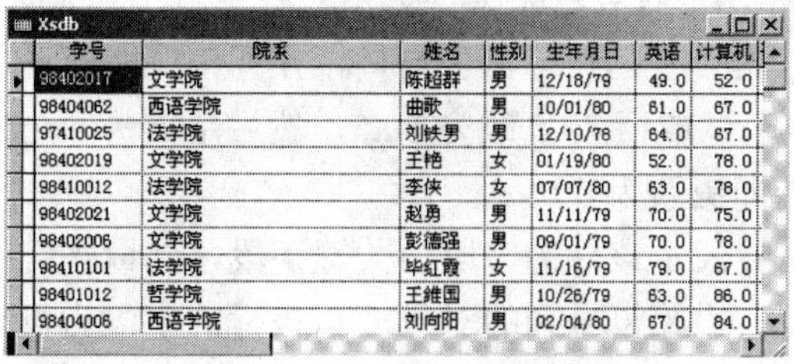

学号	院系	姓名	性别	生年月日	英语	计算机
98402017	文学院	陈超群	男	12/18/79	49.0	52.0
98404062	西语学院	曲歌	男	10/01/80	61.0	67.0
97410025	法学院	刘铁男	男	12/10/78	64.0	67.0
98402019	文学院	王艳	女	01/19/80	52.0	78.0
98410012	法学院	李侠	女	07/07/80	63.0	78.0
98402021	文学院	赵勇	男	11/11/79	70.0	75.0
98402006	文学院	彭德强	男	09/01/79	70.0	78.0
98410101	法学院	毕红霞	女	11/16/79	79.0	67.0
98401012	哲学院	王維国	男	10/26/79	63.0	86.0
98404006	西语学院	刘向阳	男	02/04/80	67.0	84.0

图 9-62　“浏览表”对话框

学号	院系	姓名	笔试	上机
98402017	文学院	陈超群	60.5	22.5
98404062	西文学院	曲歌	37.0	30.0
97410025	法学院	刘铁男	37.0	30.0
98402019	文学院	王艳	42.5	35.5
98410012	法学院	李侠	42.5	35.5
98402021	文学院	赵勇	41.0	34.0
98402006	文学院	彭德强	42.5	35.5
98410101	法学院	毕红霞	37.0	30.0
98401012	哲学院	王維国	46.5	39.5
98404006	西文学院	刘向阳	60.5	38.5
98404003	西文学院	杨丽娜	46.0	39.0

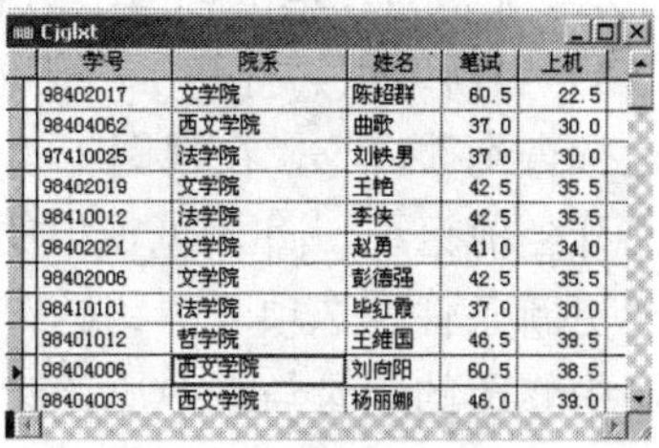

图 9-63　“修改表”结果

（7）在“数据库设计器”窗口中，双击表 xsdb，则表中的数据已被更新，如图 9-64 所示。

学号	院系	姓名	性别	生年月日	英语	计算机
98402017	文学院	陈超群	男	12/18/79	49.0	52.0
98404062	西文学院	曲歌	男	10/01/80	61.0	67.0
97410025	法学院	刘铁男	男	12/10/78	64.0	67.0
98402019	文学院	王艳	女	01/19/80	52.0	78.0
98410012	法学院	李侠	女	07/07/80	63.0	78.0
98402021	文学院	赵勇	男	11/11/79	70.0	75.0
98402006	文学院	彭德强	男	09/01/79	70.0	78.0
98410101	法学院	毕红霞	女	11/16/79	79.0	67.0
98401012	哲学院	王維国	男	10/26/79	63.0	86.0
98404006	西文学院	刘向阳	男	02/04/80	67.0	84.0
98404003	西文学院	杨丽娜	女	10/13/78	72.0	85.0

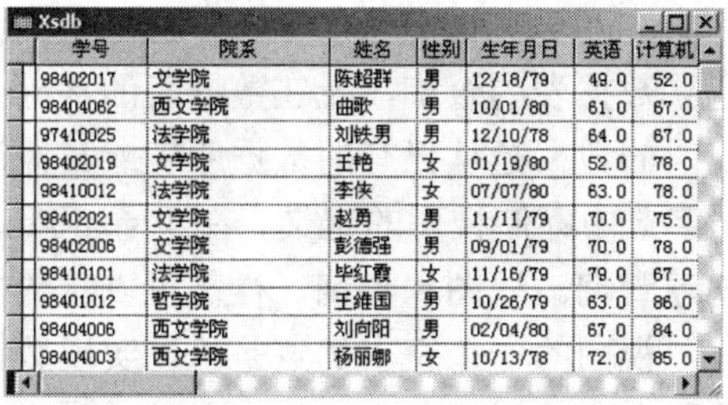

图 9-64　“更新表”结果

9.5　利用视图更新表

查询的结果只能阅读，不能修改。而视图则不仅具有查询功能，还可修改记录数据并使源表随之更新，与查询设计器相比，在视图设计器中多了一个“更新条件”选项卡，该选项卡具有修改过的记录更新源表的功能，如图 9-65 所示。

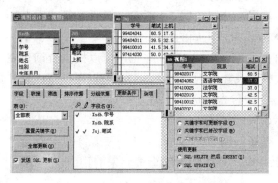

图 9-65　视图设计器更新源表数据

【例 9-6】用视图设计器建立视图 1，然后修改其中 jsj 的笔试来更新 jsj 表原来的笔试。

（1）建立视图 1：在“成绩管理”数据库中选择本地视图，单击“新建”按钮，在新建本地视图对话框中单击“新建视图”按钮，通过添加表或视图对话框添加表 xsdb.DBF 和 jsj.DBF，在视图设计器窗口（如图 9-65 所示）可见两表已以学号连接，在可用字段将 xsdb.学号、xsdb.院系、jsj.笔试等字段移到选定字段列表框中。

（2）设置更新条件：在"视图设计器"窗口选定"更新条件"选项卡，单击 xsdb.学号左侧使之显示一个对号；单击 jsj.笔试左侧使之显示两个对号，选择"发送 SQL 更新"复选框。

（3）更新笔试：打开 jsj 浏览窗口，右击"视图设计器"窗口，在弹出的快捷菜单中选定"运行查询"命令，在视图 1 浏览窗口将笔试成绩 29.5 改为 60.5，然后单击另一记录，使光标离开当前记录，jsj 浏览窗口的相应数据即更新为 60.6。

"更新条件"选项卡中钥匙符号列的对号表示该行的字段为关键字段，选取关键字段可使视图中修改的记录与表中原始记录相匹配。铅笔符号列的对号表示该行的字段为可更新字段。选择"发送 SQL 更新"复选框表示要将视图记录中的修改传送给原始表。

本章小结

本章着重介绍了如何建立数据表的查询，及在数据表的基础上创建视图。视图是一个虚拟表。所谓虚拟，是因为视图的数据是从已有的数据库表或其他视图中选取而来的，并不实际存储，仅在数据库的数据字典中存储视图的定义。在 Visual FoxPro 中，可以使用"查询向导"或"查询设计器"来创建查询。视图和查询一样都可以从数据库中查询满足一定条件的数据记录，但相对查询而言，视图的一个突出优点是可以实现数据源的更新。读者在本章的学习过程中应重点掌握查询和视图的创建方法以及 SQL 语言的使用。

习题 9

一、选择题

1. 在"查询设计器"中包含的选项卡有（　　）。
   A. 字段、筛选、排序依据　　　　　　B. 字段、条件、分组依据
   C. 条件、排序依据、分组依据　　　　D. 条件、筛选、杂项

2. 以下关于视图的叙述中，正确的是（　　）。
   A. 可以根据自由表建立视图　　　　　B. 可以根据查询建立视图
   C. 可以根据数据库表建立视图　　　　D. 可以根据自由表和数据库表建立视图

3. 在"视图设计器"中包含的选项卡有（　　）。
   A. 联接、显示、排序依据　　　　　　B. 显示、排序依据、分组依据
   C. 更新条件、排序依据、显示　　　　D. 更新条件、筛选、字段

4. 在"查询设计器"中，系统默认的查询结果的输出去向是（　　）。
   A. 浏览　　　　　　B. 报表　　　　　　C. 表　　　　　　D. 图

5. 在"查询设计器"中创建的查询文件的扩展名是（　　）。
   A. .PRG　　　　　　B. .QPR　　　　　　C. .SCX　　　　　　D. .MPR

6. 关于视图的操作，错误的说法是（　　）。
   A. 利用视图可以实现多表查询　　　　B. 利用视图可以更新源表的数据
   C. 视图可以产生表文件　　　　　　　D. 视图可以作为查询的数据源

7. 在"查询设计器"的"筛选"选项卡中，"插入"按钮的功能是（　　）。

A. 用于插入查询输出条件　　　　　B. 用于增加查询输出字段

C. 用于增加查询表　　　　　　　　D. 用于增加查询去向

8.“查询设计器”是一种（　　）。

A. 建立查询的方式　　　　　　　　B. 建立报表的方式

C. 建立新数据库的方式　　　　　　D. 打印输出方式

9. 下列关于视图的叙述中，正确的是（　　）。

A. 当某一视图被删除后，由该视图导出的其他视图也将自动删除

B. 若导出某视图的数据库表被删除了，该视图不受任何影响

C. 视图一旦建立，就不能被删除

D. 视图和查询一样

10. 以下关于“视图”的描述，正确的是（　　）。

A. 视图保存在项目文件中

B. 视图保存在数据库中

C. 视图保存在表文件中

D. 视图保存在视图文件中

11. 如果要在屏幕上直接看到查询结果，“查询去向”应选择（　　）。

A. 浏览或屏幕　　　　　　　　　　B. 临时表或屏幕

C. 屏幕　　　　　　　　　　　　　D. 浏览

12. 以下给出的 4 种方法中，不能建立查询的是（　　）。

A. 选择菜单“文件”→“新建”选项，打开“新建”对话框，“文件类型”选择“查询”，单击“新建文件”按钮

B. 在“项目管理器”的“数据”选项卡中选择“查询”，然后单击“新建”按钮

C. 在命令窗口中输入 CREAIE QUERY 命令建立查询

D. 在命令窗口中输入 SEEK 命令建立查询

13.“查询设计器”中的“筛选”选项卡的作用是（　　）。

A. 指定查询条件　　　　　　　　　B. 增加或删除查询的表

C. 观察查询生成的 SQL 程序代码　D. 选择查询结果中包含的字段

14. 多表查询必须设定的选项卡为（　　）。

A. 字段　　　　B. 联接　　　　C. 筛选　　　　D. 更新条件

15. 在“查询设计器”窗口中建立一个或（OR）条件必须使用的选项卡是（　　）。

A. 字段　　　　B. 连接　　　　C. 筛选　　　　D. 杂项

16. 以下关于视图说法，错误的是（　　）。

A. 视图可以对数据库表中的数据按指定内容和指定顺序进行查询

B. 视图可以脱离数据库单独存在

C. 视图必须依赖数据库表而存在

D. 视图可以更新数据

17. 修改本地视图使用的命令是（　　）。

A. CREATE SQL VIEW　　　　　　B. MODIFY VIEW

C. RENAME VIEW　　　　　　　　D. DELETE VIEW

18. 如果要将视图中的修改传送到基表的原始记录中，则应选用视图设计器的（　　）选项卡。

  A．排序依据 B．更新条件 C．分组依据 D．视图参数

19. 打开视图设计器后，下面操作中（　　）不能显示视图结果。

  A．单击 VFP 工具栏上运行按钮

  B．按"Ctrl+Q"组合键

  C．鼠标右键单击设计器，选择"运行查询"

  D．选择"显示"菜单→"运行查询"选项

20. 查询的基本功能不包括（　　）。

  A．选择字段 B．选择记录 C．排序记录 D．逻辑删除

21. 下列不能运行查询文件的是（　　）。

  A．DO <查询文件名>

  B．在"查询"菜单中选择"运行查询"

  C．在"项目管理器"中选定查询的名称，然后选定"运行"按钮

  D．?<查询文件名>

22. 在 Visual FoxPro 中，以下关于视图描述中错误的是（　　）。

  A．通过视图可以对表进行查询 B．通过视图可以对表进行更新

  C．视图是一个虚表 D．视图就是一种查询

23. 查询的数据源可以是（　　）。

  A．自由表 B．数据库表 C．视图 D．以上均可

24. 视图不能单独存在，它必须依赖于（　　）。

  A．视图 B．数据库 C．数据表 D．查询

25. 在 Visual FoxPro 中，关于查询和视图的正确描述是（　　）。

  A．查询是一个预先定义好的 SQL SELECT 语句文件

  B．视图是一个预先定义好的 SQL SELECT 语句文件

  C．查询和视图都是同一种文件，只是名称不同

  D．查询和视图都是一个存储数据的表

26. 在 Visual FoxPro 6.0 中，建立查询可用（　　）方法。

  A．使用查询向导   B．使用查询设计器

  C．直接使用 SELECT-SQL 命令 D．以上方法均可

27. 视图是一个（　　）。

  A．虚拟的表   B．真实的表

  C．不依赖于数据库的表 D．不能修改的表

28. 查询设计器和视图设计器的主要不同表现在（　　）。

  A．查询设计器有"更新条件"选项卡，没有"查询去向"选项

  B．查询设计器没有"更新条件"选项卡，有"查询去向"选项

  C．视图设计器没有"更新条件"选项卡，有"查询去向"选项

  D．视图设计器有"更新条件"选项卡，也有"查询去向"选项

29. 在 Visual FoxPro 中，以下叙述正确的是（　　）。

A．利用视图可以修改数据　　　　B．利用查询可以修改数据

C．查询和视图具有相同的作用　　D．视图可以定义输出去向

30．在 Visual FoxPro 中，要运行查询文件 query1.qpr，可以使用命令（　　）。

A．DO query1　　　　　　　　B．DO query1.qpr

C．DO QUERY query1　　　　　D．RUN query1

31．在视图设计器中有，而在查询设计器中没有的选项卡是（　　）。

A．排序依据　　　B．更新条件　　　C．分组依据　　　D．杂项

32．在使用查询设计器创建查询时，为了指定在查询结果中是否包含重复记录（对应于 DISTINCT），应该使用的选项卡是（　　）。

A．排序依据　　　B．联接　　　C．筛选　　　D．杂项

33．在 Visual FoxPro 中，以下关于查询的描述，正确的是_____。

A．不能用自由表建立查询　　　　B．只能使用自由表建立查询

C．不能用数据库表建立查询　　　D．可以用数据库表和自由表建立查询

34．以下关于"查询"的描述，正确的是_____。

A．查询保存在项目文件中　　　　B．查询保存在数据库文件中

C．查询保存在表文件中　　　　　D．查询保存在查询文件中

二、填空题

1．在"项目管理器"中，每个数据库都包含_____、远程视图、表、存储过程和连接。

2．视图是在_____的基础上创建的一种虚拟表，在查询中有着广泛的应用。

3．连接查询是基于多个_____的查询，即 FROM 后面有多个_____。

4．分组查询使用_____短语来实现分组查询，还可以进一步用_____短语限定分组的条件。

5．在查询设计器中，选择查询结果中出现的字段及表达式应在_____选项卡中完成，设置查询条件应在_____选项卡中完成，该选项卡相当于 SQL-SELECT 语句中的 WHERE 子句。

6．通过 Visual FoxPro 的视图，不仅可以查询数据库表，还可以_____数据库表。

7．在 Visual FoxPro 中，视图可以分为本地视图和_____视图。

8．在 Visual FoxPro 中为了通过视图修改的基本表中的数据，需要在视图设计器的_____选项卡设置有关属性。

9．查询设计器的"筛选"选项卡用来指定查询的_____。

三、简答题

1．简述视图和查询的异同。

2．视图有几种类型？试说明它们各自的特点。

四、上机操作题

1．利用查询设计器为数据库"成绩管理.DBC"中数据表"xsdb.DBF"、"yy.DBF"建立一个名为"wycj.QPR"查询文件，以"浏览"方式输出，查询文件中包含的字段及输出

顺序是学号、院系、姓名、口语、听力，记录个数为 5 个，记录的输出顺序是按口语成绩升序排列。

2．利用查询设计器为数据库"成绩管理.DBC"中数据表"xsdb.DBF"建立一个名为"yxqk.QPR"，以"图形"方式输出，查询文件中包含的字段及输出顺序是学号、院系、姓名、计算机，记录个数为 4 个，记录的输出顺序按学号升序排列，图形样式为"饼图"，图形标题为"院系情况饼图"。

3．创建一个查询，用于查询数据库"xsdb.DBF"和"jsj.DBF"表中的院系为"文学院"的笔试成绩在 30 分以上的记录，并且只显示学号、院系、笔试字段，以"屏幕"方式输出，记录个数为 5 个，记录的输出顺序是按笔试成绩降序排列。

4．使用"查询向导"建立查询

打开"成绩管理"数据库，选择"xsdb.DBF"表，使用查询向导建立查询"平均分.QPR"。查询"xsdb.DBF"中"英语"字段大于或等于 85 并且"计算机"字段大于或等于 90 的记录。

5．使用查询设计器建立查询"英语 .QPR"。查询"xsdb.DBF"和"yy.DBF"中的"学号"、"姓名"、"性别"、"口语"、"写作"字段，记录个数为 8 个，记录的输出顺序是按口语成绩降序排列。以"表"文件方式输出。

6．利用"查询设计器"为数据库"成绩管理.DBC"中的数据表"xsdb.DBF"、"jsj.DBF"建立一个"计算机.QPR"多表查询文件，并以"浏览"方式运行查询，查询文件中包含的字段有学号、院系、姓名、笔试、上机。

7．利用菜单方式创建视图，依据数据库"成绩管理.DBC"建立一个"学生成绩"单表视图（xscjst.VUE），视图文件中包含学号、口语、听力、写作 4 个字段。

8．使用数据库设计器创建视图为数据库"成绩管理.DBC"创建一个"成绩管理"多表视图（cjglst），视图依据的表为"xsdb.DBF"和"jsj.DBF"，视图文件中包含学号、院系、姓名、笔试、上机 5 个字段。

9．定制"成绩管理"视图（cjglst）中字段个数及输出顺序、记录个数及输出顺序。

实验要求：

（1）控制字段个数及输出顺序为学号、院系、姓名、性别、笔试和上机。

（2）记录个数为 5 个，输出顺序按学号降序排列。

10．使用"视图向导"建立视图。

使用"xsdb.DBF"和"yy.DBF"，建立"英语"。视图文件中包含学号、院系、姓名、写作、听力 5 个字段，两表之间以"学号"建立关系，筛选出院系="法学院"，并且"写作"大于 30 的记录，要按"学号"升序排列，记录个数为 8 个。

11．使用视图向导更新数据，依据数据库"成绩管理.DBC"中的"英语"视图，更新表"xsdb.DBF"中"院系"字段中的数据，将"法学院"更新为"法学学院"。

12．在"学生管理"数据库中，建立一个名称为 VIEW1 的视图，查询每个学生的学号、姓名、性别、出生日期、院系、成绩。

第 10 章 菜单设计

本章要点：

Visual FoxPro 菜单系统概述，使用菜单设计器创建菜单，下拉菜单的设计，创建快速菜单，快捷菜单的设计，在顶层表单中设计菜单。

在应用程序中，菜单是最常用的人机交互界面，它可以将大量的用户命令和程序功能集成到若干个菜单项中。一个好的菜单不仅反映了应用程序中功能模块组织的水平，也体现了应用程序操作界面的友好性。

在可视化应用程序中，用户要执行命令或运行程序，最常见的就是通过应用程序的菜单来实现。在应用系统中用菜单系统组织各功能模块，从而实现友好的用户界面。在结构化程序设计中，要编写一个菜单程序是很麻烦的，而 Visual FoxPro 提供的"菜单设计器"使建立菜单系统变得很简单，它可以帮助用户快速建立实用且高质量的菜单系统。

创建菜单系统的大量工作是在"菜单设计器"中完成的，在那里可以创建实际的菜单、子菜单和菜单选项。

10.1 菜单系统概述

10.1.1 菜单系统的基本结构

Visual FoxPro 的菜单分为下拉菜单和快捷菜单两种。

1. 下拉菜单

各个应用程序菜单的具体内容可能是不同的，但其基本结构是相同的。菜单一般由主菜单（包括菜单栏和菜单标题）、子菜单（包括弹出菜单和菜单选项）等组成。如果需要，还可以设计多级子菜单。菜单的基本组成如图 10-1 所示。

（1）菜单栏：菜单栏也称为主菜单，一般在屏幕的顶部。菜单栏上包含若干可供选择的项目，即菜单标题。应该对每个菜单栏定义一个名称，以便在程序中进行引用，如 Visual FoxPro 6.0 系统菜单的名称为_MSYSMENU。

（2）菜单标题：菜单标题是位于菜单栏上的可选项目，可以认为菜单标题是菜单栏的选项。通常，菜单标题选中后，将出现下拉菜单（也可称为弹出菜单）。

（3）下拉菜单：单击主菜单项可以打开一个下拉菜单，下拉菜单中包含若干菜单项。菜单项既可以对应一个命令或程序，也可以对应一个子菜单。

（4）子菜单：在下拉菜单中用鼠标或键盘移动到带右向箭头"▶"的下拉菜单项时，会自动弹出子菜单。子菜单可以对应一个命令或程序，还可以是子菜单，从而形成多级菜单系统。

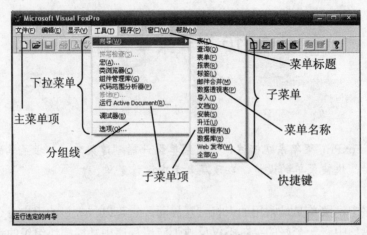

图 10-1　下拉菜单的基本结构

（5）菜单分组线：对于特殊的菜单选项，在下拉菜单中，可以用分组线对逻辑或功能紧密相关的菜单项分组，使之层次分明。

2. 快捷菜单

快捷菜单就是右键弹出式菜单，一般属于某个界面对象（如表单或表单上的控件），当用鼠标右击该对象时，就会在单击处弹出快捷菜单。快捷菜单通常列出与处理对象有关的一些功能命令，如图 10-2 所示。

图 10-2　快捷菜单

10.1.2　菜单系统的设计步骤

不管应用程序的规模多大、打算使用的菜单多么复杂，创建一个完整的菜单系统都需以下步骤：

（1）规划系统，确定需要哪些菜单、菜单出现在界面中的位置，以及哪几个菜单要有子菜单等。

（2）利用"菜单设计器"创建菜单及子菜单。

（3）指定菜单所要执行的任务，如显示表单或对话框等。

（4）单击"预览"按钮预览整个菜单系统。

（5）选择菜单"菜单"→"生成"命令，生成菜单程序以及运行某菜单程序，对菜单系统进行测试。

（6）选择菜单"程序"→"执行"命令，执行已生成的 MPR 程序。

下面分别加以论述。

1. 菜单系统的规划

应用程序的易用性与界面友好性在一定程度上取决于菜单系统的质量。好的设计能很好地体现设计者的意图，易于为用户所接受和掌握，因此，花费一定时间仔细规划菜单，对应用系统的成功具有重要作用。在设计菜单系统时，需要考虑下列准则：

（1）菜单组织。按照用户思考问题的方法和完成任务的方法来规划和组织菜单的层次系统，设计相应的菜单和菜单项。

（2）给每个菜单一个有意义的菜单标题。按照估计的菜单项使用频率、逻辑顺序或字母顺序组织菜单项，以方便用户使用。

（3）按功能将同一菜单中的菜单项分组，并用分组线分隔。

（4）适当创建子菜单，以减少和限制菜单项的数目。

（5）为菜单、菜单项设置键盘快捷键。

（6）为用户着想，针对一些常用功能，设计必要的快捷菜单。

2．使用菜单设计器

菜单的设计使用"菜单设计器"进行。"菜单设计器"是 Visual FoxPro 提供的可视化菜单设计工具，既可以定制已有的 Visual FoxPro 菜单系统，也可以开发用户自己的菜单系统。

有以下几种方法打开菜单设计器：

（1）在"常用"工具栏上单击"新建"按钮，从"文件类型"列表中选择"菜单"选项，然后单击"新建文件"按钮，出现"新建菜单"对话框，如图 10-3 所示。

（2）选择菜单"文件"→"新建"命令。

（3）通过项目管理器。即从项目管理器中选择"菜单"选项，然后单击"新建"按钮。

图 10-3　"新建菜单"对话框

（4）使用命令 MODIFY MENU <菜单名>，可以打开菜单设计器窗口，创建文件名为<菜单名>，扩展名为.MNX 的菜单文件。

在 Visual FoxPro 中可以创建两种形式的菜单：一种是普通菜单；另一种是快捷菜单。在如图 10-3 所示的"新建菜单"对话框中，单击"菜单"或"快捷菜单"按钮，都可以打开菜单设计器，可分别创建下拉菜单与快捷菜单。

3．预览

在设计菜单时，可以随时单击"预览"按钮观察设计的菜单和子菜单，但此时不能执行菜单代码。

4．生成菜单程序文件

当通过菜单设计器完成菜单设计后，系统只生成了菜单文件（.MNX），而.MNX 文件是不能直接运行的，必须将.MNX 菜单文件生成为.MPR 菜单程序，然后执行该菜单程序。

要生成菜单程序（.MPR），应选择系统菜单栏的菜单"菜单"→"生成"命令。如果用户是通过项目管理器生成菜单，则当在项目管理器中单击"连编"或"运行"按钮时，系统将自动生成菜单程序。

5．执行菜单

选择菜单"程序"→"执行"命令，然后执行已生成的.MPR 程序，或用命令：DO <菜单文件名>.MPR，运行菜单程序文件。

10.2　创建快速菜单

使用快速菜单创建菜单系统的步骤如下：

（1）从"项目管理器"中选择"其他"选项卡，再选择"菜单"，然后单击"新建"按钮，弹出如图 10-4 所示的"新建菜单"对话框。

（2）单击"菜单"按钮，出现"菜单设计器"窗口。选择"菜单"项中的"快速菜单"

命令，这时，"菜单设计器"中包含了关于 Visual FoxPro 主菜单的信息，如图 10-5 所示。

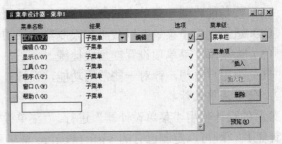

<table>
<tr><td>图 10-4　"新建菜单"对话框</td><td>图 10-5　"菜单设计器"窗口</td></tr>
</table>

用户通过添加或更改菜单项就可定制出自己的菜单系统。

【例 10-1】建立快速菜单，只保留"文件"、"编辑"、"程序"和"帮助"4 项，以文件名 qmenu 保存并生成菜单程序。

操作步骤如下：

（1）通过菜单"文件"→"新建"命令，创建新菜单，打开菜单设计器窗口。

（2）选择菜单"菜单"→"快速菜单"命令，出现如图 10-6 所示的新菜单。

（3）用鼠标左键选中不需要的菜单栏，然后单击菜单设计器右侧的"删除"按钮，将其删除。

（4）预览菜单：单击菜单设计器右侧的"预览"按钮，当前 Visual FoxPro 窗口的系统菜单消失，取而代之的是新建的菜单，此时可以选择新菜单的任意一个菜单项，但不会执行，而只是在"预览"窗口显示当前选择的菜单项名称，如图 10-7 所示。

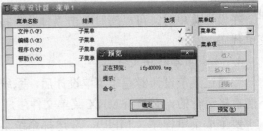

图 10-6　建立快速菜单后的菜单设计器界面　　　　图 10-7　菜单的预览

（5）保存菜单：单击工具栏上的"保存"按钮，在弹出的"另存为"对话框中，输入菜单名"qmenu"，单击"保存"按钮，将新菜单保存为 qmenu.MNX。

（6）生成菜单程序：选择菜单"菜单"→"生成"菜单项，将弹出如图 10-8 所示的"生成菜单"对话框。单击"生成"按钮，将生成"qmenu.MPR"菜单程序。

图 10-8　"生成菜单"对话框

（7）运行菜单程序：选择菜单"程序"→"运行"命令，在"运行"对话框中选中并双击"qmenu.MPR"，或者在命令窗口中输入命令：

　　　　do qmenu.MPR

在 Visual FoxPro 窗口中就会显示所定义的菜单。要恢复系统菜单，应在命令窗口输入以下命令：

　　　　set sysmenu to default

快速菜单只是系统菜单的副本，要实现用户自定义菜单，需要对其进行增、删、改等操作，下面结合菜单设计器的使用进行介绍。

10.3　使用菜单设计器创建菜单

Visual FoxPro 系统提供了创建应用系统菜单的工具，用户利用菜单设计器可以设计与 Visual FoxPro 系统菜单相媲美的面向具体问题的应用系统菜单。

10.3.1　创建主菜单

主菜单实际上是菜单文件的一部分，是建立菜单文件的最初操作，它包含菜单文件中各菜单选项的名称。

创建主菜单，可以通过 CREATE MENU <菜单名>命令创建，也可以通过"菜单设计器"来完成。操作步骤如下：

（1）选择菜单"文件"→"新建"命令，进入"新建"对话框。

（2）在"新建"对话框中，选中"菜单"单选按钮，再单击"新建文件"按钮，进入"新建菜单"对话框。

（3）在"新建菜单"对话框中单击"菜单"按钮，进入"菜单设计器"窗口。

（4）在"菜单设计器"窗口定义主菜单中各菜单选项名。

（5）保存菜单文件。

【例 10-2】建立一个菜单文件，其名定义为"学生成绩"，其主菜单包含"学生登记表"、"计算机成绩表"、"英语成绩表"和"退出"4 个菜单选项。

操作步骤如下：

（1）打开"成绩管理"项目管理器，选择"其他"选项卡，选择"菜单"组件，单击"新建"按钮，弹出如图 10-3 所示的"新建菜单"对话框。

（2）单击"菜单"按钮，出现如图 10-9 所示的"菜单设计器"窗口。

（3）建立菜单栏。在"菜单名称"下面依次输入一级菜单的名称"学生登记表"、"计算机成绩表"、"英语成绩表"、"退出"。这时，"菜单级"下拉列表框中显示的是"菜单栏"，在"学生登记表"和"退出"结果中，分别选择过程和命令输入如图 10-10 所示代码。

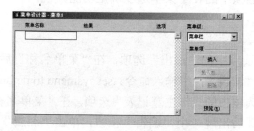

图 10-9　"菜单设计器"窗口

图 10-10　新建菜单栏

10.3.2　创建子菜单项

创建子菜单，实际上是给主菜单定义子菜单选项。创建子菜单同样也要在"菜单设计器"窗口中完成。操作步骤如下：

（1）打开菜单，进入"菜单设计器"窗口。

（2）在"菜单设计器"窗口，选择主菜单选项中的一个，再单击"编辑"按钮，进入"菜单设计器"子菜单编辑窗口。

（3）在"菜单设计器"子菜单编辑窗口，分别定义主菜单选项中各子菜单选项名。

（4）保存菜单文件，结束创建子菜单的操作。

【例 10-3】给"学生成绩"各选项创建子菜单。

操作步骤如下：将光标移到"计算机成绩表"所在行，单击"创建"按钮，进入到"计算机成绩表"子菜单的创建，其过程和界面与前一步类似，在"菜单名称"下面依次输入"学号"、"笔试"、"上机"。这时，"菜单级"下拉列表框中显示的不是"菜单栏"，而是"计算机成绩"，如图 10-11 所示。表示这时创建的是"计算机成绩表"菜单的子菜单。

图 10-11　创建"计算机成绩表"子菜单

在"菜单级"下拉列表框中选择"菜单栏"，返回到如图 10-5 所示的界面。再按上述方法分别为"学生登记表"和"英语成绩表"菜单创建子菜单。

10.3.3　定义菜单项功能

菜单选项设计完成后，还要给每个菜单选项指定功能，菜单设计工作才算完成。菜单选项的功能可以是子菜单、命令或过程。给主菜单的选项中各个子菜单项指定的功能，也是在"菜单设计器"窗口中进行。操作步骤如下：

（1）打开菜单，进入"菜单设计器"窗口。

（2）在"菜单设计器"窗口选择主菜单选项中的一个选项，再单击"编辑"按钮，进入"菜单设计器"子菜单编辑窗口。

（3）在"菜单设计器"子菜单编辑窗口，选择子菜单选项中的一个选项，再确定它的功能。

（4）保存菜单文件，结束子菜单选项功能的确定。

【例 10-4】在"学生成绩"中，给主菜单选项中的各子菜单选项确定功能。

操作步骤如下：

（1）打开菜单，进入"菜单设计器"窗口。

（2）在"菜单设计器"窗口，选择主菜单选项中的"退出"选项，在"菜单名称"后的"结果"选项框中选择"命令"选项。在其后的"编辑"栏中输入命令：set sysmenu to default。

（3）在"菜单设计器"窗口，选择主菜单选项中的"学生登记表"选项，在"菜单名称"后的"结果"选项框中选择"过程"选项。在其后出现一个"编辑"按钮，单击"编辑"按钮，弹出"过程"编辑窗口，在该窗口中输入过程代码：

do form xsdb.SCX

按 Ctrl+W 组合键关闭该窗口，它表示当执行"学生登记表"命令时，系统会执行"过程"编辑窗口中的命令，如图 10-12 所示。

图 10-12　"菜单栏"窗口

（4）用同样的方法，定义其他各子菜单选项的功能。

（5）保存菜单文件。结束各子菜单选项任务定义的操作。

10.3.4　定义快捷键

在"菜单设计器"窗口中，选中要定义快捷键的菜单栏，在"选项"下出现一个无名的按钮。单击该无名按钮，出现"提示选项"对话框，按照对话框中的提示信息，将光标置于"快捷方式"框下的"键标签"文本框中，输入要定义的快捷键。例如，要给"学生管理"菜单项定义快捷键"Alt+R"，将光标置于"快捷方式"框下的"键标签"文本框中，按下"Alt+R"，如图 10-13 所示，定义完成后，单击"确定"按钮。按同样的方法给每一个菜单项定义快捷键。

图 10-14 所示是对各菜单栏定义快捷键后的结果，单击"预览"按钮可以预览到所设计的菜单，如图 10-15 所示。可以看到，按上述方法对菜单栏定义的快捷键并没有显示出来，只是显示了子菜单项的快捷键。

图 10-13　"提示选项"对话框

图 10-14　定义快捷键后的"菜单设计器"

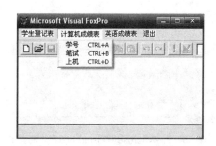

图 10-15　菜单设计预览结果

要想在运行时显示菜单栏的快捷键，可以在"菜单设计器"中"菜单名称"下面的菜单栏名后面加上（\<快捷键名），如图 10-16 所示。这样在预览时，菜单栏的快捷键就可以显示

出来了，如图 10-17 所示。

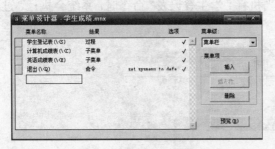

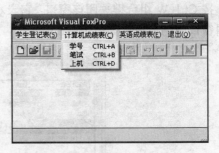

图 10-16   菜单栏快捷键表示   　　　　图 10-17   菜单栏快捷键的显示

10.3.5   添加系统菜单项

打开菜单，进入"菜单设计器"窗口。在菜单项中单击"插入"或"删除"按钮可以进行添加新菜单项或删除已有菜单项操作，如在"学生成绩"菜单中插入一个"综合成绩表"菜单项，如图 10-18 所示。

图 10-18   添加菜单项

菜单设计好后，单击"菜单设计器"的"关闭"按钮，将会弹出如图 10-19 所示的 Microsoft Visual FoxPro 对话框，提示"要将所做更改保存到菜单设计器-菜单 1 中吗？"，单击"是"按钮，将显示如图 10-20 所示的"另存为"对话框。

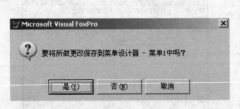

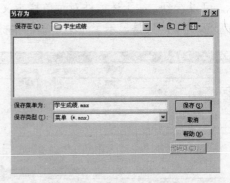

图 10-19   Microsoft Visual FoxPro 对话框   　　图 10-20   "另存为"对话框

在"保存在"下拉列表框中指定保存的位置（如 D:\学生成绩），在"保存菜单为"文本框中输入菜单文件名"学生成绩"。如果不指定菜单文件名，系统将给出一个默认的菜单文件名"菜单 N"。例如，第 1 次为"菜单 1"，"保存类型"为菜单，即扩展名为.mnx，如图 10-20

所示。这时，在"项目管理器"的菜单组件下产生了一个"学生成绩"，如图 10-21 所示。这时生成的菜单文件的扩展名为.MNX 和.MNT。

生成菜单程序文件。在如图 10-21 所示的"项目管理器"中，单击"学生成绩"组件，然后单击"修改"按钮，进入"菜单设计器"。在系统菜单中选择菜单"菜单"→"生成（G）…"命令，弹出如图 10-22 所示的"生成菜单"对话框。

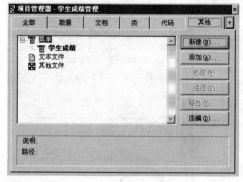

图 10-21　生成的"学生成绩"菜单组件　　　　　图 10-22　　"生成菜单"对话框

单击"生成"按钮，这时在指定的文件夹中便生成了菜单程序文件"学生成绩.MPR"。

注意：这时生成的文件名的扩展名为.MPR 和.MPX，这两个文件可以用 DO 命令调用执行，如 DO D:\学生管理\学生成绩.MPR。

说明：用 DO 命令调用执行程序文件时，可直接加调用的文件名，如 DO 学生成绩.MPR，但要通过菜单"工具"→"选项"命令，选择"文件位置"选项卡中的"默认目录"进行修改设置默认目录，否则必须指定保存所在的目录位置。

在"程序"菜单中选择"运行"命令，可以运行此程序。

10.3.6　菜单项的相关设计

1. 菜单项分组

为增强可读性，可使用分隔线将内容相关的菜单项分隔成组。例如，在 Visual FoxPro 环境的"编辑"菜单中，就有一条线把"撤消"、"重做"命令与"剪切"、"复制"、"粘贴"、"选择性粘贴"、"清除"命令分隔开。

将菜单项分组（即显示一条分隔线）的方法是：

（1）在空的"菜单名称"栏中输入符号"\-"便可以创建一条分隔线。

（2）拖动"\-"提示符左侧的按钮，将分隔线移动到正确的位置即可。

也可以在要插入分隔线的位置"插入"一个新的菜单项，然后直接输入符号"\-"。

2. 指定访问键

设计良好的菜单都具有访问键，从而可以通过键盘快速地访问菜单的功能。在菜单标题或菜单项中，访问键用带有下划线的字母表示，如 Visual FoxPro 环境的"文件"菜单使用"F"作为访问键。

如果需要定义访问键，只需要在菜单项名称的任意位置输入"\<"，然后输入作为访问键的字母。比如，对菜单项"打印"希望定义字母 P 为访问键，则输入"打印\<p"。

注意：如果菜单系统的某个访问键不起作用，则可能在整个菜单中定义了重复的访问键。

3．指定键盘快捷键

除了指定访问键以外，还可以为菜单项指定键盘快捷键。访问键与键盘快捷键的区别是：使用快捷键可以在不显示菜单的情况下使用按键直接选择菜单中的一个菜单项。

快捷键一般是 Ctrl 或 Alt 键与一个字母键相组合构成的组合键。例如，在 Visual FoxPro 环境中，按 Ctrl+N 组合键可在 Visual FoxPro 中打开"新建"对话框创建新文件。

为菜单项指定快捷键的方法是：

（1）选择或将光标定位在要定义快捷键的菜单标题或菜单项。

（2）用鼠标单击"选项"栏中的按钮（如图 10-18 所示），则打开如图 10-23 所示的"提示选项"对话框。

（3）在"键标签"文本框中按下组合键（没有定义快捷键时该框显示"按下要定义的键"），则立刻可创建快捷键（注意是直接按组合键，而不是逐个输入字符）。

（4）在"键说明"文本框中，输入希望在菜单项旁边出现的文本（默认是快捷键标记，建议不要更改）。

（5）最后单击"确定"按钮，快捷键定义生效。

图 10-23　提示选项对话框

注意：Ctrl+J 组合键是无效的快捷键，因为在 Visual FoxPro 中经常将其作为关闭某些对话框的快捷键。

4．启用和废止菜单项

在设计应用程序时经常会有菜单并不总是有效的，所以在设计菜单时就可以为这样的菜单项指定一个"跳过"表达式，即当表达式为"真"时，该菜单项被跳过（即废止菜单项），而当表达式为"假"时菜单项有效（即启用菜单项）。

在图 10-23 所示的"提示选项"对话框中设置"跳过"表达式，可以直接在"跳过"框中输入一个逻辑表达式，也可以单击右侧的按钮打开表达式生成器来建立"跳过"的逻辑表达式。

5．指定提示信息

当鼠标移动到菜单项上时，在屏幕底部的状态栏中可以显示对菜单项的详细提示信息。可以在图 10-23 所示"提示选项"对话框的"信息"框中输入菜单项的详细提示信息。

10.3.7　显示菜单中选项设置

当菜单设计窗口处于活动状态时，在系统"显示"菜单中新增加两个选项，常规选项与菜单选项。

1．常规选项

英文是"General Option"，意思是通用选项，用于对整个菜单系统进行设置。"常规选项"对话框如图 10-24 所示。

对话框主要由以下几个部分组成：

（1）"过程"编辑框：这不是必需的，仅当某菜单项的结果被定义为过程，而又没有编辑相应的过程代码时，才使用在此输入的过程代码。

（2）"编辑"按钮：单击此按钮将打开一个编辑窗口，输入通用过程的代码。

（3）"位置"区包括以下 4 个单选按钮：

● 替换：将现有的菜单系统替换成新的用户定义的菜单系统。

● 追加：将用户定义的菜单附加在现有菜单的后面。

● 在……之前：将用户定义的菜单插入到指定菜单的前面。

● 在……之后：将用户定义的菜单插入到指定菜单的后面。

（4）"菜单代码"区包括两个复选框：

● 设置：也就是菜单系统的 Init 代码，选中这一项将打开一个编辑窗口，从中可为菜单系统加入一段初始化代码，用于定义初始变量、设置菜单工作环境等。要进入打开的编辑窗口，单击"确定"按钮关闭本对话框。

● 清理：菜单系统的 Destroy 代码，选中这一项将打开一个编辑窗口，从中可为菜单系统加入一段结束代码，如释放变量、恢复环境等。要进入打开的编辑窗口，单击"确定"按钮关闭对话框。

● 顶层表单。如果选定该复选框，将允许该菜单在顶层表单（SDI）中使用；如果未选定，则只允许在 Visual FoxPro 窗口中使用该菜单。

2. 菜单选项

当选中菜单中的某菜单项时，选择菜单"显示"→"菜单选项"命令，出现如图 10-25 所示的"菜单选项"对话框。

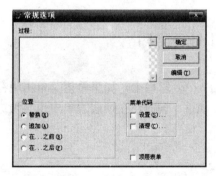

图 10-24　"常规选项"对话框

图 10-25　"菜单选项"对话框

● 名称：当前菜单项名。

● 过程：显示当前菜单项的默认过程，可以通过"编辑"按钮进行编辑，同样，它也不是必需的。

3. 引入系统菜单

利用"常规选项"对话框中的"位置"区域的 4 个单选按钮，能够实现全部系统菜单、部分系统菜单及系统下拉菜单中的菜单项加入到用户菜单中，也可以将 Visual FoxPro 的许多功能直接引入到用户系统中，以简化编程，提高应用系统功能。

【例 10-5】创建一个下拉式菜单 mymenu.MNX，运行该菜单程序时会在当前 Visual FoxPro 系统菜单的末尾追加一个"考试"子菜单，子菜单中包括统计和返回两个子菜单项，要求菜单命令"返回"的功能是返回标准的系统菜单，如图 10-26 所示。

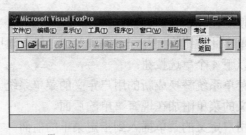

图 10-26　引入"常规选项"中追加的用户菜单

操作步骤如下：

（1）建立菜单文件，命令如下：

　　　　CREATE MENU mymenu

在"新建菜单"对话框中，单击"菜单"按钮。

（2）在"菜单设计器-mymenu.mnx"中，在"菜单名称"中输入"考试"，再单击"创建"按钮，在"菜单名称"中输入"统计"，再移到下一个菜单项处中输入"返回"。

（3）选中"返回"子菜单项，在"结果"中选择"过程"并单击"创建"按钮，在"菜单设计器-mymenu.mnx-返回过程"中输入下列语句：

　　　　set sysmenu to default

（4）选择菜单"显示"→"常规选项"命令，在"常规选项"对话框的"位置"框中选中"追加"单选按钮，再单击"确定"按钮。

（5）在"菜单设计器"窗口下，选择菜单"菜单"→"生成"命令，生成"mymenu.mpr"文件。

10.4　在顶层表单中设计菜单

一般情况下，生成的下拉菜单将出现在 Visual FoxPro 窗口上，如果希望菜单出现在自己设计的表单上，必须要设置菜单的顶层表单（SDI）属性。同时，在顶层表单中也必须进行相应的设置，以调出菜单系统。

在顶层表单中设计菜单的步骤如下：

（1）在菜单设计器中，创建菜单结构。

（2）在菜单设计器方式下，选择菜单"显示"→"常规选项"命令，出现"常规选项"对话框，在该对话框中选中"顶层表单"复选框，将菜单定位于顶层表单之中，如图 10-27 所示。

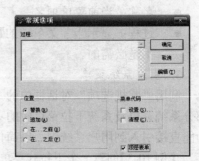

（3）将表单的 ShowWindow 属性值设置为 2，使其成为顶层表单。

（4）在表单的 Init 事件代码中添加调用菜单程序的命令，格式如下：

DO <文件名> WITH This [,"<菜单名>"]

<文件名>指定被调用的菜单程序文件，其中的扩展名.MPR 不能省略。This 表示当前表单对象的引用。通过<菜单名>可以为被添加的下拉式菜单的条形菜单指定一个内部名字。

图 10-27　选中"顶层表单"复选框

（5）在表单的 Destroy 事件代码中添加清除菜单的命令，使得在关闭表单时能同时清除菜单，释放其所占用的内存空间。命令格式如下：

RELEASE MENU <菜单名>[EXTENDED]

其中的 EXTENDED 表示在清除条形菜单时一起清除其下属的所有子菜单。

下面通过例题，说明顶层表单的创建及使用方法。

【例 10-6】创建一个顶层表单 myform.scx（表单的标题为"考试"），然后创建并在表单中添加菜单（菜单的名称为 mymenu.mnx，菜单程序的名称为 mymenu.mpr）。结果如图 10-28 所示。

图 10-28 运行结果

菜单命令"统计"和"退出"的访问键分别为"T"和"R"。菜单命令"退出"的功能是释放并关闭表单。

最后，请运行表单并依次执行其中的"统计"和"退出"菜单命令。

（1）建立菜单。

1）建立菜单文件，命令如下：

    CREATE MENU mymenu

在"新建菜单"对话框中，单击"菜单"按钮。

2）在"菜单设计器-mymenu.mnx"中，在"菜单名称"中输入"统计(\<T)"，再移到下一个菜单项处中输入"退出(\<R)"。

3）选中"退出(\<R)"子菜单项，在"结果"中选择"命令"并输入下列语句：

    myform.release

4）选择菜单"显示"→"常规选项"命令，在弹出的"常规选项"对话框的"顶层表单"复选框中打勾，单击"确定"按钮。

5）在"菜单设计器"窗口下，选择菜单"菜单"→"生成"命令，生成"mymenu.mpr"文件。

（2）建立表单。

1）新建表单：

    CREATE FORM myform

2）在"表单设计器"中，在"属性"的 Caption 处输入"考试"，在 ShowWindow 处选择"2 - 作为顶层表单"，双击 Init Event 事件，在 Form1.Init 中输入"do mymenu.mpr with this,"xxx""，双击 Destroy Event 事件，在 Form1.Destroy 中输入"release menu xxx extended"。

10.5 创建快捷菜单

在 Visual FoxPro 中，当在某一控件或对象上单击鼠标右键时，会弹出快捷菜单，以便对该对象进行快速操作。

【例 10-7】设计一个包含有"新建"、"打开"、"保存"、"另存为"、"页面设置"、"打印预览"、"打印"和"退出"共 8 个菜单项的快捷菜单。

（1）在"项目管理器"中选择"其他"选项卡，单击"菜单"组件。

（2）单击"新建"按钮，弹出如图 10-3 所示的"新建菜单"对话框，单击"快捷菜单"

按钮，出现"快捷菜单设计器"窗口，如图 10-29 所示。

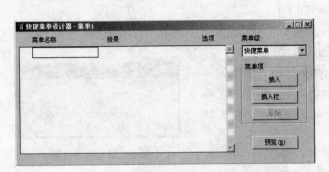 

　　　　图 10-29　　"快捷菜单设计器"窗口　　　　　　图 10-30　　"插入系统菜单栏"对话框

　　（3）单击"插入栏…"按钮，弹出"插入系统菜单栏"对话框，如图 10-30 所示，在其中选择相应的项，然后单击"插入"按钮，如此继续选择其他选项，直到选择完成。然后关闭"插入系统菜单栏"对话框，所设计的快捷菜单如图 10-31 所示。单击"预览"按钮，可以看到预览的效果。

图 10-31　设计的快捷菜单项

　　（4）关闭"快捷菜单设计器"窗口，系统显示"Microsoft Visual FoxPro"对话框，提示是否保存所设计的快捷菜单。单击"是"按钮，弹出"另存为"对话框，在对话框中指定要保存的位置和菜单名，如指定菜单名为"快捷菜单"。

　　（5）单击"保存"按钮。这时，在"项目管理器"的菜单组件下产生了一个"快捷菜单"组件，如图 10-32 所示。

　　（6）生成菜单程序文件。其方法与上一节使用"菜单设计器"创建菜单相同，此处不再赘述。

　　【例 10-8】建立一个名为 menu_quick 的快捷菜单，菜单中有两个菜单项"查询"和"修改"。然后在表单 myform 中的 RightClick 事件中调用快捷菜单 menu_quick。运行结果如图 10-33 所示。

　　操作步骤如下：

　　（1）在命令窗口输入建立菜单的命令：

```
CREATE MENU menu_quick
```

　　（2）在"新建菜单"对话框中，单击"快捷菜单"按钮，接着输入两个菜单名。

　　（3）选择菜单"菜单"→"生成"命令，如果新建的菜单没有保存，那么单击"是"按钮，再单击"生成"按钮。如果新建的菜单已经保存，那么直接单击"生成"按钮，最后关闭"快捷菜单设计器"。

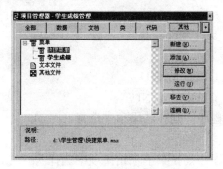

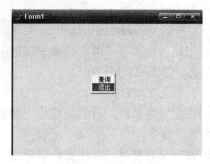

图 10-32　"快捷菜单"组件　　　　　　　　　　　　图 10-33　快捷菜单

（4）在命令窗口输入修改表单命令：

CREATE FORM myform

（5）在"测试快捷菜单"中，双击其"属性"的"RightClick Event"，在"Form1.RightClick"编辑窗口中输入"do menu_quick.mpr"，关闭编辑窗口。

本章小结

　　菜单为用户提供了一个结构化的、可访问的途径，便于使用程序中的命令和工具。本章介绍了菜单的基本结构和"菜单设计器"的使用方法，在此基础上以"学生成绩"的菜单设计为例，详细讲述了创建菜单的过程和应用菜单的方法，最后介绍工具栏的设计和应用的相关知识。

习题 10

一、选择题

1．以下（　　）不是标准菜单系统的组成部分。

　　A．菜单栏　　　　　B．菜单标题　　　C．菜单项　　　　　D．快捷菜单

2．用户可以在"菜单设计器"窗口右侧的（　　）列表框中查看菜单项所属的级别。

　　A．菜单级　　　　　B．预览　　　　　C．菜单项　　　　　D．插入

3．使用"菜单设计器"时，选中菜单项后，如果要设计它的子菜单，应在"结果"中选择（　　）。

　　A．命令　　　　　　B．子菜单　　　　C．填充名称　　　　D．过程

4．用 CREATE MENU TEST 命令进入"菜单设计器"窗口建立菜单时，存盘后将会在磁盘上出现（　　）。

　　A．TEST.MPR 和 TEST.MNT　　　　　　B．TEST.MNX 和 TEST.MNT

　　C．TEST.MPX 和 TEST.MPR　　　　　　D．TEST.MNX 和 TEST.MPR

5．在 Visual FoxPro 主窗口中打开"菜单设计器"窗口后，增加的系统菜单项是（　　）。

A．菜单　　　　　B．屏幕　　　　　C．浏览　　　　　D．数据库

6．在 Visual FoxPro 6.0 系统中，可以通过（　　）命令退出系统菜单。

A．set sysmenu nosave　　　　　　B．set sysmenu on

C．set sysmenu to default　　　　　D．set sysmenu to

7．创建一个菜单，可以在命令窗口中输入（　　）命令。

A．CREATE MENU　　　　　　　B．OPEN MENU

C．LIST MENU　　　　　　　　　D．CLOSE MENU

8．在定义菜单时，若要编写相应功能的一段程序，则在结果项中选择（　　）。

A．命令　　　　　B．子菜单　　　　C．填充名称　　　　D．过程

9．在定义菜单时，若按文件名调用已有的程序，则在菜单项结果项中选择（　　）。

A．填充名称　　　B．命令　　　　　C．过程　　　　　　D．子菜单

10．如果菜单项的名称为"统计"，热键是 T，在菜单名称一栏中应输入（　　）。

A．统计(\<)　　　　　　　　　　　B．统计(Ctrl+T)

C．统计(Alt+T)　　　　　　　　　D．统计(T)

11．在 Visual FoxPro 中，菜单程序文件的默认扩展名是（　　）。

A．mnx　　　　　B．mnt　　　　　C．mpr　　　　　　D．prg

12．在 Visual FoxPro 中可以用 DO 命令执行的文件不包括（　　）。

A．PRG 文件　　　B．MPR 文件　　C．FRX 文件　　　D．QPR 文件

13．以下是与设置系统菜单有关的命令，其中错误的是（　　）。

A．SET SYSMENU DEFAULT　　　　B．SET SYSMENU TO DEFAULT

C．SET SYSMENU NOSAVE　　　　　D．SET SYSMENU SAVE

14．在 Visual FoxPro 中，要运行菜单文件 menul.mpr，可以使用命令（　　）。

A．DO menul　　　　　　　　　　B．DO menul.mpr

C．DO MENU menul　　　　　　　D．RUN menul

15．扩展名为.MNX 的文件是（　　）。

A．备注文件　　　　　　　　　　　B．项目文件

C．表单文件　　　　　　　　　　　D．菜单文件

二、填空题

1．在利用"菜单设计器"设计菜单时，当某菜单项对应的任务需要由多条命令才能完成时，应利用_____选项添加多条命令。

2．在"菜单设计器"窗口中，要为菜单项定义快捷键，可利用_____对话框。

3．可运行的菜单文件（菜单程序）的扩展名是_____。

4．快捷菜单一般是由一个或一组具有上下级关系的_____组成。

5．菜单系统是由菜单栏、_____、菜单和菜单项组成。

6．要将一个弹出式菜单作为某个控件的快捷菜单，通常是在该控件的_____事件代码中添加调用弹出式菜单程序的命令。

7．弹出式菜单可以分组，插入分组线的方法是在"菜单名称"项中输入_____两个字符。

三、上机操作题

1. 利用菜单设计器设计菜单

设计一个具有如图 10-34 所示功能模块的"学生成绩管理系统"菜单。

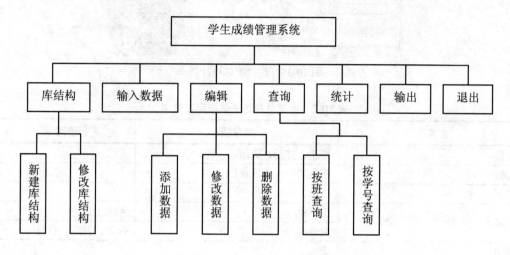

图 10-34 学生成绩管理系统

给每一个菜单项定义一个快捷键，如表 10-1 所示。

表 10-1 学生成绩管理系统菜单快捷键

菜单名称	快捷键	菜单名称	快捷键	菜单名称	快捷键
库结构	Alt+J	输出	Alt+O	修改数据	Ctrl+U
输入数据	Alt+R	退出	Alt+X	删除数据	Ctrl+D
编辑	Alt+E	新建库结构	Ctrl+N	按班查询	Ctrl+B
查询	Alt+C	修改库结构	Ctrl+M	按学号查询	Ctrl+H
统计	Alt+T	添加数据	Ctrl+A		

2. 将"学生成绩管理系统.MNX"菜单文件生成菜单程序，并运行程序，菜单程序文件名为"学生成绩管理系统.MPR"。

3. 创建快速菜单，了解各菜单项所完成的功能，及完成这些功能所对应的操作命令和快捷键。

4. 快捷菜单的设计

在 Visual FoxPro 中，当在某一控件或对象上单击鼠标右键时，就会出现快捷菜单，以便对该对象进行快速操作。

（1）菜单系统的设计。设计一个包含有"新建"、"打开"、"保存"、"另存为"、"打印"和"退出"共 6 个菜单项的快捷菜单，如图 10-35 所示。

（2）菜单系统的创建。使用快速菜单创建上述菜单系统。

5. 使用菜单设计器，创建一个如表 10-2 所示的菜单。

6. 创建一个包含有新建、打开、关闭功能的快捷菜单。

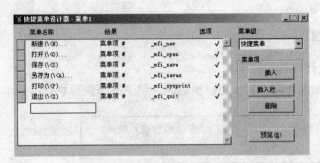

图 10-35　快捷菜单设计器

表 10-2　主菜单及其子菜单和菜单项

主菜单	菜单项	子菜单
文件	新建、打开、关闭	
编辑	学生登记表、计算机表	
运行	查询、表单、报表	
工具	工具栏	系统工具栏
	向导	报表、表单、查询
退出	退出	

7．建立一个名称为 menu1 的菜单，菜单栏有"文件"和"编辑浏览"两个菜单。"文件"菜单下有"打开"、"关闭退出"两个子菜单；"编辑浏览"菜单下有"雇员编辑"、"部门编辑"和"雇员浏览"3 个子菜单。

8．创建一个下拉式菜单 mymenu.mnx，运行该菜单程序时会在当前 Visual FoxPro 系统菜单的末尾追加一个"考试"子菜单，如图 10-36 所示。

在"考试"菜单项中包括"统计"和"返回"两个子菜单项，单击"返回"返回系统菜单。

9．利用快捷菜单设计器创建一个弹出式菜单 one，如图 10-37 所示，菜单有两个选项。"增加"和"删除"，两个选项之间用分组线分隔。

图 10-36　菜单运行结果　　　　　图 10-37　快捷菜单运行结果

10．打开并修改 mymenu 菜单文件，为菜单项"查找"设置快捷键 Ctrl+T。

11．建立表单，表单文件名和表单控件名均为 myform_da。为表单建立快捷菜单 scmenu_d，快捷菜单有选项"时间"和"日期"；运行表单时，在表单上单击鼠示右键弹出快捷菜单，选择快捷菜单的"时间"命令，表单标题将显示当前系统时间，选择快捷菜单"日期"命令，表单标题将显示当前系统日期。

注意：显示时间和日期用过程实现。

第 11 章　报表设计

本章要点：

　　报表与数据源，报表的设计方法与设计步骤，报表设计器的使用，域控件、报表变量的概念与使用，记录数据的分组统计，报表的打印输出命令。

　　Visual FoxPro 常用两种方式输出应用程序处理的数据：一种方式是以表单方式在屏幕上输出；另一种方式就是以报表方式在纸张介质上打印输出。一个有一定规模的数据库应用系统会涉及各种类型的大量数据，要求打印输出的报表种类和样式也多种多样，因此报表文件的设计是开发应用程序中的一项重要工作。报表包括两个基本组成部分：数据源和报表布局。数据源通常是数据库中的表，也可以是视图、查询或临时表。视图和查询筛选、排序、分组数据库中的数据，而报表布局则定义了报表的打印格式。在定义了一个表、视图或查询后，便可以创建报表。

11.1　计划报表布局

　　通过设计报表，可以用各种方式在打印页面上显示数据。使用"报表设计器"可以设计复杂的列表、总结摘要或数据的特定子集，如发票。设计报表有 4 个主要步骤，第一步：决定要创建的报表类型；第二步：创建报表布局文件；第三步：修改和定制布局文件；第四步：预览和打印报表。

11.1.1　报表的常规布局

　　创建报表之前，应该确定所需报表的常规格式。报表可能同基于单表的电话号码列表一样简单，也可能复杂得像基于多表的发票那样。另外还可以创建特殊种类的报表。例如，邮件标签便是一种特殊的报表，其布局必须满足专用纸张的要求。

　　创建报表必须制定报表的布局格式，常规的报表布局有列报表、行报表、一对多报表和多栏报表 4 种形式。

　　常规报表布局有以下几种：

| 列报表 | 行报表 | 一对多报表 | 多栏报表 | 标签 |

　　为帮助选择布局，这里给出常规布局的一些说明及其一般用途举例，如表 11-1 所示。

表 11-1　布局类型

布局类型	说明	用途举例
列	每行一条记录，每条记录的字段在页面上按水平方向放置	分组/总计报表、财政报表、存货清单、销售总结
行	一列的记录，每条记录的字段在一侧竖直放置	列表
一对多	一条记录或一对多关系	发票、会计报表
多列	多列的记录，每条记录的字段沿左边缘竖直放置	电话号码簿、名片
标签	多列记录，每条记录的字段沿左边缘竖直放置，打印在特殊纸上	邮件标签、名字标签

选定满足需求的常规报表布局后，便可以用"报表设计器"创建报表布局文件。

11.1.2　报表布局文件

报表文件的扩展名是.FRX，这种文件存储报表的详细说明。每个报表文件还有扩展名是.FRT 的相关文件。报表文件只存储一个特定报表的位置和格式信息，而不存储每个数据字段的值。

报表文件指定了所用到的域控件、要打印的文本及信息在页面上的位置。报表文件不存储每个数据字段的值，只存储一个特定报表的位置和格式信息，即每次运行报表时都根据报表文件指定的数据源中读取数据。因此，报表的值取决于报表文件所用数据源的字段内容。如果经常更改数据源内容，每次运行报表，值都可能不同。

11.2　创建报表布局

使用"报表向导"创建报表非常简单快捷，但创建的报表格式简单，有时不能满足需要；使用"报表设计器"虽然麻烦一些，但可以任意定制报表。因此，一般的做法是先使用向导工具快速创建一个简单的报表，再使用后一种工具对这个报表进行修改、完善。

11.2.1　通过"报表向导"创建报表

1. 报表向导

"报表向导"是创建报表最简单的途径，用户只需按"报表向导"的提示回答问题和进行相应的简单操作就可以很快完成一个普通报表的设计。下面以"XSDB 表"为例，说明利用"报表向导"创建报表的方法和步骤。

（1）在"项目管理器"的"文档"选项卡中选择"报表"项目，单击"新建"按钮，进入"新建报表"对话框，单击对话框中的"报表向导"按钮，即出现"向导选取"对话框，如图 11-1 所示。

另一种方法是选择菜单"文件"→"新建"命令，弹出"新建"对话框，在对话框中选中"报表"单选按钮。

（2）在"向导选取"对话框中选中"报表向导"选项（若要创建一对多报表，则选中"一对多报表向导"选项），单击"确定"按钮，弹出如图 11-2 所示的"报表向导：步骤 1-字段选取"对话框。基于此对话框，分 6 个步骤完成创建报表工作。

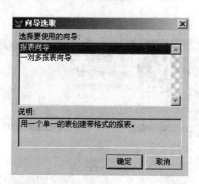

图 11-1 "向导选取"对话框

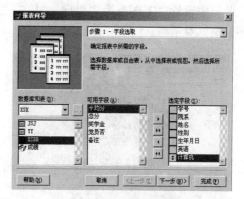

图 11-2 "报表向导：步骤 1-字段选取"对话框

（3）步骤 1-字段选取。在该对话框中"数据库和表"标题下的下拉列表框和列表框中选取用于创建报表的数据源，此例中选择 XSDB.DBF。

在"可用字段"列表框中列出了被选中数据源所有可用的字段，若希望将某个字段加入报表中，则选中该字段后单击▶按钮，该字段便被移入"选定字段"列表框中，若要全部移入，可单击▶▶按钮。

（4）步骤 2-分组记录。单击"下一步"按钮，弹出如图 11-3 所示的"步骤 2-分组记录"对话框，通过它确定记录分组的方式。若创建的报表是"分组总计"报表，则需经历这一步骤，此例中以"院系"进行分组，单击"下一步"按钮，弹出如图 11-4 所示的"步骤 3-选择报表样式"对话框。

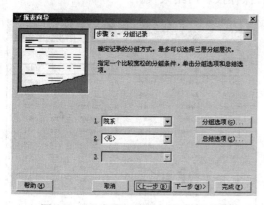

图 11-3 "步骤 2-分组记录"对话框

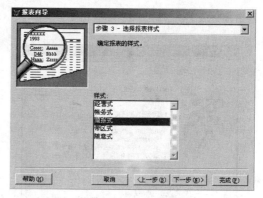

图 11-4 "步骤 3-选择报表样式"对话框

（5）步骤 3-选择报表样式。可以设置的报表的样式有经营式、账务式、简报式、带区式和随意式 5 种。单击"样式"标题下列表框中的样式名，在左上角框内会立即显示出该样式的效果。选择"简报式"选项，然后单击"下一步"按钮，弹出如图 11-5 所示的"步骤 4-定义报表布局"对话框。

（6）步骤 4-定义报表布局。此对话框的"列数"定义报表的每一页划分为几个纵向栏，"字段布局"框定义报表是列报表还是行报表，前者的字段与其数据在同一列中，后者的字段与其数据在同一行中。"方向"定义报表在打印纸上的打印方向是横向还是纵向。选中"纵向"单选按钮，打印纸的宽比高窄，选择"横向"单选按钮则相反。

此例中设置"方向"为"纵向"。单击"下一步"按钮，弹出如图 11-6 所示的"步骤 5-排序记录"对话框。

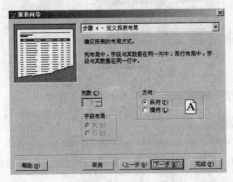

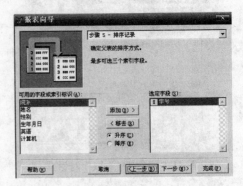

图 11-5　"步骤 4-定义报表布局"对话框　　　图 11-6　"步骤 5-排序记录"对话框

（7）步骤 5-排序记录。在这个对话框中，可以设置排序的字段和排序的方式。此例中，从"可用的字段或索引标识"列表框中选定"学号"，单击"添加"按钮，将"学号"作为排序字段添加到"选定字段"列表框中，将排序方式设置成"升序"，单击"下一步"按钮，弹出如图 11-7 所示的"步骤 6-完成"对话框。

（8）步骤 6-完成。在此对话框中可以设置报表的标题、保存方式、打印处理等。此例中，在"报表标题"文本框中填写"学生登记表"，其他选项如图 11-7 所示。单击"预览"按钮可观看打印的效果，如图 11-8 所示。若不满意可单击"上一步"按钮返回上一步骤修改。单击"完成"按钮，在系统的提示下输入报表名，保存报表后结束设计。

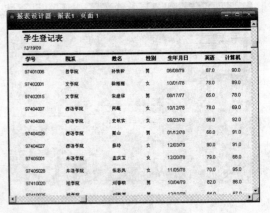

图 11-7　"步骤 6-完成"对话框　　　　　图 11-8　打印的效果

【例 11-1】使用报表向导建立报表，报表中包括 yy 表中的所有字段，按"口语"字段降序排列，报表标题设置为"英语成绩得分情况"，报表文件名为 yy_result。

操作步骤如下：

（1）选择"工具"→"向导"→"报表"命令，出现"向导选取"对话框。

（2）在"向导选取"对话框中选择"报表向导"并单击"确定"按钮，出现"报表向导"对话框。

（3）在"报表向导"对话框的"步骤 1-字段选取"中，首先要在"数据库和表"列表框中选择表"yy"，接着在"可用字段"列表框中显示表 yy 的所有字段名，并选定所有字段名至"选定字段"列表框中，单击"下一步"按钮。

（4）在"报表向导"对话框的"步骤 2-分组记录"中，单击"下一步"按钮。

（5）在"报表向导"对话框的"步骤 3-选择报表样式"中，单击"下一步"按钮。

（6）在"报表向导"对话框的"步骤 4-定义报表布局"中，单击"下一步"按钮。

（7）在"报表向导"对话框的"步骤 5-排序记录"中，选择"口语"字段并选择"降序"单选钮，单击"添加"按钮，再单击"完成"按钮。

（8）在"报表向导"对话框的"步骤 6-完成"中，在"报表标题"文本框中输入"英语成绩得分情况"，单击"完成"按钮。

（9）在"另存为"对话框中，输入保存报表名"yy_result"，单击"保存"按钮，最后报表就生成了。

2. 一对多报表向导

如果在"向导选取"对话框中选择"一对多报表向导"，与前面的"报表向导"相比，在 6 个步骤中需做以下操作。

（1）步骤 1-从父表中选择字段，与前面"报表向导"的步骤 1 相同。

（2）步骤 2-从子表中选择字段，与步骤 1 类似，但只能从子表中选择字段。

（3）步骤 3-为表建立关系，可以从字段列表中选择决定表之间关系的字段。通常选择父表的外关键字与子表的主关键字。

（4）步骤 4-排序记录，确定父表中记录的排序字段，与前面的步骤 5 相同。

（5）步骤 5-选择报表样式，与前面"报表向导"的步骤 3 相同。

（6）步骤 6-完成，与前面"报表向导"的步骤 6 相同。

11.2.2　快速报表

使用快速报表功能可以快速地制作一个格式简单的报表，用户可以在报表设计器中根据实际需要对报表进行修改，从而快速形成满足实际需要的报表。

【例 11-2】以 XSDB.DBF 为数据环境创建快速报表 report2.frx。

操作步骤如下：

（1）打开报表设计器。在命令窗口输入 MODIFY REPORT REPORT2 命令并按回车键执行该命令，弹出的"报表设计器"窗口如图 11-9 所示。

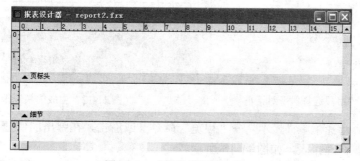

图 11-9　"报表设计器"窗口

（2）添加数据环境。在"报表设计器"窗口中的任意位置右击，从弹出的快捷菜单中选择"数据环境"命令，打开"数据环境设计器"窗口。接着，在"数据环境设计器"窗口的任意位置右击，从弹出的快捷菜单中选择"添加"命令，将表 XSDB.DBF 添加到"数据环境设计器"窗口。

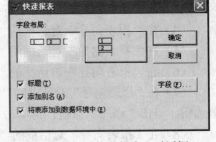

图 11-10　"快速报表"对话框

（3）启动"快速报表"。单击"报表设计器"窗口，打开"报表"菜单，选择"快速报表"命令，弹出"快速报表"对话框，如图 11-10 所示。

"快速报表"对话框中按钮的功能解释如下：

- "字段布局"按钮：左侧的按钮表示字段按列布局，产生列报表（即每行一个记录）；右侧的表示字段按行布局，产生行报表（即每个记录的字段在一侧竖直放置）。

- "标题"复选框：表示是否在报表中为每一个字段添加一个字段名标题。

- "添加别名"复选框：表示是否在字段名前面添加表的别名。

- "将表添加到数据环境中"复选框：表示是否将打开的表添加到数据环境中作为表的数据源。由于前面已将表 XSDB.DBF 添加到数据环境中，否则打开快速报表功能时，将弹出"打开表"对话框。

- "字段"按钮：用来选定在报表中输出的字段，单击该按钮，将打开"字段选择器"对话框，然后为报表选择可用的字段（默认除通用型字段外的所有字段）。快速报表不支持通用型字段。

（4）选择字段。在"快速报表"对话框中，单击"字段"按钮，弹出"字段选择器"对话框，在该对话框中将"选定字段"内容设置为"学号"、"姓名"、"院系"、"英语"和"计算机"，如图 11-11 所示。单击"确定"按钮，关闭"字段选择器"对话框，回到"快速报表"对话框。

（5）生成报表文件。经过以上步骤，报表的布局和数据环境均已设置。单击"快速报表"对话框中的"确定"按钮，生成的快速报表便出现在"报表设计器"窗口中，如图 11-12 所示。

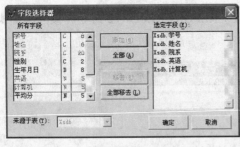

图 11-11　"字段选择器"对话框

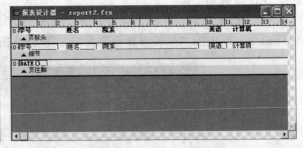

图 11-12　生成的快速报表

（6）预览。选择菜单"显示"→"预览"命令（或右击，在弹出的快捷菜单中选择"预览"命令），预览快速报表，如图 11-13 所示。

图 11-13　预览快速报表

11.2.3　通过"报表设计器"创建报表

利用"报表设计器"可以直观地创建和修改报表，打开"报表设计器"的方法有以下几种。

（1）在"项目管理器"窗口中选择"文档"选项卡，选中"报表"组件，单击"新建"按钮，在弹出的"新建报表"对话框中单击"新建报表"按钮。

（2）选择菜单"文件"→"新建"命令，在弹出的"新建"对话框中的"文件类型"中选择"报表"单选按钮，单击"新建文件"按钮。

（3）执行命令：CREATE REPORT [<报表文件名>]，可以看到"报表设计器"。默认情况下，"报表设计器"显示如图 11-14 所示的页标头、细节、页注脚 3 个带区。

1）页标头：是"报表设计器"窗口中的一个带区，所包含的信息在每份报表中只出现一次。一般来讲，出现在报表标头中的项包括报表标题、栏标题和当前日期。

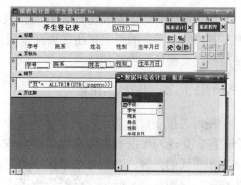

图 11-14　报表设计器

2）细节：报表中的一块区域，一般包含来自表中的一行或多行记录。

3）页注脚：在"报表设计器"窗口中的一个带区，包含出现在页面底部的一些信息（如页码、节等）。

一个分隔符栏位于每一带区的底部。带区名称显示于靠近蓝箭头的栏，蓝箭头指示该带区位于栏之上，而不是之下。除此之外，还可以给报表添加以下带区。

1）列标头：在"报表设计器"窗口中的一个带区，所包含的信息在每份报表中只出现一次。一般来讲，出现在报表标头中的项包括报表标题、栏标题和当前日期。

2）列注脚：在"报表设计器"窗口中的一个带区，所包含的信息在每份报表中只出现一次。一般来讲，包含出现在页面底部的一些信息（如页码、节等）。

3）组标头：报表上的一个带区，可在其上定义对象，每当分组表达式的值改变时，打印此对象。组标头通常包含一些说明后续数据的信息，即数据前面的文本。

4）组注脚：报表上的一个带区，可在其上定义对象，每当分组表达式的值改变时，可打印此对象。组注脚通常包含组数据的计算结果值。

5）标题：报表中的标题区域，一般在报表开头打印一次。标题通常包含标题、日期或页码、公司徽标、标题周围的框。

6）总结：报表中的一块区域，一般在报表的最后出现一次。

另外，在"报表设计器"中设有标尺，可以在带区中精确地定位对象的垂直位置和水平位置。把标尺和"显示"菜单的"显示位置"命令一起使用可以帮助定位对象。

标尺刻度由系统的测量设置决定。用户可以将系统默认刻度（英寸或厘米）改变为 Visual FoxPro 中的像素。如果要修改系统的默认值，可修改操作系统的测量设置。

（4）可用以下方法将标尺刻度的英寸改为像素。

1）选择菜单"格式"→"设置网格刻度"命令，显示"设置网格刻度"对话框。

2）在"设置网格刻度"对话框中选定"像素"并单击"确定"按钮。

标尺的刻度设置为像素，并且状态栏中的位置指示器（如果在"显示"菜单上选中了"显示位置"命令）也以像素为单位显示。

可以先利用"报表设计器"方式创建一个空白报表，以后再对这个报表进行修改以满足实际需要。

11.3　修改报表布局

利用前面介绍的两种方法创建的报表文件，可能是空白报表，也可能是布局很简单的报表。要想得到满意的报表，还需要在报表设计器中进行修改，设置报表的数据源，更改布局，添加控件或设计数据分组。

11.3.1　规划数据的位置

使用"报表设计器"内的带区，可以控制数据在页面上的打印位置。报表布局可以有几个带区。要规划好报表中可能包含的一些带区以及每个带区的内容。注意每个带区下的栏标识了该带区。如图 11-15 所示，已经给出了"报表设计器"窗口中可能出现的各种带区，以及每种带区放置的典型内容。报表中要用的数据以及各数据在报表的什么位置显示和打印，需要做精心的安排。将数据对象放在报表的不同带区，会有不同的显示结果。例如，将某数据对象放置在"标

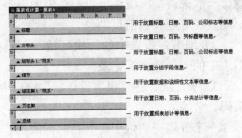

图 11-15　"报表设计器"窗口

题"带区中，则此数据在本报表的打印结果中只会出现一次；若放置在报表的"细节"带区中，则打印的每条记录中都会出现此数据。

11.3.2　调整报表带区的大小和布局

在"报表设计器"中，可以修改每个带区的大小和特征。方法是用鼠标左键按住相应的隔符栏，将带区栏拖动到适当高度。

使用左侧标尺作为指导。标尺量度仅指带区高度，不表示页边距。

注意：不能使带区高度小于布局中控件的高度。可以把控件移进带区内，然后减少带区高度。

然后就可以使用"报表设计器"的任一功能来添加控件和定制报表。

调整报表布局指出的是对放置在各带区中的控件的位置和大小进行调整。

1. 位置调整

一种方法是对需调整位置的控件采用选中后拖放的方法。为了准确地定位，调整前先将"显示"菜单下的"网络线"和"显示位置"打开，这样，拖动操作就有了直观的参考坐标，并在下边的状态栏显示准确位置。另一种更快速、有效的方法是使用"布局"工具栏所提供的各种布局命令。单击"报表设计器"工具栏中的"布局工具栏"按钮，弹出如图 11-16 所示的"布局"工具栏。

2. 大小调整

使用鼠标单击所选控件（对象），可以通过拖动其缩放点来调整大小；也可以双击带区标识栏，在弹出对话框中直接调整带区的高度，"页标头"对话框如图 11-17 所示。

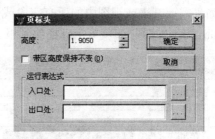

图 11-16　"布局"工具栏　　　　　　　图 11-17　"页标头"对话框

在"页标头"对话框中，选择"带区高度保持不变"复选框，可防止带区的移动。可设置"入口处"和"出口处"的运行表达式，它们分别在打印该带区的内容之前和之后计算。

11.3.3　设置报表数据源

设计报表时，必须首先确定报表的数据源，可以在数据环境中简单地定义报表的数据源，用它们来填充报表中的控件。数据环境可以在打开后运行报表时打开表或视图，基于相关表或视图收集报表所需数据集合，并在关闭或释放报表时关闭表。可以添加表或视图并使用一个表或视图的索引来排序数据。

利用"报表设计器"设计的空白报表设置报表数据源的步骤如下。

（1）打开报表文件。可以使用以下命令打开报表文件：MODIFY REPORT <报表文件名>。

（2）单击"报表设计器"工具栏中的"数据环境"按钮，出现"数据环境设计器"窗口，如图 11-18 所示。

图 11-18　"数据环境设计器"窗口

（3）选择执行系统菜单中的"数据环境"→"添加"命令，弹出"添加表或视图"对话框，从中选择作为数据源的表或视图，单击"关闭"按钮。

11.3.4　增添报表控件

在"报表设计器"的带区中，可以插入"报表控件"工具栏中的各种控件，如域控件、标签、线条、矩形、圆角矩形和图片/ActiveX 绑定控件等，每种控件有着不同的应用场合。

报表中的域控件可以表示某一字段、变量和计算结果，还可以将几个字段连接成一个域表达式。为了增强报表的可读性和视觉效果，可以添加直线、矩形、圆角矩形及图片/ActiveX控件。

1. 添加域控件

向带区添加域控件的方法有两种。一种是从数据环境中添加，另一种是从"报表控件"工具栏添加。

（1）从数据环境中添加字段的方法。打开报表的数据环境，选择表或视图。在"数据环境设计器"中用左键按住选定字段（如出生年月），拖到报表设计器的相应带区（细节带区）放开。

这样该字段就被拖放到布局上了，如图 11-19 所示。

如果需要某表或视图中的所有字段或大部分字段，则可以一次全部拖放过去。例如，按住 xsdb 表的"字段"，就可全部拖放到报表设计器中。如图所 11-20 示。

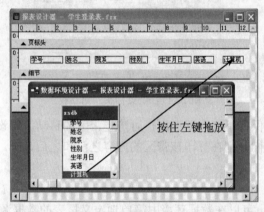

图 11-19　报表列布局

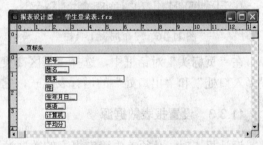

图 11-20　报表行布局

（2）从"报表控件"工具栏向带区添加域控件的操作步骤。

1）确信已经设置好了数据环境。

2）在"报表控件"工具栏中单击"域控件"按钮 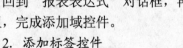 后，光标移至所要放置控件的带区，在放置位置上拖动鼠标，以便绘出控件的矩形框区域，释放鼠标后，弹出"报表表达式"对话框，如图 11-21 所示。

3）可直接在"报表表达式"对话框中的"表达式"框中输入字段名，或者单击其后的"…"按钮，弹出"表达式生成器"对话框，通过双击字段列表框中的字段名而选中该字段，单击"确定"按钮，回到"报表表达式"对话框，再单击"确定"按钮，完成添加域控件。

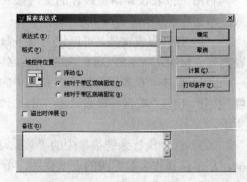

图 11-21　"报表表达式"对话框

2. 添加标签控件

标签控件用于在报表中显示文本信息，其主要应用场合如下：

（1）在报表的标题带区利用标签控件显示/打印报表标题或其他说明信息。

（2）在域控件的上面或前面添加标签控件，用作报表输出数据列的标题。

添加标签控件的方法很简单：单击"报表控件"工具栏中的"标签"按钮 **A**，在报表指定位置单击鼠标，在出现光标的位置处即可输入文本。选择菜单"格式"→"字体"命令，可以设置当前选定"标签"控件的字体；选择菜单"报表"→"默认字体"命令，可以对"标签"控件的默认字体进行设置。还可以更改文本的字体、文本颜色、背景色及打印选项。

3．添加图片/ActiveX 绑定控件

向报表带区中添加图片/ActiveX 绑定控件有两种情况：一种是图片存储在某个文件中；另一种是图片存储在数据库表的通用型字段中。前者常用于在标题带区添加图片显示企业或组织机构的徽章或标志，后者用于显示数据库中的多媒体信息，如照片。

（1）添加存储在文件中的图片的操作。单击"报表控件"工具栏的"图片/ActiveX 绑定控件"按钮，随后在报表带区（如标题带区）中拖动鼠标选定一个区域，释放鼠标后，弹出"报表图片"对话框，在"图片来源"框的"文件"文本编辑框内输入存储图片的文件名。若不知道文件名，可单击文本编辑框后的"…"按钮，在弹出的"打开"对话框中，通过文件目录系统查找。输入文件名后，单击"确定"按钮便完成添加操作。

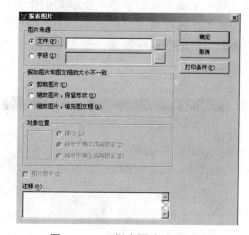

（2）添加图片/ActiveX 绑定控件的操作。单击"报表控件"工具栏的"图片/ActiveX 绑定控件"按钮，随后在报表的细节带区中拖动鼠标选定一个区域，释放鼠标后，弹出"报表图片"对话框，如图 11-22 所示，选定"图片来源"框中的"字段"单选按钮，在文本框中输入字段名或变量名；或者单击文本框后的"…"按钮，弹出"选择字段/变量"对话框，双击选中字段并单击"…"按钮即可，输入字段/变量名后，单击"确定"按钮便完成添加操作。

在"假如图片和图文框的大小不一致"框中有"剪裁图片"、"缩放图片，保留形状"和"缩放图片，填充图文框"3 个单选按钮，当出现图

图 11-22　"报表图片"对话框

片和图文框的大小不一致的情况时，可以按照指定的处理方式对图片进行调整。

在"对象位置"框中可以选择图片的以下位置。

1）浮动：使所选择的图片相对于周围字段的大小移动。

2）相对于带区顶端固定：可以使图片保持在报表中指定的位置，并保持其相对于带区顶端的位置。

3）相对于带区底端固定：可以使图片保持在报表中指定的位置，并保持其相对于带区底端的位置。

4．插入日期

插入日期的操作与添加域控件的操作类似，区别仅在于在弹出"表达式生成器"对话框后，通过"函数"框的"日期"列表框选择所需的日期函数。如输入 DTOC(DATE())，其中 DATE()是取当前日期的函数，DTOC()是将日期型数据转化成字符型数据的函数。单击"标签"按钮，在"日期"后单击输入"制表"项。

这时，通过预览会发现在页注脚处出现"12/19/09 制表"。这不太符合日常的习惯，为此改动一下，利用 3 个日期函数，分别返回当前的年、月、日。右击上面的日期函数域控件，选择快捷菜单中的"复制"命令，复制两个日期函数控件，分别将这两个日期域控件改为"YEAR(DATE())"、"MONTH(DATE())"、"DAY(DATE())"，然后在每个控件之后分别加入一个标签控件，分别输入"年"、"月"、"日"。

注意：也可以只用一个"域控件"，并在其中输入 ALLT(STR(DATE()))+"年"+ALLT(STR(DATE()))+"月"+ALLT(STR(DATE()))+"日"+"制表"。表达式中的""也可以用[ ]代替。

5．插入页码

插入页码的操作与添加域控件的操作类似，区别仅在于在弹出"表达式生成器"对话框后，通过"变量"列表框选择系统变量 pageno，如图 11-23 所示。

6．线条、矩形和圆角矩形

通过"报表控件"工具栏上提供的"线条" ┼、"矩形" ▢ 和"圆角矩形" ◯ 这 3 个按钮可以为报表添加相应的图形。单击所要选择的图形按钮，直接在报表中的带区进行光标拖拽，就可生成相应的图形。在添加的图形控件上单击鼠标左键，通过图形控件上出现的控点对控件大小进行设置。在添加的图形控件上双击鼠标左键，可以打开相应的属性对话框，对添加的图形进行属性设置。图 11-24 所示是"圆角矩形"对话框。

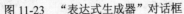

图 11-23　"表达式生成器"对话框

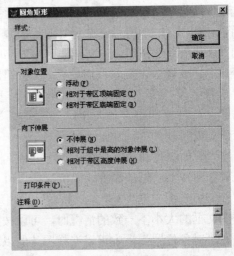

图 11-24　"圆角矩形"对话框

若某个带区中有多个控件，可以进行控件布局的设置。首先需要选定多个控件，可以在选择一个控件后，按住 Shift 键再选择其他控件，也可以在控件周围按下鼠标并进行拖动以圈选多个控件。选定的多个控件可以作为一个整体进行处理。通过"报表设计器"工具栏单击"布局"按钮，打开"布局"工具栏，可以对选定的多个控件进行布局上的设置，使这些控件外观整齐一致，并且排列整齐。

可以更改垂直、水平线条、矩形和圆角矩形所用线条的粗细（从细线到 6 磅粗的线），也可以更改线条的样式（从点线到点线和虚线的组合）。

更改线条的大小或样式的方法如下。

（1）选定希望更改的直线、矩形或圆角矩形。

（2）选择菜单"格式"→"绘图笔"命令。

（3）从子菜单中选择适当的大小（细线、1 磅、2 磅、4 磅、6 磅）或样式（无、点线、虚线、点划线、双点划线）。

11.4　预览和打印报表

可以通过两种途径预览和打印报表。

1. 通过系统菜单操作

选择菜单"文件"→"打开"命令，在弹出的"打开"对话框中输入报表的文件名，将报表文件打开。若要预览报表，则从工具栏中单击"打印预览"按钮（或者选择菜单"文件"→"打印预览"命令）；若要打印报表，则从工具栏中单击"打印"按钮（或者选择菜单"文件"→"打印"命令）。

2. 命令方式打印报表

命令格式：REPORT FORM <报表文件名> [PREVIEW]

[TO PRINTER][TO FILE <文件名>]

功能：打印或预览报表。

上述格式中并未包括所有子句。以下对主要子句作简要说明：

TO PRINTER——输出到打印机。

PREVIEW——指定报表以预览方式输出，不进行打印；并可指定进行预览的窗口。

TO FILE——输出到文件。

例如：将 XSDB.FRX 报表以预览模式显示。

```
REPORT FORM XSDB.FRX PREVIEW            && 预览
REPORT FORM XSDB.FRX TO PRINTER         && 打印
```

11.4.1　预览结果

通过预览报表，不用打印就能看到它的页面外观。例如，可以检查数据列的对齐和间隔，或者查看报表是否返回所需的数据。有两个选择：显示整个页面或者缩小到一部分页面。

"预览"窗口有它自己的工具栏，使用其中的按钮可以一页一页地进行预览。

操作步骤如下：

（1）选择快捷菜单或选择菜单"显示"→"预览"命令，"报表预览"窗口如图 11-25 所示。

（2）在打印预览工具栏中，单击"上一页"或"前一页"按钮来切换页面。

（3）若要更改报表图像的大小，选择"缩放"列表。

（4）若要打印报表，单击"打印报表"按钮。

（5）若想要返回到设计状态，单击"关闭预览"按钮。

注意： 如果得到如下提示"是否将所做更改保存到文件？"那么，在选定关闭"预览"窗口时一定还选取了关闭布局文件。此时可以单击"取消"按钮回到"预览"，或者单击"保存"按钮保存所做更改并关闭文件。如果单击"否"按钮，将不保存对布局所做的任何更改。

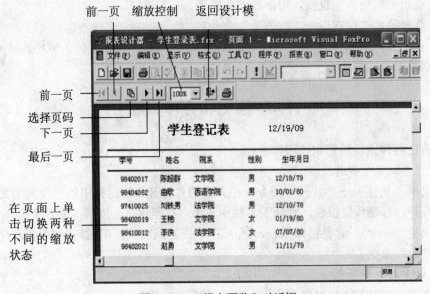

图 11-25 "报表预览"对话框

11.4.2 打印报表

使用"报表设计器"创建的报表布局文件只是一个外壳，它按数据源中记录出现的顺序处理记录。在打印一个报表文件之前，应该确认数据源中已对数据进行了正确的排序。

如果表是数据库的一部分，则可用视图排序数据，即创建视图并且把它添加到报表的数据环境中。如果数据源是一个自由表，可创建并运行查询，并将查询结果输出到报表中。下面介绍如何从"报表设计器"中打印报表。

（1）选择快捷菜单或选择菜单"文件"→"打印"命令，打开 Windows 的"打印"对话框，如图 11-26 所示。

（2）在其中设置合适的打印机、打印范围、打印份数等项目。

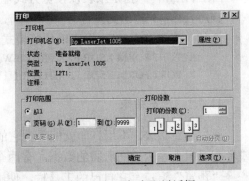

图 11-26 "打印"对话框

（3）单击"确定"按钮，Visual FoxPro 就会把报表发送到打印机上。

如果未设置数据环境，则会显示"打开"对话框，并在其中列出一些表，从中可以选定要进行操作的一个表。

本章小结

本章从报表向导和报表设计器开始制作报表，以及如何进一步在"报表设计器"中设计报表。报表设计器提供了丰富多样的制作报表功能，使得用户不用编程就能轻轻松松地设计出漂亮的报表。还介绍了报表设计器的带区、报表设计器工具栏、报表控件工具栏、布局工具栏及报表菜单等相关的工具栏和菜单。

报表的设计包含两方面的内容：报表数据源的选定和报表布局的设计。重点讨论了报表布局的设计和定义。创建一个报表，一般有以下步骤：根据需要计划布局，添加数据环境，必要时进行数据分组，加入域控件、标签控件、OLE 控件等内容并设置其格式，加入线条、矩形、圆角矩形等控件及颜色用以美化报表，对报表进行预览，根据预览效果再对报表加以修改完善，打印报表。

当然，如果利用报表向导功能，则可以更快地生成报表布局，虽然比较简单、粗糙，但在此基础上应用报表设计器进行修改、完善就方便多了。

习题 11

一、选择题

1. 在"报表设计器"中，任何时候都可以使用"预览"功能查看报表的打印效果。以下几种操作中不能实现预览功能的是（　　）。

    A. 直接单击常用工具栏上的"打印预览"按钮

    B. 在"报表设计器"中单击鼠标右键，从弹出的快捷菜单中选择"预览"

    C. 打开"显示"菜单，选择"预览"选项

    D. 打开"报表"菜单，选择"运行报表"选项

2. 报表以视图或查询为数据源，是为了对输出记录进行（　　）。

    A. 筛选　　　　　B. 分组

    C. 排序和分组　　D. 筛选、分组和排序

3. 在"报表设计器"中，可以使用的控件是（　　）。

    A. 标签、域控件和列表框　　　　B. 标签、文本框和列表框

    C. 标签、域控件和线条　　　　　D. 布局和数据源

4. 创建报表的命令是（　　）。

    A. CREATE REPORT　　　　　　B. MODIFY REPORT

    C. RENAME REPORT　　　　　　D. DELETE REPORT

5. 如果要对报表的"总分"字段统计求和，应将求和的域控件置于（　　）。

    A. 页注脚区　　　B. 细节区　　　C. 页标头区　　　D. 标题区

6. 调用报表格式文件 PP1 预览报表的命令是（　　）。

    A. REPORT FROM PP1 PREVIEW　　B. DO FROM PP1 PREVIEW

    C. REPORT FORM PP1 PREVIEW　　D. DO FORM PP1 PREVIEW

7. 使用报表向导定义报表时，定义报表布局的选项是（　　）。

    A. 列数、方向、字段布局　　　　B. 列数、行数、字段布局

    C. 行数、方向、字段布局　　　　D. 列数、行数、方向

8. 在创建快速报表时，基本带区包括（　　）。

    A. 标题、细节和总结　　　　　　B. 页标头、细节和页注脚

    C. 组标头、细节和组注脚　　　　D. 报表标题、细节和页注脚

9．为了在报表中打印当前时间，这时应该插入一个（　　　）。

　　A．表达式控件　　　B．域控件　　　　C．标签控件　　　　D．文本控件

10．Visual FoxPro 的报表文件.FRX 中保存的是（　　　）。

　　A．打印报表的预览格式　　　　　B．已经生成的完整报表

　　C．报表的格式和数据　　　　　　D．报表设计格式的定义

11．报表的数据源可以是（　　　）。

　　A．表或视图　　　　　　　　　　B．表或查询

　　C．表、查询或视图　　　　　　　D．表或其他报表

二、填空题

1．报表由数据源和_____两个基本部分组成。

2．数据源通常是数据库中的表，也可以是自由表、视图或_____。

3．使用_____创建报表比较灵活，不但可以设计报表布局、规划数据在页面上的打印位置，而且可以添加各种控件。

4．首次启动报表设计器时，报表布局中只有 3 个带区，即页标头、_____和页注脚。

5．创建分组报表需要按_____进行索引或排序，否则不能保证正确分组。

6．报表文件的扩展名是_____。

7．报表布局主要有列报表、_____、一对多报表、多栏报表和标签等 5 种基本类型。

8．为修改已建立的报表文件，打开报表设计器的命令是_____。

9．为了在报表中插入一个文字说明，应该插入一个_____控件。

三、上机操作题

1．使用报表向导对数据库"成绩管理.DBC"中的数据表"xsdb.DBF"创建一个"学生成绩"（xscj.FRX）报表文件，并预览报表，如图 11-27 所示。

学号	院系	姓名	性别	生年月日	英语	计算机
98410012	法学院	李侠	女	07/07/80	63.0	78.0
98410048	法学院	董学智	女	04/23/80	84.0	92.0
98410054	法学院	马彬	男	12/20/78	85.0	85.0
98410058	法学院	王萌萌	女	06/06/80	89.0	94.0
98410101	法学院	毕红霞	女	11/16/79	79.0	67.0
98410110	法学院	盛红凌	女	09/16/79	84.0	80.0
98414002	电工学院	王涛	男	05/30/78	54.0	86.0
98414004	电工学院	杨燕	女	03/10/79	90.0	78.0
98414005	电工学院	刘宇	女	03/12/79	52.0	76.0
98414019	电工学院	孙中坚	男	04/23/80	88.0	65.0
99401001	哲学院	韩雷	女	12/02/79	67.0	72.0
99401002	哲学院	杨曙光	男	12/10/80	82.0	75.0

图 11-27　报表预览结果

2．利用"报表设计器"对数据库"成绩管理.DBC"中的数据表"xsdb.DBF"创建一个"学生档案"报表文件（xsda.FRX），并预览报表。报表样式如图 11-28 所示。

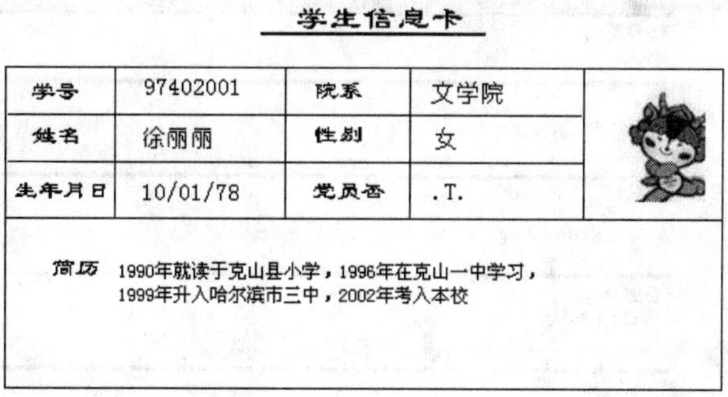

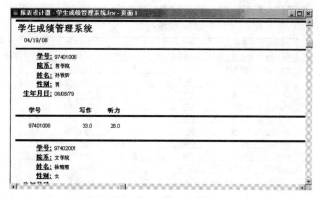

图 11-28　报表运行结果

3．利用"报表向导"为数据库"成绩管理.DBC"中的数据表"xsdb.DBF"和"yy.DBF"
创建一个"学生成绩管理系统"一对多报表文件，并预览报表，样式如图 11-29 所示。

图 11-29　运行结果

4．利用报表向导创建一个基于 XSDB 的报表，如图 11-30 所示，报表中只包含 XSDB 中
的学号、院系、姓名、性别和出生年月日字段，要求按院系分组，并按姓名进行细节总结。

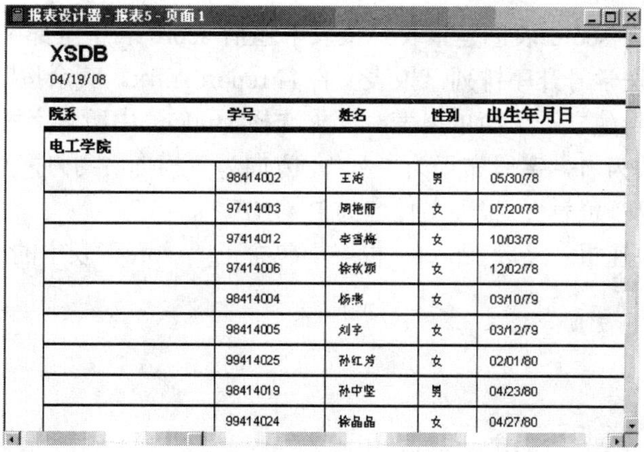

图 11-30　基于 xsdb 表的报表

5．利用报表向导，创建一个一对多报表，如图 11-31 所示。父表为 xsdb 表，取学号和院
系两个字段，子表为 yy 表，取口语、听力、写作字段，要求总结选项按口语求平均。

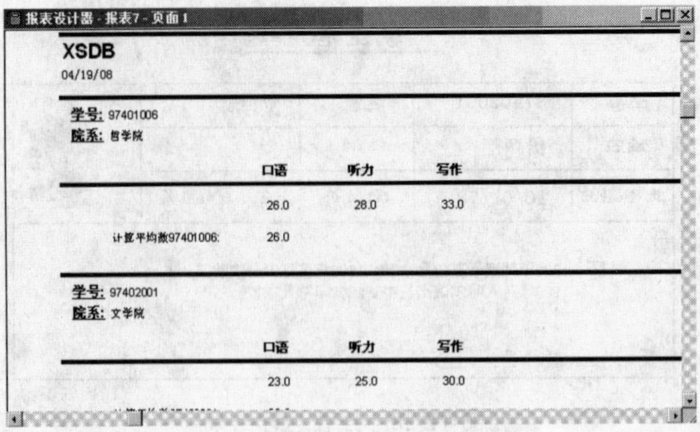

图 11-31 创建的一对多报表

6. 使用报表设计器创建一个基于 xsdb 表的学生成绩报表，如图 11-32 所示。

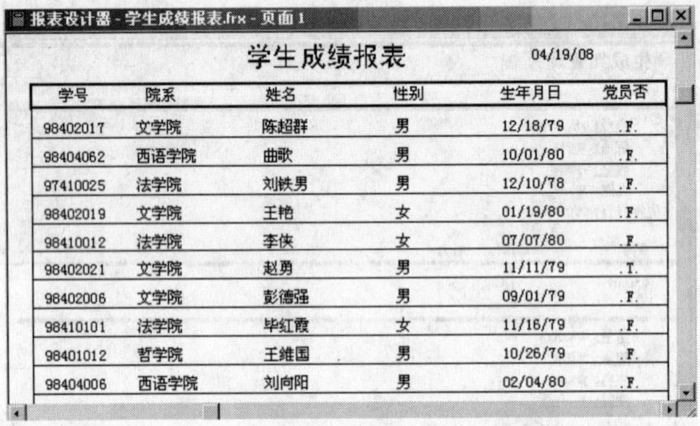

图 11-32 创建学生成绩报表

7. 先选择"客户表"为当前表，然后使用"报表设计器"中的快速报表功能，为"客户表"创建一个文件名为 P_S 的报表。快速报表建立过程均为默认。最后，给快速报表增加一个标题，标题为"客户表一览表"。

8. 用报表向导为 score 表创建报表：报表中包括 score 表中全部字段，报表样式用"经营式"，报表中数据按学号升序排列，报表文件名 report_a.frx。其余按默认设置。

9. 使用报表向导建立一个简单报表。要求选择 student 中所有字段；记录不分组；报表样式为随意式；列数为 1，字段布局为"列"，方向为"横向"；排序字段为学号，升序；报表标题为"学生情况一览表"；报表文件名为 P_ONE。

10. 创建一个快速报表 app_report，报表中包含了"score"表中的所有字段。

第 12 章　应用程序的生成和发布

本章要点：

　　建立帮助文件，以"学生成绩管理系统"的开发为例，阐述了综合运用前面各章所讲述的知识，设计、开发、发布一个 Visual FoxPro 应用系统的过程。

12.1　建立帮助文件

　　如果用户最终不能理解和使用前面创建的应用程序，那么在编程上花费的工夫就白费了。帮助文件对使用应用程序的用户来说是很有价值的信息来源，所以需要为应用程序设计恰当的联机帮助。

12.1.1　建立 HTML 帮助

HTML 的帮助是目前 Visual FoxPro 普遍采用的帮助形式，这种帮助提供以下特性：
- 支持 HTML。
- 支持 ActiveX、Java 和书写脚本。
- 提供帮助主题跳转到 Internet 站点的功能。
- 提供查看帮助主题的 HTML 代码的功能。

HTML 帮助由 Microsoft HTML Help Workshop 创建，此软件包含在\Microsoft Visual Studio.NET\Visual Studio SDKs\HTML Help 1.3 SDK\Workshop 目录下，文件名为 HHW.EXE。此软件提供了完整的 HTML 帮助创建系统，并且能够从已有的 WinHelp 项目文件中创建 HTML 帮助。具体操作步骤如下：

　　（1）运行 HTML Help Workshop 软件，选择菜单"File"→"New"命令，在弹出的"New"对话框中选择"Project"选项。

　　（2）弹出"New Project"对话框，在该对话框中选择"Convert WinHelp Project"（转换 WinHelp 项目）复选框。

　　（3）单击"下一步"按钮，在指定 WinHelp 项目文件的文本框中输入 WinHelp 项目文件，在指定创建 HTML 项目文件的文本框中输入需要创建的文件名称。

　　（4）单击"下一步"按钮，进入最后一步。单击"完成"按钮，在 HTML Help Workshop 编辑器中将显示转换得到的文件内容。根据这些文件内容，按照用户的需求，就可以编辑 HTML 的帮助了。

　　在创建 HTML 帮助时，可能会需要用到如表 12-1 所示的文件类型。

表 12-1　HTML 帮助涉及的文件类型

文件类型	说明
.chm	已编译的帮助文件
.hhp	项目文件，该文件将所有构成帮助项目的元素和包含有编译后帮助文件的显示方式的信息组合一起
.hhk	索引文件，该文件中包含索引关键字
.hhc	目录文件表
.ali	用于支持上下文相关帮助的别名文件，将 Product ID 映射为主题
.hh	用于支持上下文帮助的头文件，包括 Product ID
.chi	当用户希望访问仍然保留在 CD-ROM 上的.CHM 文件时，就需要用于该索引文件。这种情况和 MSDN Library 的情况相同。为了节省硬盘空间，.chi 文件允许将一定的定位信息安装在硬盘上，而将主要的内容留在 CD-ROM 上
.css	级联样式表
.htm	源内容文件
.gif	源图像文件

12.1.2　建立图形方式的帮助

WinHelp 帮助支持在帮助中显示图形，因此可以为帮助文件添加图形。在帮助中添加常用的图形很方便，只需要在.RTF 文件插入需要的图形，然后在 Help Workshop 中再重新编译一些项目文件就可以了。

如果需要在帮助文件中插入带有热点的图形，以便在单击图形中的相应位置时，可以打开弹出式窗口或者跳转到其他窗口，这时可以使用 Hotspot Editor（热点编辑器）来完成该功能。具体操作步骤如下：

（1）在 Help Workshop 编辑器中，选择菜单"Tools"→"Shed"命令，运行 Hotspot Editor 工具软件。

（2）选择菜单"File"→"Open"命令，在弹出的"File Open"对话框中选择一个合适的图形文件，单击"OK"按钮，进入装入图形的 Hotspot Editor。在图形上单击鼠标左键，拖动一定的区域后放开，即可以创建一个热点区域。重复操作，创建两个热点区域。

（3）选定一个热点区域，选择菜单"Edit"→"Attributes"（属性）命令，将弹出"Attributes"对话框。在"context String"（关系字符串）文本框中输入"popup2"；在"Type"下拉列表框中选择类型为"Pop-up"，即为一个弹出式窗口；在"Attribute"下拉列表框中选择"Invisible"选项，标识该图形热点区域矩形在帮助中不可见。

（4）同样设置另一个图形热点区域的"Context String"为"jump2"，Type 为"Jump"，Attribute 为"Invisible"。

（5）将该热点图形保存在与.RTF 文件相同的目录下，命令为 myhotspot.SHG。

（6）打开.RTF 文件，新建两个主题，其中一个主题内容为"第四个主题：在图形中激活的弹出式窗口"，并添加脚注为 popup2；另外一个主题内容为"第五个主题：在图形中激活的热点跳转"，并添加脚注为 jump2。

（7）在第一个主题的内容中加入热点图形，即在合适的位置输入下面的文本：

　　　{bm1 myhotspot.shg}

（8）保存该.RTF 文件，在 Help Workshop 项目文件编辑器中重新编译项目文件。其中鼠标变为手形的区域为图形的热点区域，单击可以弹出窗口或者发生跳转。

12.1.3　设计.DBF 帮助

由于.DBF 样式的帮助文件实质上是一个 Visual FoxPro 表格，因此可以通过复制并更改示例表的方法创建自己的帮助文件。在应用程序中调用该帮助文件时，只需要使用 SET HELP TO 命令就可以了。

一般情况下，在进行程序设计时，需要先将当前使用的帮助文件的名称保存在一个变量中，然后再指定新的帮助文件，如下例所示：

> pcPreHelp=SET('HELP',1)
>
> SET HELP TO myHelp.dbf

在程序退出时，再恢复原来的帮助文件：

> SET HELP TO pcPreHelp

在指定了帮助文件后，如果要显示相关的主题，可以使用以下命令：

> HELP cTopicName
>
> SET TOPIC TO cTopicName

如果要使.DBF 样式的帮助能够允许上下相关帮助，就需要使用.DBF 文件中的 Contextid 字段，同时把该字段的值赋给表单或者其他控件的 HelpContextID 属性。这样，在相关帮助按钮的 Click 中添加以下代码：

> HELP ID this.HelpContextID

就可以通过单击该帮助按钮来获得相关的帮助信息了。

.DBF 样式的帮助不包含图形，而且只有单一字体的文本。如果要创建更复杂而且生动的帮助，就需要使用图形方式的帮助。在 Visual FoxPro 中默认形式的帮助就是图形风格的帮助。图形样式的帮助有两种，分别为 WinHelp 帮助和 HTML 帮助。

12.2　编译应用程序

项目管理器是 Visual FoxPro 提供的一种有效的管理工具。在应用程序的开发过程中，无论程序、菜单、表单、报表以及数据库与数据库表，都可在项目管理器中新建、添加、修改、运行和移去。项目管理器提供了一个管理应用系统的集成环境，它不但是一个维护工具，也给软件开发提供了方便。

12.2.1　建立项目

MODIFY PROJECT 命令用于打开项目管理器，若在命令窗口输入命令"MODIFY PROJECT 学生成绩管理"，就会出现一个"学生成绩管理"项目管理器窗口，如图 12-1 所示。命令中的"学生成绩管理"是项目文件名，其默认扩展名为.PJX。项目文件还有一个备注文件，其主名与项目文件相同，扩展名为.PJT。

12.2.2　建立主控文件

若项目中包含程序、菜单或表单，则其中必有一个是主文件。项目管理器中的主文件具有以下特点：

（1）主文件以粗体显示，图 12-2 所示的学生成绩.PRG 程序便是主文件。

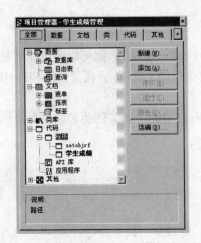

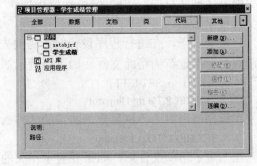

　　图 12-1　"项目管理器-学生成绩管理"对话框　　　　图 12-2　"项目管理器"对话框

　　（2）主文件一旦确定，项目连编时会自动将各级被调用文件添入"项目管理器"窗口，但数据库、表、视图文件等数据文件不会自动添入。图 12-2 中显示了以学生成绩.PRG 为主文件进行项目连编的全部文件。

　　（3）Visual FoxPro 默认添加到项目管理器中的第一个程序、菜单或表单为主文件，通常将应用程序中最上层的文件设置为主文件。更改主文件的方法很简单：在项目管理器中选定一个程序（或菜单、表单）作为主文件，然后选择菜单"项目"→"设置主文件"命令，该文件便变成以粗体显示。

12.2.3　在项目中运行应用程序

　　若要运行应用程序，可以在"项目管理器"中选择主程序，然后选择"运行"命令。也可以在命令窗口中输入"DO <应用程序文件名>"。如果程序运行正确，可以开始连编成一个应用程序文件，该文件会包括项目中所有"包含"文件。

12.2.4　项目的连编

　　当一个项目建立好各个模块文件后，在项目运行前还须对它们"连编"。在项目管理器中单击"连编"按钮，会显示一个如图 12-3 所示的"连编选项"对话框，该对话框允许创建一个自定义应用程序或者刷新现有项目。

　　现对"连编选项"对话框的主要组件进行说明。

　　1．"操作"区的单选按钮

　　（1）重新连编项目：该选项对应于 BUILD PROJECT 命令。用于编译项目中所有文件，并生成以.PJX 和.PJT 为后缀的文件。

　　（2）连编应用程序：该选项对应于 BUILD APP 命

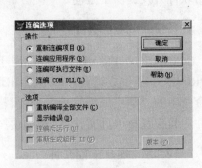

图 12-3　"连编选项"对话框

令，用于连编项目，并生成以.APP 为扩展名的应用程序。注意，.APP 文件必须在开发环境中运行，如"DO 学生成绩.APP"。

若要从项目学生成绩管理.PJX 连编，得到一个应用程序学生成绩.APP，可执行命令：

　　BUILD APP 学生成绩 FROM 学生成绩管理

（3）连编可执行文件：该选项对应于 BUILD EXE 命令，用于连编项目，并生成以.EXE 为扩展名的可执行文件。.EXE 文件也可在开发环境中运行，但主要用于在 Windows 中独立运行。

若要从一个名为"学生成绩管理.PJX"的项目文件中，建立一个可执行的应用程序"学生成绩.EXE"，可执行命令：

　　BUILD EXE 学生成绩 FROM 学生成绩管理

（4）连编 COM DLL：将项目中的各文件编译成一个扩展名为.DLL 的动态链接库文件。

若要从主文件学生成绩.PRG 生成学生成绩.EXE 程序，步骤如下：在学生成绩管理.PJX 项目管理器窗口中单击"连编"按钮，在弹出的"连编选项"对话框中选择"连编可执行文件"单选按钮，单击"确定"按钮，在弹出的"另存为"对话框的"应用程序名"文本框中输入学生成绩，单击"保存"按钮。

2．"选项"区的各复选框

（1）重新编译全部文件：用于重新编译项目中的所有文件，并对每个源文件夹创建其对象文件。

（2）显示错误：用于指定是否显示编译时遇到的错误。

（3）连编后运行：用于指定连编应用程序后是否马上运行它。

（4）重新生成组件 ID：如果应用程序是一个 OLE 服务程序，就会有一个"重新生成组件 ID"的选项。这个选项为 OLE 服务程序创建新的标识，并在 Windows 中注册这些服务程序。

3．版本按钮

当在"连编选项"对话框中选择"连编可执行文件"或"连编 COM DLL"单选按钮时，"版本"按钮即变为可用。选择它将显示"EXE 版本"对话框，用于指定版本号及版本类型。

12.3 安装向导

Visual FoxPro 编译生成的.EXE 文件不能直接在另外一台计算机上运行，除非该计算机已经安装了 Visual FoxPro 系统。因为.EXE 文件的运行需要运行时刻库，因此要为该软件制作一套安装盘。所谓发布应用程序，就是指为所开发的应用程序制作一套应用程序安装，才能方便地安装到其他计算机上使用。

12.3.1 发布树

1．发布应用程序准备

（1）生成一个.EXE 可执行程序。应用程序开发完成后，首先在"项目管理器"中生成一个.EXE 可执行程序。

（2）创建发布树。用来存放用户运行应用程序所需的全部文件，最好在 Visual FoxPro

目录外另建一个专用目录，并且将必需的文件放进去，这些文件包括：

- .EXE 程序。
- 连编时未自动加入"项目管理器"的文件。
- 设置为"排除"类型的文件。
- 支持库 vfp6r.DLL、特定地区资源文件 vfp6rchs.DLL（中文版）或 vfp6rrennu.DLL（英文版）。

这些文件都存放在 Windows 的 system 目录中。

例如，为"学生成绩管理系统"建立一个目录"d:\学生成绩管理"，然后将上述文件复制到该目录中。

2. 创建发布磁盘

Visual FoxPro 提供的"安装向导"可用来发布磁盘并预置磁盘的安装路径。安装向导要求用户指定发布树，指定在硬盘上建立磁盘映像的目录，以及指定应用程序安装时使用的默认目标目录。

（1）在开发的软件的目录下建立一个子目录，如"学生成绩管理"。

（2）将该软件所要用到的数据库（.DBC）、数据库备注（.DCT）、表（.DBF）、表的索引（.CDX、.IDX）等，以及编译后的.EXE 文件全部复制到上面所建的目录中，然后将复制的数据表中试运行时用的记录删除。

（3）当 Visual FoxPro 系统已经启动，最好关闭所有打开的文件，然后选择系统菜单上的"工具"→"向导"→"安装"命令。

（4）单击"发布树目录"后面的按钮，选择"D:\学生管理\"，单击"下一步"按钮，如图 12-4 所示。

（5）选择"Visual FoxPro 运行时刻组件"，单击"下一步"按钮，如图 12-5 所示。

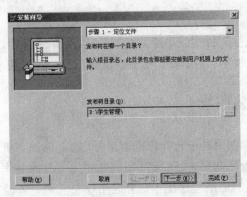
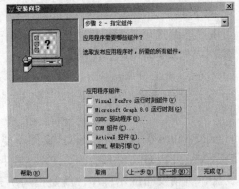

图 12-4　"步骤 1-定位文件"对话框　　　图 12-5　"步骤 2-指定组件"对话框

（6）选择安装文件存入的目录，一般可在软件目录中（本例安装在 D:\学生成绩管理\），选择安装方式："1.44MB 3.5 英寸"、"网络安装（非压缩）"或"Web 安装（压缩）"，可以选其中的一个、两个或都选，单击"下一步"按钮，如图 12-6 所示。

（7）在安装对话框标题和版权信息中输入适当内容。安装对话框标题主要使用在安装软件时显示的信息，版权信息中一定要输入内容，接着再单击"下一步"按钮，如图 12-7 所示。

（8）输入默认的安装目录在"开始"菜单中的程序组的名称，以及确定用户安装时只能更改目录，还是目录与程序组都可以更改，然后单击"下一步"按钮，如图 12-8 所示。

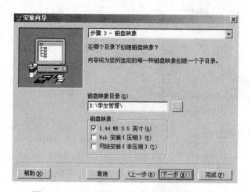
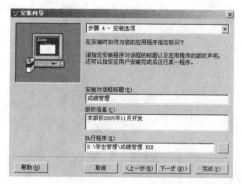

图 12-6　"步骤 3-磁盘映像"对话框　　　　图 12-7　"步骤 4-安装选项"对话框

（9）在"文件"列表中找到编译的学生成绩.EXE 文件，选择它后面的"程序管理器"项的复选框。在说明中输入开始菜单中显示的该软件的图标说明；在命令行中输入学生成绩文件名，前面需要加上"%s\"（这是为了软件安装在不同目录中也能正常运行），然后单击"确定"按钮，再单击"下一步"按钮，如图 12-9 所示。

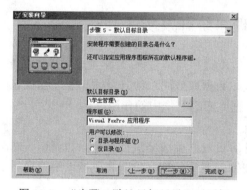
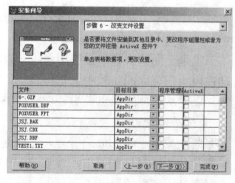

图 12-8　"步骤 5-默认目标目录"对话框　　　图 12-9　"步骤 6-改变文件设置"对话框

（10）单击"完成"按钮，如图 12-10 所示。

一旦单击"完成"按钮就不能再单击"上一步"按钮了，系统开始制作安装盘，制作完成后有一个报告，单击"完成"按钮，安装盘就制作完成，如图 12-11、图 12-12 所示。

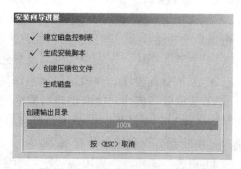

图 12-10　"步骤 7-完成"对话框　　　　图 12-11　"安装向导进展"窗口

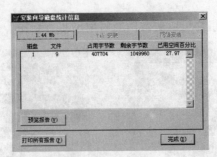

图 12-12 "安装向导磁盘统计信息"对话框

12.3.2 运行安装向导

发布软盘 DISK1 中含有应用程序的安装程序 SETUP.EXE，只要在 Windows 中运行该程序就可以一步一步地完成应用程序安装。

应用程序安装好后，Windows 的"开始"菜单中出现该应用程序的程序组及程序项，供启动应用程序。为方便用户使用，也可以在"资源管理器"中找出该应用程序后，将它拖到桌面上创建一个应用程序的快捷图标。

12.4 学生成绩管理系统开发实例

本节就来全面了解和掌握应用系统开发的一般步骤和具体过程。"学生成绩管理系统"的主要功能模块在前面的实验中大都涉及了，这里按数据库应用系统开发的一般过程将它们连接起来，以便从整体的观点说明各功能模块在数据库应用系统中的作用。

1. 系统功能分析

本系统主要用于学生成绩管理，主要是用计算机对学生成绩进行管理，如查询、修改、增加、删除。应针对这些要求，设计该学生成绩管理系统。该系统主要包括系统管理、数据管理、报表打印和系统帮助 4 部分。

系统管理部分：主要是对该系统进行简单的介绍及完成退出该系统的功能。

数据管理部分：主要是完成对学生成绩信息的操作，包括维护、浏览和查询。

报表打印部分：主要是完成对学生登记表报表、计算机成绩报表和英语成绩报表的打印功能。

系统帮助部分：主要是显示该系统的版本号和版权的信息。

2. 系统功能模块设计

根据系统功能分析，本系统的功能分为以下 5 大模块：

（1）主界面模块。该模块包括系统登录界面和系统主界面。

（2）系统管理模块。该模块包括系统简介和退出系统两部分。

（3）数据管理模块。该模块包括数据维护、数据浏览和数据查询 3 部分。其中，数据维护包括对学生登记表的维护；数据浏览包括对英语成绩信息和计算机成绩信息的浏览；数据查询包括按院系查询和按学号查询等。

（4）报表打印模块。该模块包括对学生登记表报表、计算机成绩报表和英语成绩报表的打印 3 部分。

（5）系统帮助模块。该模块包括关于系统的版本号和版权信息。

采用模块化设计思想，可以大大提高设计的效率，并且可以最大限度地减少不必要的错误。其系统功能模块如图 12-13 所示。

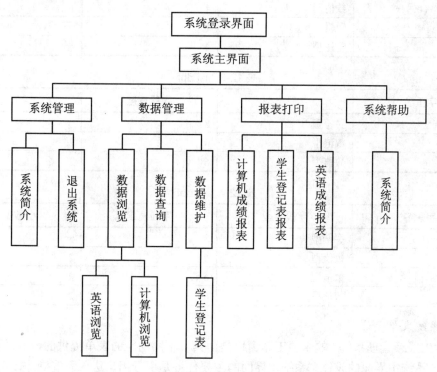

图 12-13　系统功能模块

3. 系统数据库设计

在数据库应用系统的开发过程中，数据库的设计是一个重要的环节。数据库设计的好坏直接影响到应用程序的设计效率和应用效果。通过分析，该系统的数据库（成绩管理.DBC）包含以下 3 个表，每个表表示在数据库中的一个数据表。

表 12-2 所示为学生登记表，表 12-3 所示为学生计算机成绩表，表 12-4 所示为学生英语成绩表。

表 12-2　xsdb.dbf

字段名	字段类型	字段宽度	小数位数
学号	字符型	8	—
院系	字符型	10	—
姓名	字符型	6	—
性别	字符型	2	—
出生年月日	日期型	8	—
英语	数值型	5	1
计算机	数值型	5	1
平均分	数值型	5	1

续表

字段名	字段类型	字段宽度	小数位数
总分	数值型	5	1
奖学金	数值型	4	1
党员否	逻辑型	1	—
备注	备注型	4	—

表 12-3 jsj.dbf

字段名	字段类型	字段宽度	小数位数
学号	字符型	8	—
上机	数值型	6	2
笔试	数值型	6	2

表 12-4 yy.dbf

字段名	字段类型	字段宽度	小数位数
学号	字符型	8	—
口语	数值型	6	2
写作	数值型	6	2
听力	数值型	6	2

4. 系统表单设计

"学生成绩管理系统"的主要工作窗口是由具有不同功能的表单提供的，主要表单如下。

（1）系统主界面的设计。系统主界面的主要任务是引导用户进入系统操作，它由主程序启动，当表单运行 5 秒钟、用户按任意键或单击鼠标时，打开系统登录表单。系统主界面如图 12-14 所示。

在 form1 的 click 代码中输入下列命令：

```
thisform.release
close all
do form 系统登录.SCX
```

（2）系统登录表单的设计。系统登录表单的主要任务是输入用户名和密码，如果用户名和密码正确，则调用系统主菜单，使用户进入数据库应用系统环境。系统登录表单如图 12-15 所示。

图 12-14 "系统界面"窗口

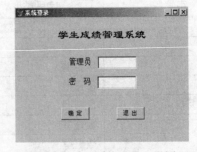

图 12-15 "系统登录"界面

（3）系统简介表单的设计。系统简介表单主要是对该系统进行简单的介绍，它由系统菜单中的"系统简介"菜单项启动。系统简介表单如图 12-16 所示。

（4）退出系统的设计。退出系统表单主要是完成系统的退出功能，它由系统菜单中的"退出系统"菜单项启动。退出系统命令如图 12-17 所示。

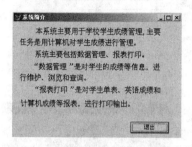

图 12-16　"系统简介"界面

图 12-17　"菜单设计器"窗口

（5）关于系统表单的设计。关于系统表单主要是显示该系统的版本号和版权信息，它由系统菜单中的"系统帮助"菜单项启动。关于系统表单如图 12-18 所示。

（6）数据维护表单的设计。数据维护表单主要是完成对学生成绩信息等原始数据进行维护的窗口，包括增、删、改等功能，它由系统菜单中的"数据维护"菜单项启动，然后再由"数据维护"子菜单调用学生登记表表单。"学生登记表.DBF"的数据维护表单如图 12-19 所示。

图 12-18　"关于系统"窗口

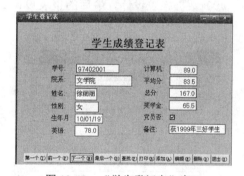

图 12-19　"学生登记表"窗口

（7）数据浏览表单的设计。数据浏览表单主要是完成对学生英语成绩和计算机成绩信息等原始数据、数据查询结果进行显示，它由系统菜单中的"数据浏览"菜单下的相应菜单项启动。如果"数据浏览"表单的功能全面实用，将会使数据库中的数据资源得到最好的利用。

"英语成绩表.DBF"的数据浏览表单如图 12-20 所示。"计算机成绩表.DBF"的数据浏览表单如图 12-21 所示。

（8）数据查询表单的设计。数据查询表单主要是对学生成绩信息等原始数据进行检索、排序、分类、重新组织等操作，它由系统菜单中的"数据查询"菜单下的相应菜单项启动。

数据查询表单设计往往形式各异，可以充分展现数据库应用系统开发者的不同构思。本例采用一对多表单向导完成设计，并添加一条直线和一个表格控件，在 jsj.DBF 表中右击，对表格生成器进行设置，如图 12-22 所示。

对表"xsdb.DBF"的数据，按"学号"或"院系"进行数据查询的表单如图 12-23 所示。

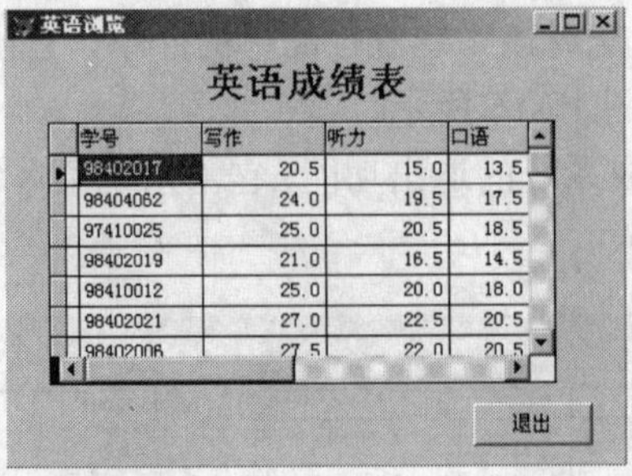

图 12-20 "英语浏览"界面　　　　　　图 12-21 "计算机浏览"界面

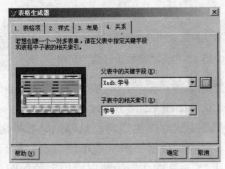

图 12-22 "表格生成器"对话框　　　　　图 12-23 数据查询

（9）数据报表设计。最后的报表设计如图 12-24、图 12-25 和图 12-26 所示。

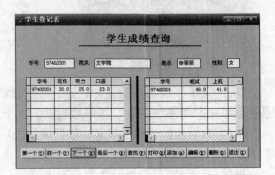

图 12-24 "计算机成绩"报表 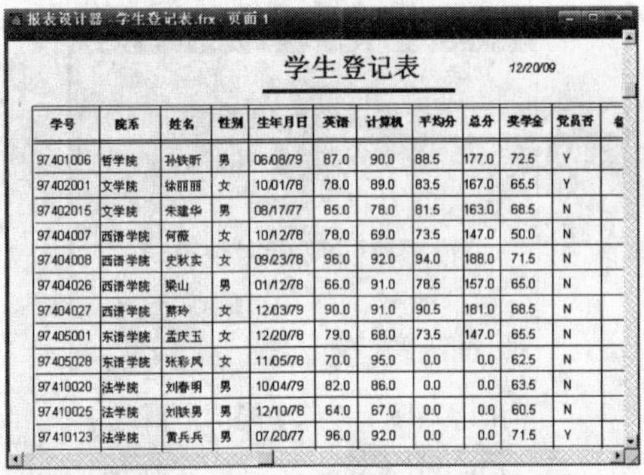　　　　　图 12-25 "学生登记表"报表

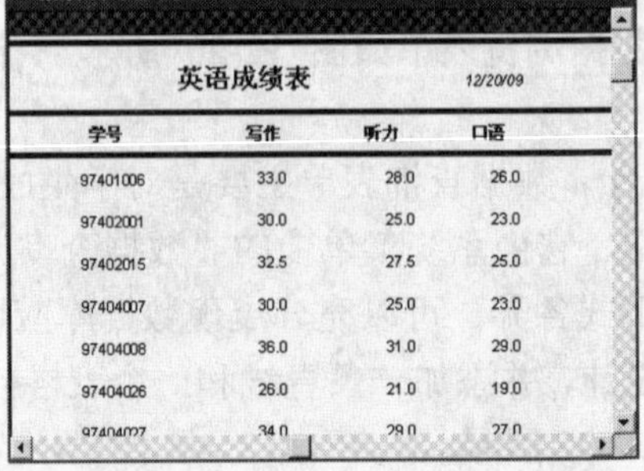

图 12-26 "英语成绩"报表

5. 系统主菜单的设计

系统主菜单是用来控制数据库应用系统的各功能模块的操作。"学生成绩管理系统"的主菜单是通过系统登录表单调用的，其调用方法如下：

  do 学生成绩.FRX

"学生成绩管理系统"的主菜单学生成绩的功能如表 12-5 所示。

表 12-5 学生成绩管理系统菜单的功能

菜单名称	结果	菜单名称	结果	菜单名称	结果
系统管理（\<S）	子菜单	系统简介（\<S）	命令		
		退出系统（\<Q）	命令		
数据管理（\<D）	子菜单	数据维护（\<S）	子菜单	学生登记表（\<D）	命令
		数据浏览（\<G）	子菜单	英语浏览（\<E）	命令
			子菜单	计算机浏览（\<C）	命令
		数据查询（\<Q）	命令		
报表打印（\<P）	子菜单	学生登记表报表（\<D）	命令		
		计算机成绩报表（\<C）	命令		
		英语成绩报表（\<E）	命令		
系统帮助（\<H）	子菜单	关于系统（\<A）	命令		

"学生成绩管理系统"的主菜单界面如图 12-27 所示。

图 12-27 "学生成绩管理"菜单

6. 系统主程序设计

主程序是一个数据库应用系统的总控部分，是系统首先要执行的程序。

"学生成绩管理系统"的主程序（学生成绩.PRG）如下：

```
set talk off
set defa to d:\学生成绩管理          &&设置文件默认路径
close all
do form forms\系统界面
modi wind screen titl '学生成绩管理系统'
clea
do  学生成绩.mpr                      &&菜单文件名定为学生成绩管理菜单
read events                          &&建立事件循环
quit                                 &&退出 Visual FoxPro
```

7. 系统部件组装

（1）选择菜单"文件"→"新建"命令，进入"新建"对话框。

（2）在"新建"对话框中，单击"项目"按钮，再单击"向导"按钮，在"应用程序向导"对话框中，输入要创建项目的文件名"学生成绩管理.PJX"，单击"确定"按钮进入"项目管理器"，如图 12-28 所示。

（3）在"项目管理器"窗口中，选择"数据"选项卡，再选择"数据库"选项。

（4）单击"添加"按钮，进入"打开"对话框，选择"成绩管理.DBC"文件。

（5）单击"确定"按钮，则把数据库"成绩管理.DBC"添加到"项目管理器"中，如图 12-29 所示。

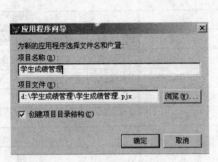

图 12-28 "应用程序向导"对话框

图 12-29 "项目管理器"对话框

（6）选择"全部"选项卡，将表单"关于系统.SCX"、"计算机浏览.SCX"、"数据查询.SCX"、"系统登录.SCX"、"系统简介.SCX"、"系统界面.SCX"、"学生登记表.SCX"、"英语浏览.SCX"及报表"计算机成绩表.FRX"、"英语成绩表.FRX"、"学生登记表.FRX"添加到"项目管理器"中，如图 12-30 所示。

（7）选择"代码"选项卡，将程序文件"学生成绩.PRG"添加到"项目管理器"中，然后选中"学生成绩"并右击，在弹出的快捷菜单中选择"设置主文件"命令，将程序文件"学生成绩.PRG"设置为主文件，如图 12-31 所示。

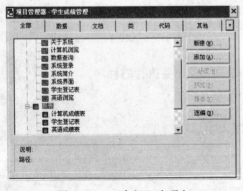

图 12-30 "全部"选项卡

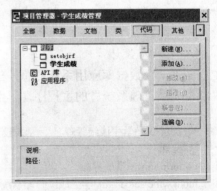

图 12-31 "代码"选项卡

（8）选择"其他"选项卡，将菜单"学生成绩.MNX"添加到"项目管理器"中，如图 12-32 所示。

（9）在"项目"主菜单中，选择"项目信息"选项，打开"项目信息"对话框，设置系统开发者的相关信息、系统桌面图标及是否加密等项目信息的内容，如图 12-33 所示。

图 12-32 "其他"选项卡

图 12-33 "项目信息"对话框

（10）单击"确定"按钮，退出"项目信息"对话框，再单击"连编"按钮，进入"连编选项"对话框，选中"重新连编项目"单选按钮及"显示错误"复选框，如图 12-34 所示。

（11）单击"确定"按钮，则完成了连编项目的操作。

（12）再单击"连编"按钮，进入"连编选项"对话框，选择"连编可执行文件"单选按钮及"显示错误"复选框，如图 12-35 所示。

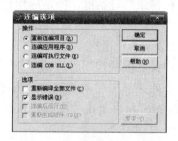

图 12-34 "连编选项"对话框

图 12-35 "连编选项"对话框

（13）单击"确定"按钮，打开"另存为"对话框，输入可执行文件名"学生成绩管理.EXE"，即编译成一个可独立运行的"学生成绩管理.exe"文件。

8．系统运行

（1）退出 Visual FoxPro 6.0 系统，将"c:\windows\system"文件夹下的"vfp6r.DLL"、"vfp6renu.DLL"文件（如果系统中安装了 Visual FoxPro 6.0 则不用）复制到"学生成绩管理.EXE"文件所在的文件夹中，然后双击"学生成绩管理.EXE"文件，即开始执行"学生成绩管理系统"，如图 12-36 所示。

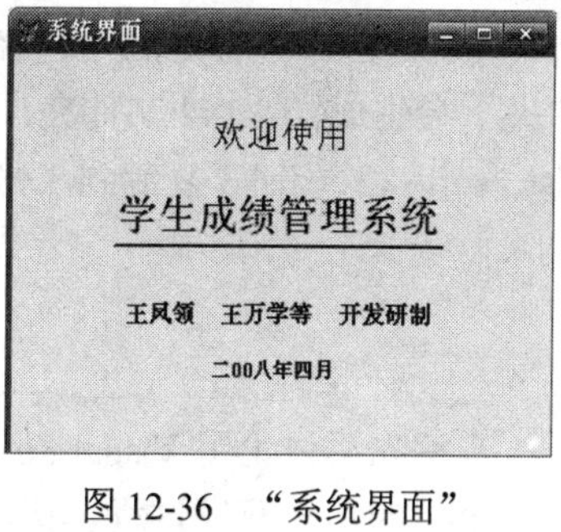

![系统界面](欢迎使用 学生成绩管理系统 王凤领 王万学等 开发研制 二00八年四月)

图 12-36 "系统界面"

（2）当窗体运行 5 秒钟后或窗体上单击鼠标或按任意键，则进入"系统登录"窗口，选择管理员为"user"，并输入密码"user"（即管理员和密码相同为正确登录），如图 12-37 所示。

（3）单击"确定"按钮，进入系统主菜单界面，如图 12-38 所示。

9．创建发布磁盘

（1）在 Visual FoxPro 6.0 系统主菜单下，选择菜单"工具"→"向导"命令，再选择"安装"命令，启动"安装向导"，进入"步骤 1-定位文件"对话框，即建立发布树目录。

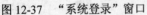

图 12-37 "系统登录"窗口

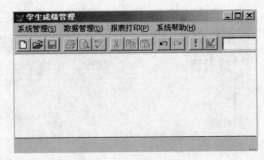

图 12-38 "运行菜单"界面

（2）单击"下一步"按钮，进入"步骤 2-指定组件"对话框，指定应用程序使用或支持的可选组件。

（3）单击"下一步"按钮，进入"步骤 3-磁盘映像"对话框，为应用程序指定不同的安装磁盘类型及磁盘映像目录。

（4）单击"下一步"按钮，进入"步骤 4-安装选项"对话框，指定安装程序对话框标题及版权信息等内容。

（5）单击"下一步"按钮，进入"步骤 5-默认目标目录"对话框，指定应用程序默认目标目录名及程序组名。

（6）单击"下一步"按钮，进入"步骤 6-改变文件设置"对话框，显示所有选项的结果，在文件列表中找到编译的学生成绩管理.EXE 文件，单击其右面的程序管理器项小方框，则弹出"程序组菜单项"对话框，在"说明"文本框中输入开始菜单中启动该软件的图标说明"学生成绩管理系统"，在命令行中输入"%\学生成绩管理.exe"，再单击"图标"按钮，选择一个图标，再单击"确定"按钮。

（7）单击"下一步"按钮，进入"步骤 7-完成"对话框。

（8）单击"完成"按钮，"安装向导"用 4 步完成创建工作，并给出"安装向导磁盘统计信息"。

（9）单击"完成"按钮，结束应用程序的磁盘发布操作，系统在"d:\学生成绩管理"文件夹下会生成 disk144 文件夹，即为该系统的发布磁盘。分别把 disk144 文件夹下的子文件夹 disk1、disk2、disk3 复制到 3 张软盘上，安装时从第一张盘开始，运行 setup.EXE 文件即可。

本章小结

本章先后讨论了 Visual FoxPro 系统开发的一般步骤和一个简单的实例——"学生成绩管理系统"的具体开发过程。接着介绍了应用程序的管理和发布。为了帮助读者更好地理解这些内容，这里对前几节讲述的内容归纳如下：

（1）开发应用系统的一般步骤。

（2）数据库设计。

（3）应用程序设计。

（4）软件的测试。

（5）应用程序的发布。

习题 12

一、选择题

1. 表 XSDB.DBF 中的内容，在连编后的应用程序中应该不能被修改，为此应在连编以前将其设置为（　　）。

    A．包含　　　　　　　B．排除　　　　　　　C．更改　　　　　　　D．主文件

2. 把一个项目连编成可执行.EXE 应用程序时，下面的叙述正确的是（　　）。

    A．所有的项目文件将组合为一个单一的应用程序文件

    B．所有项目的包含文件将组合一个单一的应用程序文件

    C．所有项目排除的文件将组合一个单一的应用程序文件

    D．由用户选定的项目文件将组合一个单一的应用程序文件

3. 下面关于运行应用程序的说法，正确的是（　　）。

    A．app 应用程序可以在 Visual FoxPro 和 Windows 环境下运行

    B．exe 只能在 Windows 环境下运行

    C．exe 应用程序可以在 Visual FoxPro 和 Windows 环境下运行

    D．app 应用程序只能在 Windows 环境下运行

4. 作为整个应用程序入口点的主程序，至少应具有（　　）功能。

    A．初始化环境

    B．初始化环境、显示初始用户界面

    C．初始化环境、显示初始用户界面、控制事件循环

    D．初始化环境、显示初始用户界面、控制事件循环、退出时恢复环境

5. 开发一个应用系统时，首先进行的工作是（　　）。

    A．系统的测试与调试　　　　　　　B．编程

    C．系统规划与设计　　　　　　　　D．系统的优化

6. 有关连编应用程序，下面的描述正确的是（　　）。

    A．项目连编以后应将主文件视做只读文件

    B．一个项目中可以有多个主文件

    C．数据库文件可以被指定为主文件

    D．在项目管理器中文件名左侧带有符号?的文件在项目连编以后是只读文件

7. 连编后可以脱离开 Visual FoxPro 独立运行的程序是（　　）。

    A．APP 程序　　　　B．EXE 程序　　　　C．FXP 程序　　　　D．PRG 程序

8. 在应用程序生成器的“数据”选项卡中可以（　　）。

    A．为表生成一个表单和报表，并可以选择样式

    B．为多个表生成的表单必须有相同的样式

    C．为多个表生成的报表必须有相同的样式

    D．只能选择数据源，不能创建它

9. 如果添加到项目中的文件标识为“排除”，表示（　　）。

    A．此类文件不是应用程序的一部分

    B．生成应用程序时不包括此类文件

    C．生成应用程序时包括此类文件，用户可以修改

    D．生成应用程序时包括此类文件，用户不能修改

10．根据"职工"项目文件生成 emp_sys.exe 应用程序的命令是（   ）。

    A．BUILD EXE   emp_sys   FORM 职工

    B．BUILD APP   emp_sys.exe   FORM 职工

    C．LINE   EXE   emp_sys   FORM 职工

    D．LINE   APP   emp_sys.exe   FORM 职工

11．通过连编可以生成多种类型的文件，但是却不能生成（   ）。

    A．PRG 文件   B．APP 文件   C．DLL 文件   D．EXE

二、填空题

1．在一个项目中，只有一个文件的文件名为黑体，表明该文件为_____。

2．如果项目不是用"应用程序向导"创建的，应用程序生成器只有_____，"表单"和"报表"3 个选项卡可用。

3．根据项目文件 mysub 连编生成 APP 应用程序的命令是_____。

    BUILD APP mycom _____ mysub

4．连编应用程序时，如果选择连编生成可执行程序，则生成文件的扩展名是_____。

三、简答题

数据库应用系统开发的一般步骤。

四、上机操作题

1．开发一个考试成绩查询系统，包括进行浏览考试成绩、查询成绩、增加与删除成绩等操作。

2．开发一个设备管理系统，包括设备登记、浏览、参数修改、组合查询、报表打印等功能。

3．开发一个"学生成绩管理系统"的应用系统，其系统功能如下：

- 系统功能分析与模块设计
- 数据库设计
- 系统表单设计
- 系统主菜单设计
- 主程序设计
- 系统部件组装
- 系统运行
- 创建发布磁盘

参考文献

[1] 王凤领主编．Visual FoxPro 数据库程序设计教程．北京：中国水利水电出版社，2008．

[2] 王凤领主编．Visual FoxPro 6.0 程序设计．北京：中国铁道出版社，2006．

[3] 康萍，王晓奇，张天雨编著．Visual FoxPro 程序设计实用教程．北京：中国经济出版社，2006．

[4] 李正凡主编．Visual FoxPro 程序设计基础教程（第二版）．北京：中国水利水电出版社，2007．

[5] 王学平主编．Visual FoxPro 数据库程序设计教程．北京：科学出版社，2007．

[6] 范立南、张宇等编著．Visual FoxPro 程序设计与应用教程．北京：科学出版社，2007．

[7] 教育部考试中心．全国计算机等级考试二级教程——Visual FoxPro 程序设计．北京：高等教育出版社，2008．

[8] 孙淑霞，丁照宇，肖阳春编著．Visual FoxPro 6.0 程序设计教程．北京：电子工业出版社，2005．

[9] 卢湘鸿主编．Visual FoxPro 6.0 程序设计基础．北京：清华大学出版社，2003．

[10] 段兴主编．Visual FoxPro 实用程序 100 例．北京：人民邮电出版社，2003．

[11] 应继儒主编．Visual FoxPro 语言程序设计．北京：中国水利水电出版社，2003．

[12] 李雁翎，王洪革，高婷编著．Visual FoxPro 实验指导与习题集．北京：清华大学出版社，2005．

[13] 魏茂林，周美娟编著．数据库应用技术 Visual FoxPro 6.0 上机指导与练习．北京：电子工业出版社，2003．

[14] 孙立明，刘琳等编著．Visual FoxPro 7.0 高级编程．北京：清华大学出版社，2003．

[15] 史济民，汤观全编著．Visual FoxPro 及其应用系统开发．北京：清华大学出版社，2002．

[16] 谢维成主编．Visual FoxPro 8.0 实用教程．北京：清华大学出版社，2005．

[17] 邓洪涛编著．数据库系统及应用（Visual FoxPro）．北京：清华大学出版社，2004．

[18] 丁爱萍编著．Visual FoxPro 6.0 程序设计教程．西安：电子科技大学出版社，2003．